T0225166

Mathematik im Kontext

Reihe herausgegeben von

David E. Rowe, Mainz, Deutschland

Klaus Volkert, Köln, Deutschland

Die Buchreihe Mathematik im Kontext publiziert Werke, in denen mathematisch wichtige und wegweisende Ereignisse oder Perioden beschrieben werden. Neben einer Beschreibung der mathematischen Hintergründe wird dabei besonderer Wert auf die Darstellung der mit den Ereignissen verknüpften Personen gelegt sowie versucht, deren Handlungsmotive darzustellen. Die Bücher sollen Studierenden und Mathematikern sowie an Mathematik Interessierten einen tiefen Einblick in bedeutende Ereignisse der Geschichte der Mathematik geben.

Weitere Bände in der Reihe http://www.springer.com/series/8810

Mirjam Rabe
(Hrsg.)

Edwin A. Abbotts *Flachland*

Eine Ausgabe mit Anmerkungen und Kommentar

übersetzt und herausgegeben von
Mirjam Rabe
in Zusammenarbeit mit den Autoren
der englischen Ausgabe
William F. Lindgren und Thomas F. Banchoff

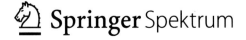 Springer Spektrum

Hrsg.
Mirjam Rabe
Institut für Philosophie
Friedrich Schiller Universität Jena
Jena, Deutschland

ISSN 2191-074X   ISSN 2191-0758   (electronic)
Mathematik im Kontext
ISBN 978-3-662-66061-4   ISBN 978-3-662-66062-1   (eBook)
https://doi.org/10.1007/978-3-662-66062-1

Die Deutsche Nationalbibliothek verzeichnet diese Publikation in der Deutschen Nationalbibliografie; detaillierte bibliografische Daten sind im Internet über http://dnb.d-nb.de abrufbar.

Springer Spektrum
© Der/die Herausgeber bzw. der/die Autor(en), exklusiv lizenziert an Springer-Verlag GmbH, DE, ein Teil von Springer Nature 2023
0. Auflage: © Cambridge University Press 2010
Das Werk einschließlich aller seiner Teile ist urheberrechtlich geschützt. Jede Verwertung, die nicht ausdrücklich vom Urheberrechtsgesetz zugelassen ist, bedarf der vorherigen Zustimmung des Verlags. Das gilt insbesondere für Vervielfältigungen, Bearbeitungen, Mikroverfilmungen und die Einspeicherung und Verarbeitung in elektronischen Systemen.
Die Wiedergabe von allgemein beschreibenden Bezeichnungen, Marken, Unternehmensnamen etc. in diesem Werk bedeutet nicht, dass diese frei durch jedermann benutzt werden dürfen. Die Berechtigung zur Benutzung unterliegt, auch ohne gesonderten Hinweis hierzu, den Regeln des Markenrechts. Die Rechte des jeweiligen Zeicheninhabers sind zu beachten.
Der Verlag, die Autoren und die Herausgeber gehen davon aus, dass die Angaben und Informationen in diesem Werk zum Zeitpunkt der Veröffentlichung vollständig und korrekt sind. Weder der Verlag, noch die Autoren oder die Herausgeber übernehmen, ausdrücklich oder implizit, Gewähr für den Inhalt des Werkes, etwaige Fehler oder Äußerungen. Der Verlag bleibt im Hinblick auf geografische Zuordnungen und Gebietsbezeichnungen in veröffentlichten Karten und Institutionsadressen neutral.

Lektorat/Planung: Nikoo Azarm
Springer Spektrum ist ein Imprint der eingetragenen Gesellschaft Springer-Verlag GmbH, DE und ist ein Teil von Springer Nature.
Die Anschrift der Gesellschaft ist: Heidelberger Platz 3, 14197 Berlin, Germany

Danksagung

Ich danke Bernard Freydberg, der sich während eines Aufenthalts in Deutschland auf die Suche nach einer Übersetzerin für die annotierte *Flatland*-Ausgabe gemacht hat und ich danke Sonja Borchers, ohne die die Aufgabe, dieses Buch zu übersetzen, nicht in meine Hände gelangt wäre. William Lindgren und Thomas Banchoff danke ich für die Möglichkeit, ihre annotierte *Flatland*-Ausgabe zu übersetzen. William Lindgren ermöglichte mir mehrere Arbeitsaufenthalte in den USA und begleitete mich darüber hinaus in einem intensiven transatlantischen Dialog bei der Umsetzung dieses Vorhabens. Mein großer Dank gilt Samuel Rabe, dessen kritische und gründliche Lektüre und Mitwirkung in der Überarbeitung des Manuskripts die Qualität der deutschen Übersetzung immens verbessert hat. Den Vorschlag, die englische annotierte Ausgabe für die Reihe „Mathematik im Kontext" ins Deutsche zu übersetzen, äußerte zuerst David Rowe, ich danke ihm hierfür. Den Reihenherausgebern Klaus Volkert und David Rowe danke ich für ihre Unterstützung bei der Fertigstellung des Manuskripts sowie für ihre Begleitung im Publikationsprozess.

Jakob Mittelsdorf hat mit seinen Rückmeldungen zum ersten Teil des Buches dabei geholfen, den Text in eine finale Form zu bringen. Georgias Kraias bereicherte den Text mit hilfreichen Hinweisen zur altgriechischen Literatur, Mirko Lichthardt mit Anregungen im Gedankenaustausch bei der gemeinsamen Platon-Lektüre. Ich danke meiner Mutter, die mich über all die Jahre mit Zuspruch und guten Gedanken unterstützt hat. Robert Wengel danke ich für seine große Geduld und Sorgfalt beim Layouten des Textes. Durch seine Arbeit wurde es möglich, das Buch analog zur Cambridge-Ausgabe zu gestalten, sodass fortlaufende Anmerkungen den Text auch visuell begleiten. Dem *Harry Ransom Center* der *University of Texas at Austin* danke ich für die Erlaubnis, aus dem Brief von H.G. Wells an J.B. Priestley zu zitieren; der Leiterin und den Fellows des Trinity College, Cambridge für die freundliche Erlaubnis, die Titelseite einer Originalausgabe der Erstauflage abzudrucken. Annika Denkert, Iris Ruhmann, Agnes Herrmann und Nikoo Azarm von Springer-Spektrum haben den Entstehungsprozess dieses Buches auf engagierte und freundliche Weise begleitet und unterstützt.

Jena, im Mai 2022

Mirjam Rabe

Vorwort

Der vorliegende Band der Reihe „Mathematik im Kontext" bietet eine neue, von Frau Mirjam Rabe angefertigte Übersetzung des Klassikers *Flatland* (1884) von Edwin Abbott, einem bekannten Werk mit vielen Facetten. Zum einen gilt es als ein früher Vertreter der Science-Fiction-Literatur, zum andern als ein Werk, das mathematische Einsichten auf leicht zugängliche Art und Weise präsentiert. Vor allem aber handelt es sich um eine gesellschaftskritische Parabel zur Viktorianischen Gesellschaft mit ihrer starren sozialen Gliederung, ihren rigiden Anstandsregeln und ihrer Abwertung von Frauen. Abbotts Buch ist voller Anspielungen auf die englische Literatur, insbesondere natürlich auf Shakespeare, auf die abendländische Philosophie – Platons Höhlengleichnis klingt mehrfach an – und auf die britische Gesellschaft jener Zeit. Um den Zugang hierzu zu erleichtern, enthält die Neuübersetzung einen sehr ausführlichen, in deutscher Sprache bislang unveröffentlichten Anmerkungsteil von William Lindgren und Thomas Banchoff, der in leserfreundlicher Weise im Zweiseitenlayout präsentiert wird. Auch hier hat Frau Rabe die große Mühe der Übersetzung auf sich genommen. In enger Zusammenarbeit haben Frau Rabe und Herr Lindgren den Anmerkungsteil der 2010 bei Cambridge University Press erschienen englischen Ausgabe überarbeitet und erweitert. Damit liegt erstmals in deutscher Sprache eine Ausgabe vor, die dem Werk Abbotts in allen Hinsichten gerecht wird.

Die Herausgeber der Reihe danken Frau Mirjam Rabe ganz herzlich für ihre hervorragende Leistung und Herrn Robert Wengel (Bergische Universität Wuppertal), der das anspruchsvolle Layout übernommen hat, für seine sorgfältige Arbeit. Den Autoren W. Lindgren und Th. Banchoff danken wir für ihr Entgegenkommen und ihr Engagement für die deutsche Ausgabe. Schließlich gilt unser Dank dem Springer-Verlag für die Möglichkeit, dieses Buch zu publizieren. Die zuständigen Lektorinnen Frau Annika Denkert, Frau Agnes Herrmann, Frau Iris Ruhmann und Frau Nikoo Azarm haben das Werk in vorbildlicher Weise betreut.

David E. Rowe (Mainz)
Klaus Volkert (Wuppertal/Luxemburg)

Inhaltsverzeichnis

Einleitung

In Edwin Abbott Abbotts *Flatland* erzählt ein Quadrat, das gemeinsam mit anderen geometrischen Figuren ein zweidimensionales Universum bevölkert, von seiner Einweihung in die Mysterien des dreidimensionalen Raumes. Bei dem erstmals im Jahr 1884 veröffentlichten Werk handelt es sich um eine satirische Beschreibung der Gesellschaftsstrukturen im viktorianischen England. Den heutigen Leser/innen sind viele der viktorianischen Bräuche, auf die Abbott sich humoristisch bezieht, nicht mehr bekannt, die Wortbedeutungen haben sich geändert und historische Anspielungen, die damals offensichtlich waren, erfordern nun Erklärungen. Ziel der vorliegenden Ausgabe ist es, die ‚vielen Dimensionen' dieser Satire zu würdigen und den heutigen Leser/innen näher zu bringen. Die ausführlichen Anmerkungen zum Text enthalten 1) mathematische Erläuterungen und Abbildungen, wodurch *Flatland* als eine allgemeine Einführung in die höherdimensionale Geometrie gelesen werden kann; 2) Hinweise auf Bezüge zum späten viktorianischen England und zum antiken Griechenland; 3) Zitate aus anderen Schriften Abbotts sowie aus den Werken Platons und Aristoteles', die dabei helfen, den Text zu interpretieren, 4) Überlegungen zu den Parallelen zwischen *Flatland* und Platons ‚Höhlengleichnis' sowie 5) Hinweise zu Besonderheiten der Sprache und des literarischen Stils.

A Romance of Many Dimensions – eine fantastische Geschichte mit vielen Dimensionen

Das Wort ‚romance' im Untertitel der englischen Originalausgabe bezeichnet eine fantastische prosaische Erzählung. Eine ‚romance' ist dadurch gekennzeichnet, dass ihre Protagonisten Dinge erleben, die in Hinblick auf Raum und Zeit des Geschehens sehr verschieden sind von den Erfahrungen des alltäglichen Lebens der Leser/innen. Dies trifft auf *Flatland* zu, insofern die von geometrischen Figuren bevölkerte zweidimensionale Welt sich in der Tat von unserem menschlichen Leben sehr unterscheidet. Dennoch war die große Mehrheit der damaligen Leser/innen mit dem ‚physischen Raum' Flachlands[1] wohl vertraut. *Flatlands* Raum ist die bekannte Euklidische Ebene, der zentrale Untersuchungsgegenstand in Euklids *Elementen*, die ein fester Bestandteil

---

[1]Im Folgenden verwenden wir den Namen „Flachland", wenn es um die von Abbott erdachte zweidimensionale Welt geht und den kursiv gesetzten Buchtitel „*Flatland*", wenn wir uns auf das Werk als Ganzes beziehen.

im Lehrplan viktorianischer ‚public schools' (Privatinternate) waren. Treffend wäre aus unserer Sicht auch eine Charakterisierung des Textes als Parabel. Eine solche ist, wie auch eine ‚romance', durch den Aspekt der Entfremdung vom Alltäglichen charakterisiert, darüber hinaus jedoch auch durch den Aspekt des Allegorischen. Bei Abbotts *Flatland* handelt es sich um eine Parabel, insofern der Autor grundsätzliche Beobachtungen und Erkenntnisse auf eine Bildebene projiziert, die auf die wirkliche Welt verweisen soll und dabei von Stilelementen wie Ironie und Metaphern Gebrauch macht.

Die Phrase ‚of many dimensions'/ ‚mit vielen Dimensionen' ist ein Spiel mit den verschiedenen Bedeutungsebenen von ‚Dimensionen'. Einer wörtlichen (geometrischen) Interpretation dieser Phrase zufolge ist *Flatland* als ein Beitrag zur Geometrie höherer Dimensionen zu verstehen. Aber Abbott war kein Mathematiker und beabsichtigte nicht, einen geometrischen Text zu schreiben; er wäre überrascht gewesen, zu erfahren, dass seine ‚Parabel mit vielen Dimensionen' als Einführung in die höherdimensionale Geometrie gelesen wird. Abbott verwendete das Wort ‚Dimension' primär im übertragenen Sinne und so verstanden hat *Flatland* in der Tat viele Dimensionen: Es ist eine erweiterte Metapher, die in der Sprache der Mathematik zum Ausdruck kommt; ein satirischer Kommentar zur viktorianischen Gesellschaft; eine geometrische Version von Platons Höhlengleichnis und eine Veranschaulichung der Abbotts Werk zugrundeliegenden Überzeugung, dass Einbildungskraft die Basis alles Wissens ist.

Es gibt keine explizite religiöse Dimension in Flachland, fest steht jedoch, dass die dritte Dimension ‚die unsichtbaren Dinge' repräsentiert. In der Tat schreibt Abbott an einer Stelle, die Botschaft in 2. Korinther 4,18 bilde die Basis für sein gesamtes Lebenswerk: „The things which are seen are temporal; but the things which are not seen are eternal" („Denn was sichtbar ist, das ist zeitlich; was aber unsichtbar ist, das ist ewig."). (Abbott 1907, S. xii; Lindgren and Banchoff 2010, S. 237)

Eine weitere Dimension von *Flatland*, Abbotts Verwendung von Wortspielen, wurde oft falsch beurteilt. Gewiss ist das Buch reich an Scharfsinn und Witz und gewiss beabsichtigte Abbott, zu amüsieren. Doch die Kommentatoren, die Flatland als einen lediglich erheiternden Zeitvertreib charakterisierten, haben ein Buch stark unterschätzt, das in demselben Geist von spielerischem Ernst verfasst ist, der auch die platonischen Dialoge durchdringt.

Das viktorianische England und das antike Griechenland als mögliche Vorlagen für Flatland

Obwohl Abbott nicht der erste war, der ein von geometrischen Figuren bevölkertes zweidimensionales Universum erdachte, war er doch der erste, der eine solche fiktive Welt mit einer hochentwickelten sozialen und politischen Struktur versehen hat. Für diese Struktur fand Abbott seine primäre Vorlage nicht im späten viktorianischen England, auf das ohne Frage seine Satire abzielte, sondern vielmehr im antiken Griechenland. Abbotts Zeitgenossen muss die Gesellschaft Flachlands dennoch so vertraut vorgekommen sein wie der zweidimensionale Lebensraum, denn die griechische und römische Geschichte war Bestandteil der Schulausbildung im viktorianischen England.

Unter vielen Viktorianern war die Ansicht verbreitet, dass die antiken Griechen den Engländern sehr ähnlich gewesen wären und die historischen Situationen beider Zivilisationen miteinander vergleichbar seien. Obwohl diese Einschätzung zu Beginn des 20. Jahrhunderts bereits als überholt galt, hatte sie einen starken Einfluss auf das intellektuelle Leben der viktorianischen Zeit sowie auf die viktorianische Rezeption und Darstellung der griechischen Geschichte. Um an der Ähnlichkeit zwischen den beiden Zivilisationen festzuhalten, mussten Autoren wie Matthew Arnold entscheidende Unterschiede wegrationalisieren und ethisch nicht vertretbare Elemente des gesellschaftlichen Lebens im antiken Griechenland ignorieren. Andere (denen Abbott zugestimmt hätte) vertraten die Ansicht, das antike Griechenland sei nicht wie England gewesen und England sollte sich nicht nach dessen Vorbild ausrichten. (Vgl. Turner 1981, S. 11, 61, 252)

Beim Verfassen *Flatlands* machte Abbott von einer ‚historischen Einbildungskraft' Gebrauch – nicht um die Vergangenheit zu rekonstruieren, sondern um die Gegenwart auf dem Schauplatz der Vergangenheit zu rekonstruieren. Er entwarf eine umfassende geometrische Metapher, indem er das späte viktorianische England auf eine zweidimensionale Fläche projizierte und diese mit einer ‚Zivilisation' bevölkerte, deren Gesellschaftsstruktur in vielen Aspekten derjenigen des antiken Griechenlands ähnelt. Des Weiteren verschärfte er seinen kritischen Kommentar zur Gegenwart, indem er in dieser fiktiven Zivilisation einige der Aspekte des antiken Griechenlands besonders hervorhob, die von den viktorianischen Apologisten der klassischen Zeit wegrationalisiert wurden – zum Beispiel Sklaverei, ein rigides Klassensystem, Frauenfeindlichkeit und Strukturen eines Sozialdarwinismus. Seine stark satirische Beschreibung einer Gesellschaft, in der Ungleichheit grausam bestraft wird (§ 7 „Über unregelmäßige Figuren") und die Frauen jegliche Form von Intelligenz abspricht (§ 4 „Über die Frauen") enthält eine Kritik nicht nur der griechischen, sondern auch der viktorianischen Gesellschaft und gibt keinesfalls Abbotts eigene Meinung wieder. Abbott hatte sich vehement für die Bildung von Frauen eingesetzt; versteckte Hinweise darauf, dass Flachlands Frauen in der Tat sehr intelligent sind, führen die Begründungen der Unterdrückung von Frauen bereits im von ‚dem Quadrat' verfassten Text selbst ad absurdum.

Flatland und Platons Höhlengleichnis

Verschiedene Autoren haben auf *Flatlands* auffälligsten Bezug zur griechischen Philosophie hingewiesen – auf die Parallelen zu Platons Höhlengleichnis. Am Anfang des siebten Buchs von *Politeia* beschreibt Sokrates eine Höhle, in der Gefangene von Kindheit an durch Fesseln an ihren Beinen und um ihren Hals festgehalten werden. Die Fesseln hindern sie daran, ihren Kopf zu drehen und so können sie das Feuer nicht sehen, „welches von oben und von ferne her hinter ihnen brennt." (*Politeia*, 514b) In dem schräg nach oben verlaufenden Gang, der von der Höhle zu dem Feuer führt, steht quer eine niedrige Mauer. Hinter der Mauer, mit dem Feuer im Rücken, gehen Menschen auf einem Pfad und tragen Dinge, die über die Mauer ragen. Der Feuerschein wirft die Schatten dieser Dinge an die Höhlenwand, auf welche die Augen der Gefangenen gerichtet sind. Diese Schatten und die Stimmen der Menschen auf dem Pfad hinter der Mauer sind die einzige Realität, die die Gefangenen kennen. (*Politeia*, 514a–518b)

Obwohl Abbott seine Vorlage nicht offen benennt und Details der beiden Erzählungen keineswegs identisch sind, steht die Inspiration durch Platons Höhlengleichnis außer Zweifel. Die wohl wesentlichste Parallele besteht darin, dass beide Texte eine metaphorische Darstellung sowohl der *conditio humana* im Allgemeinen als auch der Reise einer individuellen Seele von der Unwissenheit zur Erkenntnis enthalten. Abbotts ‚Geometrisierung' des Höhlengleichnisses erscheint besonders passend, wenn man bedenkt, welch zentrale Bedeutung Platon der Mathematik beimaß. Geometrie war für ihn die „Kenntnis des immer Seienden". (*Politeia*, 527b)

Vorläufer von Flatland

Die literarische und wissenschaftliche Erkundung höherdimen-
sionaler Geometrie begann mit Arbeiten von Hermann Grassmann
(1844), Arthur Cayley (1845), und Bernhard Riemann (1854); zu der Zeit
als *Flatland* erschien, waren bereits hunderte Beiträge zu diesem Thema
veröffentlicht worden. Das Interesse an höherdimensionalen Räumen
beschränkte sich keineswegs auf die wissenschaftliche Gemeinschaft,
manche Artikel richteten sich an eine breitere Leserschaft. Einige Verfasser
veranschaulichten die Schwierigkeit, Gesetze des vierdimensionalen
Raums zu verstehen, indem sie schilderten, wie zweidimensionale
Wesen in einer Ebene leben und unfähig sind, sich in irgendeiner Weise
den dreidimensionalen Raum vorzustellen. Durch diese Analogie wird
anschaulich, dass Wahrnehmung immer an die jeweilige Dimensionalität
gebundenen ist. Neben Abbott machten auch zwei deutsche Autoren,
Gustav T. Fechner (1801-1887) und Hermann von Helmholtz (1821-1894),
von einer solchen Analogie Gebrauch.

In seinem Essay „Der Schatten ist lebendig" von 1845 beschreibt
Fechner ein Schattenwesen, das fähig ist, sich in Ebenen hin und
her zu bewegen und mit anderen Schatten zu interagieren, jedoch
nichts wahrnehmen kann, das in einer Dimension senkrecht zu seiner
Ebene existiert. Fechner zieht eine Analogie zwischen der begrenzten
Wahrnehmungsfähigkeit des Schattenwesens und unserer Schwierigkeit,
uns eine vierte Dimension des Raumes vorzustellen. Abbott, der fließend
Deutsch sprach, könnte dieses Essay in dem Band *Kleine Schriften*, der
einige satirische Essays Fechners versammelte, gelesen haben. (Fechner
1875, S. 243–253)

Zwischen 1868 und 1879 veröffentlichte Helmholtz verschiedene
einander ähnelnde Vorträge und Essays, die sich der Frage widmeten,
wie Menschen dazu kommen, die Beschaffenheit des Raumes zu
verstehen. In dem Essay „Über den Ursprung und die Bedeutung
der geometrischen Axiome" (Helmholtz 1870) verwendete er das
Beispiel eines zweidimensionalen Wesens, dessen Bewegungen auf die
Oberfläche eines Körpers beschränkt sind, um dafür zu argumentieren,
dass unsere Vorstellung von Raum nicht, wie Immanuel Kant annahm,
eine Anschauung a priori sei, sondern vielmehr durch unsere Erfahrung
bestimmt sei. Eine Version des Essays wurde ins Englische übersetzt und
erschien 1876 in der englischen Philosophiezeitschrift *Mind* unter dem
Titel „The origin and meaning of geometrical axioms."

Des Weiteren könnte Abbott auch durch die Arbeit von C. Howard Hinton inspiriert worden sein, der als „hyperspace philosopher" beschrieben wurde. Sein Essay „What is the fourth dimension?" (1880, 1883) ist das erste einer Reihe von Schriften, die er verfasste, um das Konzept eines vierdimensionalen Raumes breiteren Kreisen zugänglich zu machen. Von Hintons Essay könnte Abbott durch seinen Freund Howard Candler erfahren haben, der als Mathematikdozent an der Uppingham School tätig war, wo Hinton ebenfalls von 1880 bis 1886 lehrte.

Edwin Abbott Abbott

Der Autor von *Flatland*, ein bedeutender Kenner der Bibel und der englischen Sprache sowie Schulleiter im viktorianischen England, wurde 1838 in Marylebone geboren, wo sein Vater Schulleiter der Philologischen Schule war. Abbott besuchte die renommierte City of London School (CLS) unter George F. W. Mortimer und anschließend das St. John's College der Universität Cambridge, das er 1861 mit Auszeichnung abschloss. Im Jahr 1862 wurde er zum Diakon und im darauffolgenden Jahr zum Priester der Anglikanischen Kirche ordiniert. Nachdem er kurzzeitig an der King Edward's School in Birmingham und am Clifton College in Bristol unterrichtet hatte, kehrte er im Jahr 1865 als Schulleiter zur CLS zurück.

Die Schule, die er von Mortimer übernahm, war hoch angesehen und unter der Leitung Abbotts wurde sie eine der besten weiterführenden Schulen in England. Er reformierte den traditionellen Lehrplan, führte neue Lehrmethoden ein und verbesserte die Qualität der Lehre. Abbott war ein begabter Lehrer, der es vielen Schülern ermöglichte, in Oxford und Cambridge zu studieren. Zur selben Zeit stellte er als Schulleiter sicher, dass die Schüler, die später keine Universität besuchten, eine gute Allgemeinbildung erhielten.

Abbotts Schüler und Biograph, Lewis Farnell, vertrat die Ansicht, dass Abbotts Bedeutsamkeit für die Nachwelt hauptsächlich auf seinem Genie für die Lehre beruht. Doch galt das stetige Interesse in Abbotts Leben der Herausforderung, die christliche Religion seinen Zeitgenossen auf eine Weise darzustellen, bei der die Bejahung der traditionellen Glaubensinhalte nicht von dem Glauben an wissenschaftlich nicht erklärbare Wunder abhängen sollte. (Für Abbott basierten die grundlegenden Glaubensinhalte des Christentums, insbesondere die Göttlichkeit von Christus, nicht auf der historischen Nachweisbarkeit von

Wundern.) (Nachruf 1926b). Im Alter von 51 Jahren ging Abbott in den ‚Ruhestand' und widmete sich ganz der Bibelforschung: In den Jahren zwischen 1900 und 1917 veröffentlichte er das *Diatessarica*, eine äußerst detaillierte vierzehnbändige Betrachtung der vier Evangelien.

Einige Kommentatoren haben bemerkt, dass *Flatland* nicht zu den übrigen literarischen Schriften Abbotts zu passen scheint. Jedoch ist dieses Buch den beiden anderen pseudonym veröffentlichten und in Ich-Form verfassten Erzählungen Abbotts recht ähnlich: *Philochristus* (1878) erzählt die Geschichte eines Pharisäers im frühen ersten Jahrhundert und *Onesimus* (1882) die Geschichte des griechischen Sklaven im Brief des Paulus an Philemon. In diesen Geschichten, wie auch in *Flatland*, wird ein Protagonist durch die Offenbarung eines Wesens aus einer anderen Seinsordnung verwandelt; doch der Versuch, von dieser persönlichen Erfahrung zu erzählen und die guten Nachrichten zu verbreiten, scheitert und zieht sogar Verfolgung nach sich.

Anmerkungen der Übersetzerin zu der vorliegenden Ausgabe

Die erste Ausgabe von *Flatland* wurde im späten Oktober des Jahres 1884 veröffentlicht. Die gedruckten Exemplare waren schnell ausverkauft und eine zweite Ausgabe erschien zu Beginn des Jahres 1885. Diese zweite Ausgabe enthält einige Änderungen, mit denen der Autor auf eine Rezension in der Zeitschrift *The Athenaeum* antwortete.

Der Text, der auf diese Einleitung folgt, ist eine Übersetzung der zweiten Ausgabe mit einer Veränderung: Das Vorwort (preface) der zweiten Ausgabe ist in unserer Ausgabe das Nachwort (der Epilog). Die Anmerkungen basieren auf den Anmerkungen der 2010 bei Cambridge University Press erschienenen kommentierten Edition, sie wurden jedoch für die deutsche Ausgabe grundlegend überarbeitet, erweitert oder gekürzt.

Die erste Übersetzung von Flatland erschien 1886 in niederländischer Sprache;[2] seitdem ist das Buch in mehr als zwanzig andere Sprachen übersetzt worden. Allein in deutscher Sprache existieren, neben der vorliegenden, mindestens fünf verschiedene Übersetzungen.[3] Zum Ende

---

[2] *Platland: Een Roman van vele afmetingen* (1886), übers. von L. van Zanten Jzn., Tiel: D. Mijs.
[3] Die erste Übersetzung ins Deutsche ist aus dem Jahr 1929: *Flächenland, eine Geschichte von den Dimensionen*, gekürzt und übers. von Werner Bieck, Leipzig und Berlin: Teubner Verlag. Unter den später erschienen Übersetzungen möchten wir insbesondere Joachim

dieser Einleitung möchten wir auf einige Aspekte hinweisen, in welchen sich unsere Übersetzung von den bisherigen unterscheidet.

Zunächst einige Worte zu unserer Entscheidung, in Abweichung zu den bisherigen Übersetzungen den Titel als ‚Flachland' zu übersetzen: Gegen Flachland mag sprechen, dass dieses Wort auch in einem anderen, topografischen Sinne Verwendung findet. Gegen ‚Flächenland' spricht vor allem der Plural, der irreführend ist, da sich der Titel ‚Flatland' nicht auf Flächen bezieht. Außerdem ist der Klang durch die hinzugekommene dritte Silbe sehr verschieden vom englischen Original. Der Aspekt des Klangs spielte bei unserer Übersetzungsarbeit eine besondere Rolle. Es ist die dem Werk eigene Satzmelodie, die *Flatland* neben dem Reichtum der vieldimensionalen Bezüge zu einem außergewöhnlichen literarischen Text macht. Aus dem Anspruch heraus, dem Original möglichst nah zu bleiben und die dem Text eigene Lebendigkeit zu bewahren, bemühten wir uns, die semantischen Bezüge, Bilder und den Klang der von Abbott gewählten Wörter in einer anderen Sprache wiederaufzunehmen.

Eine Übersetzung mag immer Gefahr laufen, um einer leichten Lesbarkeit willen Unebenheiten im Originaltext auszugleichen; die Stimmen der Übersetzer/innen können dann die Stimmen der Erzähler/innen überlagern. Dies würde, so unser Eindruck, Abbotts Text auf besondere Weise nicht gerecht. Der englischen Originalausgabe *Flatlands* ist auf dem Titelblatt ein Shakespeare Zitat vorangestellt: „Fie, fie, how frantically I square my talk!" („Wie verzweifelt ebne ich meine Rede.") Dies kann – neben der Mathematisierung des Doppel-Nachnamens (Abbott Abbott wird zu A^2) – einen Hinweis darauf geben, warum Abbott die Geschichte durch ‚ein Quadrat' erzählen lässt. Das verbale ‚to square' – etwas in die Form eines Quadrats bringen, etwas begradigen, ebnen – weist auf die Bedeutung hin, die der Regelmäßigkeit in Flachland zukommt und auch auf die Beschaffenheit des Landes selbst, in dem alles eben ist. Wenn wir davon ausgehen, dass dieses Epigraph dem Quadrat zugeschrieben werden kann und dass der Bericht des Quadrats sich in erster Linie an die noch ungläubigen zweidimensionalen Bewohner/innen Flachlands richtet, kann die Aussage zunächst wie folgt interpretiert werden: Es kann bedeuten, dass der Erzähler darum bemüht, ist, seine Geschichte auf eine Weise zu verfassen, die für zweidimensionale Wesen zugänglich ist bzw. ihnen gerecht wird. Im adverbialen ‚frantically'/ ‚verzweifelt' kommt

---

Kalkas *Flächenland. Ein mehrdimensionaler Roman* von 1982 als gelungene, wortgetreue Übersetzung würdigen.

jedoch darüber hinaus eine Ambivalenz zum Ausdruck, die für den metaphorischen Gehalt der Erzählung von Bedeutung ist: Die Spannung zwischen der Sehnsucht nach Lebendigkeit (siehe z.B. die Kapitel zur Farbrevolte) und der zugleich verinnerlichten Norm des Anpassens. Vor diesem Hintergrund kann es nicht Ziel einer Übersetzung sein, den stilistischen Ausdruck des Quadrats zu korrigieren und alles Holprige im Text zu glätten, wo auch immer dies der ‚Ebnung' standgehalten hat.

Um den Text in größtmöglicher Nähe zum Original wiederzugeben, ersetzen wir den heutigen Leserinnen und Lesern ungeläufiges Vokabular zumeist nicht durch geläufigere Begriffe, sondern erläutern die fraglichen Begriffe in den Anmerkungen. Wo eine Ersetzung stattgefunden hat, ist dies in den Anmerkungen nachvollziehbar. Die bisweilen sehr langen Sätze Abbotts haben wir nur dann unterteilt, wenn dies für das Verständnis bzw. den Lesefluss tatsächlich erforderlich erschien. Die Anmerkungen haben zum Ziel, die von Abbott intendierte Mehrdimensionalität des Werkes für die heutigen Leserinnen und Leser sichtbar zu machen. Dabei standen wir vor der Herausforderung, der Fülle an Anspielungen in einem begrenzten Format Raum zu geben. Um der Mehrdimensionalität gerecht zu werden, legten wir uns nicht auf eine literaturwissenschaftliche, historische oder mathematische Lesart fest. Die Anmerkungen enthalten auch literaturwissenschaftliche Hinweise, sind aber nicht als rein literaturwissenschaftlicher Kommentar zu verstehen und erheben in diesen wie auch anderen Bereichen keinen Anspruch auf Vollständigkeit. In diesem Sinne folgen die Anmerkungen dem spielerischen Gestus des Originaltextes. Unser Ziel war es, unterschiedliche Perspektiven und Deutungsmöglichkeiten aufzuzeigen.

In seinem Essay „Good readers and good writers" bemerkt Vladimir Nabokov „In reading, one should notice and fondle details… Curiously enough, one cannot *read* a book: one can only reread it. A good reader, a major reader, an active and creative reader is a rereader" / „Beim Lesen sollte man Details wahrnehmen und liebkosen…Sonderbarerweise kann man ein Buch nicht lesen, man kann es nur wieder lesen. Ein guter Leser, ein großer Leser, ein aktiver und schöpferischer Leser ist ein Wieder-Leser." (Nabokov 1980, S. 3, eigene Übersetzung). Es sind die ‚rereaders', diejenigen, die ein Buch gerne mehrmals lesen, denen wir diese kommentierte Ausgabe von Flatland widmen.

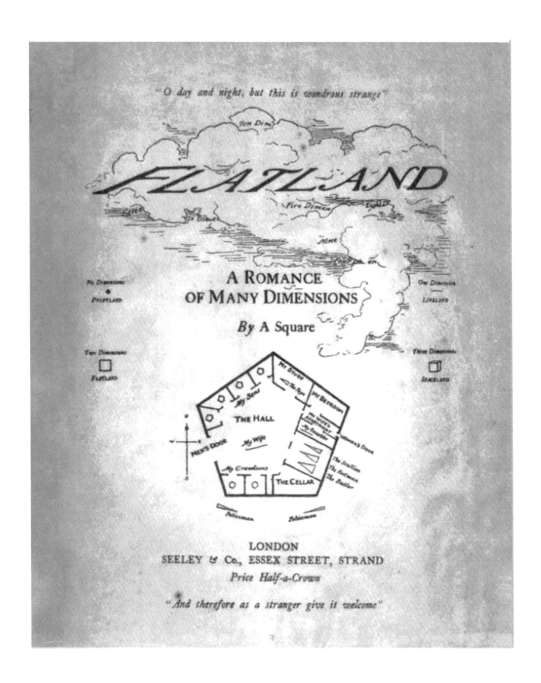

„Ob Tag, ob Nacht, doch dies ist wundersam fremd"

FLACHLAND

EINE FANTASTISCHE GESCHICHTE MIT VIELEN DIMENSIONEN

erzählt von einem Quadrat

„Und darum als einen Fremden heiße es willkommen"

Erläuterungen und Kommentar

Einband der Originalausgabe. Wie auch in seinen Werken *Philochristus* und *Onesimus*, verwendete Abbott in *Flatland* wiederholt altertümliche Ausdrucksweisen, um den Anklang an eine weit zurückliegende Zeit zu erzeugen. Im Falle der ersten Ausgabe von *Flatland* wurde dieser Eindruck bereits beim Betrachten des Einbandes hervorgerufen, der aus Pergament bestand. Abbott mag mit diesem Umschlag eine Anspielung auf die erste Form des Buches in der antiken Welt intendiert haben – zusammengeklebte Seiten aus Papyrus, die um einen Holzstab gewickelt und oft in einer Hülle aus Pergament aufbewahrt wurden.

Epigraph auf dem Titelbild. Die Inschrift, die Shakespeares *Hamlet* 1.5 entnommen ist, weist auf das zentrale Ereignis in *Flatland* sowie auf eine Interpretationsmöglichkeit dessen hin – die nächtliche Erscheinung einer Kugel in Flachland, die gekommen ist, um das Quadrat ‚in die Mysterien des Raums' einzuführen. „O day and night, but this is wondrous strange," ist in Shakespeares *Hamlet* der Ausruf Horatios, der gerade den Geist von Hamlets ermordetem Vater erscheinen und wieder verschwinden gesehen hat. In seiner Antwort „And therefore as a stranger give it welcome" (Und darum als einen Fremden heiße es willkommen) spielt Hamlet auf die Tradition der Gastfreundschaft gegenüber Fremden an.

Shakespeare ermutigt uns dazu, uns nicht von Horatios Rationalismus einschränken zu lassen, sondern zusammen mit Hamlet Dinge willkommen zu heißen, die wir, gefangen in unserem jeweiligen Weltbild, uns nicht hätten träumen lassen. Für Abbott war es naheliegend, Epigraphe aus den Werken Shakespeares zu wählen. In akademischen Kreisen etablierte er seinen Ruf mit der Publikation von *A Shakespearian Grammar* – ein Buch, das er schrieb, um Schüler/innen dabei zu helfen, bei der Lektüre der Werke Shakespeares die Unterschiede zwischen dem elizabethanischen und dem viktorianischen Englisch bewusst wahrzunehmen.

Ein Quadrat. Edwin Abbott Abbotts Name enthält die Nachnamen seiner beiden Eltern, Edwin Abbott und Jane Abbott. Das Pseudonym, das Abbott gewählt hat, ist ein Wortspiel – es weist auf seine eigenen Initialen hin, $EAA = EA^2$, sowie auf den bescheidenen sozialen Status des ‚Autors', der ‚ein ganz gewöhnliches Quadrat' ist.

Dieser ‚Durchschnittsbürger', der als Erzähler durch die Geschichte führt, verrät uns weder die Namen seiner Zeitgenossen in Flachland noch sagt er uns seinen eigenen Namen – er ist ‚ein Quadrat' („A Square" wie es im Schriftsatz der Titelseite heißt), nicht ‚A. Square'. Abbott machte ein Quadrat zum Autor von *Flatland* – nicht um sich der Verantwortung für dieses Buch zu entziehen, sondern vielmehr, um es als die Memoiren eines zweidimensionalen Wesens zu präsentieren. Eine anonyme Veröffentlichung von Büchern war gebräuchlich im 19. Jahrhundert, aber Bücher, die einen gewissen Grad an Berühmtheit erlangten, waren meist innerhalb weniger Monate dem realen Autor zuzuordnen. Der erste öffentlich zugängliche Hinweis darauf, dass Abbott der Autor von *Flatland* war, erschien in einer Literaturkolumne in *The Athenaeum*, der zu dieser Zeit in Großbritannien führenden wissenschaftlichen und literarischen Zeitschrift.

Preis: eine halbe Krone.   Eine halbe Krone entsprach $2\frac{1}{2}$ Schilling oder $\frac{1}{8}$ Pfund. Auch wenn die Veränderungen der relativen Werte von Gütern es unmöglich machen, diesen Preis in einen modernen Wert umzurechnen, so gibt uns Leon Levis Schätzung zumindest eine grobe Vorstellung: Demzufolge betrug 1884 das durchschnittliche Tageseinkommen eines englischen Arbeiters etwas weniger als 3 Schilling. (Levi 1885, S. 2-4)

FLATLAND

A Romance of Many Dimensions

With Illustrations

by the Author, A SQUARE

" Fie, fie, how franticly I square my talk!'

LONDON

SEELEY & Co., 46, 47 & 48, ESSEX STREET, STRAND

(*Late of* 54 FLEET STREET)

1884

Titelblatt

Inschrift auf dem Titelblatt. „Fie, fie, how franticly I square my talk"
bedeutet ‚wie verzweifelt begradige ich meine Sprache'. Das Zitat ist
Shakespeares *Titus Andronicus* 3.2 entnommen. An dieser Stelle antwortet
Titus verärgert auf seinen Bruder, der ihn dazu drängt, seinen Ausdruck
von Trauer und Verzweiflung zu mäßigen. Dieses Epigraph ist ein
Spiel mit dem Verb ‚to square' (etwas in die Form eines Quadrats
bringen, etwas begradigen, etwas ebnen) und dem ‚Name' des Erzählers
von *Flatland*. Es bezieht sich auf die Bemühungen des Quadrats seine
sprachliche Erzählung in Einklang mit der Realität von Flachland zu
bringen sowie auf Abbotts Bemühungen, *Flatland* in der Sprache eines
Quadrats zu schreiben. Abbott war ein Philologe im wörtlichen Sinne,
ein Liebhaber der Wörter, und er verwendete große Sorgfalt darauf,
die Sprache des Quadrats zu konstruieren. Diese ist nicht lediglich das
gewöhnliche Englisch des späten 19. Jahrhunderts, sondern sie beinhaltet
Archaismen des Elisabethanischen Englisch, biblische Ausdrucksweisen,
mathematisches und geometrisches Vokabular sowie eine Reihe von
Wörtern, die der ‚Redeweise in Flachland' eigentümlich sind. Die Prosa
grenzt an einigen Stellen an Lyrik, Alliterationen und andere rhetorische
Stilmittel sind geläufig. Es gibt eine große Anzahl von Wortspielen,
darunter einige besonders geistreiche, die, wie dieses Epigraph, die
Aufmerksamkeit auf einen bemerkenswerten Aspekt des Textes lenken.

To

The Inhabitants of SPACE IN GENERAL

And H. C. IN PARTICULAR

This Work is Dedicated

By a Humble Native of Flatland

In the Hope that

Even as he was Initiated into the Mysteries

Of THREE Dimensions

Having been previously conversant

With ONLY TWO

So the Citizens of that Celestial Region

May aspire yet higher and higher

To the Secrets of FOUR FIVE OR EVEN SIX Dimensions

Thereby contributing

To the Enlargement of THE IMAGINATION

And the possible Development

Of that most rare and excellent Gift of MODESTY

Among the Superior Races

Of SOLID HUMANITY

Den

Bewohnern des RAUMES IM ALLGEMEINEN

Und H.C. IM BESONDEREN

Ist dieses Werk gewidmet

Von einem bescheidenen Einwohner Flachlands

In der Hoffnung, dass

Ebenso wie er eingeführt wurde in die Mysterien

Der DREI Dimensionen

Und zuvor vertraut war

Mit NUR ZWEI

Auch die Bürger dieser Himmlischen Region

Nach einem Höheren und immer Höherem streben mögen

Zu den Geheimnissen der VIERTEN, FÜNFTEN ODER SOGAR SECHSTEN

Dimension

Und dadurch einen Beitrag leisten

Zur Erweiterung DER EINBILDUNGSKRAFT

Und der möglichen Entwicklung

der höchst seltenen und herausragenden Gabe der BESCHEIDENHEIT

unter den überlegenen Geschlechtern

der KÖRPERLICHEN MENSCHHEIT.

To H. C. in particular
from the Square . (Edwin Abbott)
Oct. 1884.

FLATLAND

A Romance of Many Dimensions

Widmung

H. C. im Besonderen. In *Apologia* (1907) identifiziert Abbott explizit seinen engsten Freund, Howard Candler, als „the H. C. to whom *Flatland* was dedicated many years ago" (als denjenigen, dem Flatland gewidmet wurde). Die Worte einer handschriftlichen Widmung für Candler auf der Titelseite eines Exemplars von Flatland lauten: „To H. C. in particular / from the Square. / Oct. 1884" Das Exemplar, das diese Widmung enthält, wurde 1969 von Christopher Candler, einem Enkelsohn Howard Candlers, der Bibliothek des Trinity College an der Cambridge University vermacht.

eingeführt... in die Mysterien. Abbott verwendet die Initiationsriten der griechischen Mysterienkulte als ein Sinnbild für die innere Reise des Quadrats von intellektueller Dunkelheit ins Licht und für seine darauffolgende Unfähigkeit, das Erfahrene anderen zu beschreiben.

Einbildungskraft. Für Abbott ist Einbildungskraft die Basis alles Wissens. In *The Kernel and the Husk* vertritt er die Ansicht, dass unser Wissen über die äußere Welt und über uns selbst nicht von Sinneswahrnehmungen kommt, die vom Verstand interpretiert werden, sondern, zumindest in einem großen Maße, von Sinneswahrnehmungen, die mithilfe von Einbildungskraft interpretiert werden.

Bescheidenheit. In *The Spirit on the Waters* schreibt Abbott, dass eine Illustration im geometrischen Raum uns dazu bringen kann, unseren Blick für Verhältnisse und Existenzen zu öffnen, die über das uns bislang Bekannte hinausgehen. Dadurch kann sich „in uns Bescheidenheit entwickeln, Respekt für Fakten, eine tiefere Ehrfurcht gegenüber Ordnung und Harmonie und ein Geist, der offener ist für neue Beobachtungen und neue Folgerungen aus alten Wahrheiten." (Abbott 1897, S. 32–33, eigene Übersetzung)

überlegenen Geschlechtern der körperlichen Menschheit. Im Original: „Superior Races of SOLID HUMANITY." Abbott spielt mit den verschiedenen Bedeutungsebenen von ‚solid': Einerseits bedeutet es ‚räumlich' und ‚körperlich' und bezieht sich damit auf die dreidimensionale Welt, andererseits bedeutet es ‚solide' und ‚verlässlich'. Letzteres charakterisiert an dieser Stelle also die Menschheit in Raumland, der die Menschheit in Flachland aus Sicht des Quadrats unterlegen ist.

TEIL I

DIESE WELT

„Sei geduldig, denn die Welt ist groß und weit.“

© Der/die Autor(en), exklusiv lizenziert an Springer-Verlag GmbH, DE, ein Teil von Springer Nature 2023
M. Rabe (Hrsg.), *Edwin A. Abbotts Flachland*, Mathematik im Kontext,
https://doi.org/10.1007/978-3-662-66062-1_1

Teil I: DIESE WELT

Epigraph. Diese Worte spricht Bruder Lorenzo (Friar Laurence) in Shakespeares *Romeo und Juliet* 3.3. Um Romeo, der aus Verona verbannt wurde, zu besänftigen, versichert er ihm, dass die Welt jenseits von Verona groß und weit sei. Romeo antwortet: „Es gibt keine Welt jenseits Veronas Mauern, nur Fegefeuer, Qualen, die Hölle selbst. Darum – verbannt sein ist verbannt sein aus der Welt." (Eigene Übersetzung)

> There is no world without Verona walls,
> But purgatory, torture, hell itself.
> Hence – banished is banish'd from the world.

Romeos Beharren darauf, dass nichts außerhalb der Welt seiner Erfahrungen existiert, begegnet uns im Text als wiederkehrendes Motiv. Die fehlende Bereitschaft, den Blick über die eigene Erfahrungswelt hinaus zu öffnen, verbindet die Bewohner von Punktland, Linienland, Flachland und Raumland.

§1
Über die Beschaffenheit Flachlands

Ich nenne unsere Welt Flachland, nicht weil wir selbst sie so nennen, sondern um euch, meinen glücklichen Lesern, die ihr das Privileg habt, im Raum zu leben, ihre Beschaffenheit zu verdeutlichen.

Stellt euch ein riesiges Blatt Papier vor, auf dem gerade Linien,
5 Dreiecke, Quadrate, Fünfecke, Sechsecke und andere Figuren nicht fest an einer Stelle bleiben, sondern sich stattdessen auf bzw. in der Fläche frei bewegen, ohne es jedoch zu vermögen, über dieser Fläche aufzusteigen oder unter sie zu sinken, ganz so wie Schatten – nur dass sie aus einer harten Substanz bestehen und leuchtende Kanten haben. Wenn ihr euch
10 dies vorgestellt habt, dann werdet ihr ein ziemlich treffendes Bild von meinem Land und meinen Landsleuten haben. Ach, noch vor ein paar Jahren hätte ich gesagt „von meinem Universum"; aber nun ist mir mein Geist geöffnet worden für eine höhere Sicht der Dinge.

Ihr werdet sogleich merken, dass es in solch einem Land unmöglich
15 so etwas geben kann, wie das, was ihr als Körper bezeichnen würdet, doch gewiss werdet ihr davon ausgehen, dass wir die Dreiecke, Quadrate und die anderen Figuren, die sich hin und her bewegen, so wie ich es gerade beschrieben habe, zumindest visuell voneinander unterscheiden können. Entgegen dieser Annahme konnten wir jedoch nichts dergleichen
20 sehen, geschweige denn eine Figur von der anderen unterscheiden. Nichts war für uns sichtbar und nichts hätte für uns sichtbar sein können außer geraden Linien; und warum das notwendigerweise so war, werde ich geschwind veranschaulichen.

Lege eine Münze mitten auf einen eurer Tische im Raumland und
25 dann beuge dich so über den Tisch, dass du von oben auf die Münze herabblicken kannst. Sie wird dir als ein Kreis erscheinen.

Anmerkungen zu Kapitel 1.

1.1. Flachland. Indem er den Namen „Flatland" (Flachland) wählt, weicht Abbott von dem Muster ab, das seinen Bezeichnungen für die Räume der Null-Dimension, der ersten und der dritten Dimension zugrunde liegt: Der Name, welcher den Bezeichnungen „Pointland", „Lineland" und „Spaceland" (Punktland, Linienland, und Raumland) entsprechen würde, wäre „Surfaceland" (Flächenland) oder „Planeland" (Ebenenland). Das Präfix „flat" soll nicht nur zum Ausdruck bringen, dass das Land eben oder ohne Neigung ist, sondern auch, dass das Leben dort langweilig und eintönig ist. Es ist offensichtlich, dass Abbott auf beide Bedeutungen abzielt: An zwei Stellen bezeichnet das Quadrat das Leben in Flachland explizit als „dull", d.h. als langweilig und öde (Zeile 8.3 und 19.245). Verschiedene Autoren haben veranschaulicht, wie schwierig es ist, in Geschichten, deren Charaktere in einer zweidimensionalen Fläche leben, die Beschaffenheit des Raumes zu bestimmen. Am gründlichsten hat sich Jeffrey Weeks mit diesem Motiv auseinandergesetzt. Vgl. hierzu *The Shape of Space*, eine in wunderschöner Sprache verfasste Einleitung in die Basisbegriffe der Geometrie des zwei- und dreidimensionalen Raumes, und ferner: Dionys Burger, *Sphereland: A Fantasy about Curved Spaces and an Expanding Universe*.

1.2. glücklichen. Abbott verwendet das Wort „glücklich" im Sinne von ‚vom Zufall oder Schicksal begünstigt', nicht im Sinne von ‚mit Freude und Zufriedenheit erfüllt'.

1.3. Raum. Dreidimensionaler Raum.

1.4. gerade Linien. Der Ausdruck „straight line" (gerade Linie) wird in *Flatland* durchgehend für das verwendet, was wir heute eine Strecke nennen würden. Diese Wortwahl ist konform mit Euklids Gebrauch dieser Wendung. In Euklids *Elementen* ist eine gerade Linie nur in dem Sinne unendlich, dass sie unendlich verlängert werden *könnte*.

1.6. auf bzw. in der Fläche. Abbildung 1 veranschaulicht die wichtige Unterscheidung zwischen ‚auf der Fläche' und ‚in der Fläche': Ein Dreieck gleitet in einer zweidimensionalen Fläche (einem Möbiusband) auf einer Linie entlang und kehrt schließlich spiegelverkehrt zu seinem Ausgangspunkt zurück. (Banchoff 1991, S. 194) Solch ein Wechsel der geometrischen Ausrichtung könnte nicht stattfinden, wenn die Figur sich *auf* der Fläche bewegen würde. Weeks entwickelt dieses Szenario in *The Shape of Space* weiter; dort taucht Abbotts Quadrat erneut auf, um an einer „Universal Survey of all of Flatland" teilzunehmen. (Weeks 2002, S. 3-9, S. 45-49; S. 65-69)

Abbildung 1.1. Ein Dreieck kann in einem Möbius-Band in sein Spiegelbild überführt werden, indem es das Band einmal durchwandert.

1.8. ganz so wie Schatten. Die Darstellung von Menschen als Schatten oder allgemeiner als zweidimensionale Figuren bringt die Substanzlosigkeit des menschlichen Lebens zum Ausdruck. Prominente Beispiele, die auch Abbott inspiriert haben könnten, finden

Nun aber bewege dich zurück bis zum Rand des Tisches und gehe allmählich in die Tiefe (auf diese Weise begibst du dich immer mehr in die Lebensumstände eines Flachländers), du wirst sehen, dass die Münze dir
30   mehr und mehr als ein Oval erscheint; und schließlich, wenn dein Auge genau auf der Höhe der Tischfläche ist (so dass du nun sozusagen ein wirklicher Flachländer geworden bist), wird dir die Münze nicht länger als ein Oval erscheinen, sondern sie wird, für dein Auge, eine gerade Linie geworden sein.

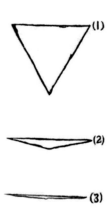

35   Dasselbe würde passieren, wenn du diesen Vorgang mit einem Dreieck, Quadrat oder einer beliebigen anderen aus Karton ausgeschnittenen Figur wiederholen würdest. Sobald du sie aus dieser Perspektive betrachtest, wirst du feststellen,
40   dass sie dir nicht länger als eine Figur, sondern als eine gerade Linie erscheint. Nimm zum Beispiel ein gleichseitiges Dreieck; dies ist bei uns ein Kaufmann, der zu einer angesehenen Gesellschaftsschicht gehört. Abb. 1 zeigt den
45   Kaufmann, so wie du ihn sehen würdest, wenn du dich über ihn beugen würdest; Abb. 2 veranschaulicht, auf welche Weise du ihn sehen würdest, wenn dein Auge nur ein wenig über der Tischfläche bzw. fast auf einer Ebene mit der Tischfläche wäre; und Abb. 3 wie du ihn sehen würdest, wenn dein Auge
50   genau auf der Höhe des Tisches wäre (und so sehen wir ihn in Flachland) – du würdest nichts sehen außer einer geraden Linie.

Als ich im Raumland war, habe ich gehört, dass eure Seemänner etwas sehr Ähnliches erfahren, wenn sie die Meere überqueren und in einiger Entfernung eine Insel oder eine Küste am Horizont erblicken. Das in der
55   Ferne liegende Land mag Buchten haben, Küstenvorland, beliebig viele und beliebig große nach innen und nach außen weisende Winkel, doch aus einiger Entfernung sieht man von alldem nichts (wenn nicht die Sonne diese Gegend hell bescheint und die Felsvorsprünge und Einbuchtungen durch Licht und Schatten hervortreten lässt) außer einer ungebrochenen
60   grauen Linie über dem Wasser.

Ja, und genau das ist es, was wir sehen, wenn einer unserer Dreieckigen oder ein anderer Bekannter uns in Flachland entgegenkommt. Da es bei uns keine Sonne gibt und auch kein anderes Licht, welches es vermögen würde, Schatten zu bilden, haben wir keinen der visuellen Anhaltspunkte,

sich in Sophokles' Ajax („Denn alle, die wir leben, sind, ich seh's, / Nur Truggestalten, flücht'ge Schattenbilder", Erster Akt, Z. 128-129), in der Bibel (1. Chronik 29, 15: „Wie ein Schatten sind unsere Tage auf Erden"), in Pindars Achter Pythischer Ode („Der Mensch ist der Schatten eines Traums.") oder auch bei Shakespeare (Macbeth 5.5: „Out, out, brief candle! Life's but a walking shadow."; „Aus! Kleines Licht! – Leben ist nur ein wandelnd Schattenbild", 1851, S. 389).

1.9. leuchtende. Dem *Oxford English Dictionary* zufolge war Charles Darwin der erste, der das Wort „luminous" (leuchtend/ selbstleuchtend) verwendete, um Tiere oder Pflanzen, die Licht emittieren, zu charakterisieren. In Flachland werden sowohl lebendige Wesen als auch leblose Objekte durch die Leuchtstärke ihrer Ränder identifiziert.

1.27. und gehe allmählich in die Tiefe. Eine ähnliche Veranschaulichung verwendet Rodwell in seinem Essay „On Space of four dimensions", welches in der Zeitschrift *Nature* am 1. Mai 1873 erschienen ist. Dieses Essay ist die Überarbeitung einer Vorlesung, die George Farrer Rodwell (1843-1905), ein Dozent für Naturwissenschaften, am 8. November 1872 bei einem Treffen der Natural History Society im Marlborough College gehalten hat. Die Tatsache, dass eine renommierte Zeitschrift wie *Nature* dieses Essay, welches sich an eine breite Leserschaft richtet, publiziert hat, zeugt von dem großen Interesse, welches den Gedanken zur vierten Dimension im 19. Jahrhundert entgegengebracht wurde.

1.30. als ein Oval. Wenn wir eine Münze unter einem schrägen Blickwinkel betrachten, erscheint sie uns als eine elliptische Scheibe, umgangssprachlich: als ein Oval. Eine Ellipse ist eine geschlossene Kurve, die durch die Schnittfläche eines geraden Kreiskegels mit einer Ebene entsteht.

Abbildung 1.2. Ein englischer Penny, der mehr und mehr als ein Oval erscheint.

1.30. dein Auge. Um uns in die Lebensumstände eines Flachländers zu begeben, sollen wir ein Auge auf die Höhe der Tischfläche bringen. Das Quadrat spricht von Auge im Singular, nicht im Plural, da Flachländer jeweils nur ein Auge haben.

1.32. Flachländer. Im Original: „Flatlander". In der ersten Ausgabe heißt es „Flatland citizen" (ein Bürger Flachlands).

1.44. Abbildungen. Die skizzenhaften Zeichnungen, welche auf der Titelseite dem „Autor, einem Quadrat" zugeschrieben werden, sind eines der vielen Mittel, die Abbott gebraucht, um seinem Werk einen altertümlichen Charakter zu verleihen.

1.52. Als ich im Raumland war. Wie wir in Teil II sehen werden, ist das Quadrat ins Raumland gereist, bzw. in unsere dreidimensionale Welt. In der Einleitung haben wir bereits auf einige Parallelen zwischen *Flatland* und Platons Höhlengleichnis hingewiesen. Ein wichtiger Unterschied zwischen diesen Geschichten besteht jedoch in Hinblick auf die Erzählperspektive: Platons Sokrates verwendet die dritte Person Singular, um die Parabel zu erzählen; *Flatland* hingegen kann als eine Version des Höhlengleichnisses gelesen werden, in der ein Gefangener selbst von seinem Ausbruch aus der Höhle und von seiner Rückkehr erzählt.

65 die ihr im Raumland habt. Wenn unser Freund uns nahekommt, sehen wir, dass seine Linie größer wird; wenn er uns verlässt, wird sie kleiner – aber er erscheint uns immer als eine gerade Linie; er mag ein Dreieck, Viereck, Fünfeck, Sechseck oder Kreis sein, was auch immer du willst; für unsere Augen ist er eine gerade Linie und sonst nichts.

70   Vielleicht werdet ihr euch nun fragen, wie wir angesichts dieser ungünstigen Umstände überhaupt fähig sind, unsere Freunde voneinander zu unterscheiden. Doch diese sehr berechtigte Frage werde ich treffender und einfacher beantworten können, wenn ich damit begonnen habe, die Bewohner Flachlands zu beschreiben. Doch zunächst
75 lasst mich dieses Thema noch einmal aufschieben und einige Worte über das Klima und die Häuser in unserem Land sagen.

§2
Über das Klima und die Häuser in Flachland

Wie bei euch, so zeigt auch bei uns ein Kompass vier Grundrichtungen an: Norden, Süden, Osten und Westen.

   Da es bei uns keine Sonne und auch keine anderen Himmelskörper gibt, ist es uns nicht möglich, die Richtung des Nordens auf die
5 übliche Weise zu bestimmen; wir haben jedoch eine eigene Methode hierfür: Aufgrund eines Naturgesetzes wirkt bei uns eine konstante Anziehungskraft zum Süden hin, die in den gemäßigten Klimazonen allerdings sehr schwach ist – so schwach, dass sogar eine Frau, sofern ihr Gesundheitszustand dies zulässt, ohne Schwierigkeiten einige
10 Achtelmeilen nach Norden reisen kann. In den meisten Teilen unserer Welt ist der durch die Anziehungskraft des Südens entstehende Widerstand aber stark genug, um als Kompass dienen zu können. Darüber hinaus ist uns der Regen, der in regelmäßigen Abständen fällt und immer von Norden kommt, eine zusätzliche Hilfe und in den Städten geben uns die
15 Häuser Orientierung, deren Seitenwände natürlich in den meisten Fällen von Norden nach Süden verlaufen, sodass ihre Dächer den von Norden kommenden Regen abwehren können. Auf dem Land, wo es keine Häuser gibt, dienen die Stämme der Bäume als eine Art Orientierungshilfe. Alles

1.52. eure Seemänner. Abbotts Bruder Edward war Seemann und kam 1859, zusammen mit 106 anderen Besatzungsmitgliedern, ums Leben, als ihr Schiff vor der Küste Afrikas in einem Tornado unterging.

1.63. und auch kein anderes Licht ... Schatten zu bilden. In Flachland gibt es ein diffuses Licht, durch welches alles in eine homogene Helligkeit getaucht ist; dieses Licht ruft weder Lichtpunkte noch Schatten hervor, die als Orientierung dienen könnten.

1.65. Wenn unser Freund. Viele Sätze in *Flatland* enthalten eine Alliteration, die bei der Übersetzung oft nicht übertragen werden kann. Besonders schön zeigt sich dieses Spiel mit der Sprache in dem folgenden Satz: Abbott lässt ihn mit einem „else" enden, um auf vielen „l's" aufmerksam zu machen. Bemerkenswert ist im Falle der Alliteration auf ‚l', dass ‚l' selbst eine gerade Linie ist. If our friend comes closer to us we see his line becomes larger; if he leaves us it becomes smaller; but still he looks like a straight line; be he a Triangle, Square, Pentagon, Hexagon, Circle, what you will – a straight line he looks and nothing **else**.

Die wiederholten "l's" bilden keine Alliteration im gegenwärtig geläufigen engeren Sinne, der Wiederholung des Anfangsbuchstaben bzw. Anfangslauts von benachbarten Wörten oder Silben oder von mehreren Wörtern in einem Satz. Doch Abbott verwendete dieses Stilmittel im weiteren Sinne einer ‚concealed alliteration' (verborgenen Alliteration) – in diesem Fall hängt die Alliteration nicht von der Wiederholung des Anlauts benachbarter Anfangssilben ab, sondern berücksichtigt auch Lautwiederholungen in der Wortmitte und am Ende der Wörter.

1.68. Kreis. Eine Kreisscheibe.

Anmerkungen zu Kapitel 2.

2.9. einige Achtelmeilen. Eine englische Längeneinheit, die in etwa 201 Metern entspricht.

2.13. der in regelmäßigen Abständen fällt. In Kapitel 15 erfahren wir, dass der regelmäßige Niederschlag Flachländern auch dazu dient, die Zeit zu messen.

in Allem haben wir nicht so viele Schwierigkeiten bei der Bestimmung
20 unserer Lage, wie vielleicht zu erwarten wäre.

Doch in unseren gemäßigteren Klimazonen, in denen die
Anziehungskraft des Südens kaum fühlbar ist, bin ich bisweilen durch
eine vollkommen verlassene Ebene gewandert, in der weder Häuser noch
Bäume waren, die mir hätten Orientierung geben können. Dort ist es
25 einige Male vorgekommen, dass ich gezwungen war, stundenlang an
einem Ort zu verweilen und auf den Regen zu warten, bevor ich meine
Reise fortsetzen konnte. Auf die Schwachen und Alten, und besonders
auf zarte Frauen, wirkt die Anziehungskraft viel stärker als auf das
robuste männliche Geschlecht, weswegen es eine Frage des Anstandes
30 ist, eine Frau, der man auf der Straße begegnet, immer auf der Nordseite
des Weges gehen zu lassen – und es ist keineswegs einfach, dies immer
sogleich zu tun, wenn man selbst bei guter Gesundheit ist, und sich in
einer Klimazone befindet, in der es schwierig ist, den Norden vom Süden
zu unterscheiden.

35 Fenster gibt es nicht in unseren Häusern, denn das Licht kommt zu
uns immer auf dieselbe Weise, drinnen und im Freien, bei Tag und bei
Nacht, zu allen Zeiten und an allen Orten, wir wissen nicht woher. In
früheren Zeiten war dies bei unseren gelehrten Männern eine interessante
und oft untersuchte Frage: „Was ist der Ursprung des Lichts?" Und
40 viele Menschen haben versucht, die Antwort zu finden, doch dies hatte
lediglich zur Folge, dass sich unsere Irrenanstalten immer mehr füllten.
Nach mehreren gescheiterten Versuchen, derartige Bemühungen indirekt
durch eine hohe Steuer zu unterdrücken, wurde in jüngster Zeit ein
Gesetz erlassen, das solche Untersuchungen vollkommen untersagt. Ich
45 – ach, ich allein in Flachland – weiß nur zu gut die Antwort auf diese
geheimnisvolle Frage; aber ich kann mein Wissen nicht einem einzigen
meiner Landsleute begreiflich machen; und ich werde verspottet – ich, der
Einzige, der die Wahrheiten des Raumes kennt und die Theorie, dass das
Licht von der Welt der drei Dimensionen her zu uns strömt, – als ob ich der
50 Verrückteste der Verrückten wäre! Doch genug von diesen schmerzlichen
Abschweifungen; lasst mich zu unseren Häusern zurückkehren.

Die Form, die bei dem Bau eines Hauses am häufigsten verwendet
wird, ist fünfseitig. In der beigefügten Zeichnung bilden die Nordseiten
RO und OF das Dach; im Osten ist eine schmale Tür für die Frauen, im
55 Westen eine viel breitere Tür für die Männer;

2.31. keineswegs einfach. Aufgrund seiner Körperkraft würde ein gesunder Mann die Anziehung nach Süden kaum wahrnehmen und könnte darum nicht unmittelbar wissen, in welcher Richtung Norden ist.

2.35. Fenster gibt es nicht. Obwohl Flachländer keine Fenster in ihren Häusern haben, haben sie doch ‚Glas', welches sie verwenden, um Sanduhren herzustellen. Siehe hierzu 15.58.

2.39. Was ist der Ursprung des Lichts? Auch die Gefangenen in Platons Höhle kennen den Ursprung des Lichts nicht.

2.43. eine hohe Steuer. Dies erinnert an die englischen „taxes on knowledge", eine höchst komplexe Methode der (präventiven) Zensur, die 1712 eingeführt und erst 1861 vollständig abgeschafft wurde. Durch Stempelgebühren, die auf Papier, Flugblätter, Bücher und Zeitungen erhoben wurden, gelang es, den Bildungsstand und das politische Bewusstsein der unteren Gesellschaftsschichten auf einem niedrigen Niveau zu halten.

2.54. bilden die Nordseiten RO und OF das Dach. Hingewiesen sei auf die humorvolle Beschriftung des Daches.

die südliche Seite, AB, bildet den
Boden. In den meisten Fällen haben die
Südseite bzw. der Boden keine Türen.

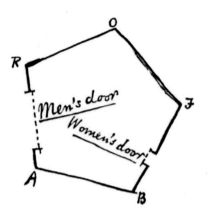

Quadratische   und   dreieckige
60 Häuser sind nicht erlaubt, und zwar
aus diesem Grund: Da die Winkel
eines Quadrats (und erst recht die
eines gleichseitigen Dreieckes) um
einiges spitzer sind als die Winkel
65 eines Fünfecks, und da die Linien von
unbelebten Objekten (wie zum Beispiel
Häusern) schwächer erscheinen als die Linien von Männern und Frauen,
können die Eckpunkte eines quadratischen oder dreieckigen Hauses
einem unbedachten oder vielleicht geistesabwesenden Reisenden eine
70 schwere Verletzung zufügen, wenn dieser plötzlich gegen sie stößt. Darum
wurde der Bau von dreieckigen Häusern bereits im elften Jahrhundert
unseres Zeitalters durch ein Gesetz allgemein verboten; die einzigen
Ausnahmen bilden Festungen, Pulverkammern, Kasernen, und andere
Staatsgebäude, bei denen es nicht erwünscht ist, dass das gemeine Volk
75 sich ihnen ohne Umsicht annähert.

Damals waren quadratische Häuser noch überall erlaubt, obgleich
eine Sondersteuer dazu diente, von ihrem Bau abzuschrecken. Aber etwa
drei Jahrhunderte später wurde in Hinblick auf die öffentliche Sicherheit
gesetzlich beschlossen, dass in allen Städten, in denen die Einwohnerzahl
80 zehntausend überschreitet, kein Hauswinkel kleiner als der Winkel eines
Fünfecks sein darf. Der gesunde Menschenverstand der Gemeinschaft hat
die Bemühungen des Gesetzgebers unterstützt; nun hat die fünfeckige
Bauweise jede andere Form abgelöst und dies sogar auf dem Land. Nur
sehr selten kommt es vor, dass ein Altertumsforscher heute noch ein
85 quadratisches Haus entdeckt und wenn dies geschieht, dann nur in einem
sehr abgelegenen und rückständigen, bäuerlichen Bezirk.

2.59. Skizze des Hauses. Für den Leser ist diese Figur ein Bauplan oder ein Entwurf, für einen Flachländer wäre sie jedoch ein maßstabgetreues Modell. Das Quadrat erklärt nicht, auf welche Weise dieses Haus zusammengehalten wird, doch es ließe sich denken, dass innere Stützen und eine Reihe von Schlössern die Zugänge regeln, während sie gleichzeitig dafür sorgen, dass die Konstruktion nicht in sich zusammenstürzt.

2.59. dreieckige Häuser. Der aufgrund seines Bekenntnisses zum katholischen Glauben inhaftierte Sir Thomas Tresham errichtete, als er 1593 aus der Gefangenschaft zurückkehrte, die außergewöhnliche Rushton Triangular Lodge in Northamptonshire. Die Lodge ist als Symbol für die Heilige Dreieinigkeit erdacht worden – sie hat drei Seiten, drei Böden, dreieckige Fenster und drei dreieckige Giebel an jeder Seite.

In *A Home for All* (1848) betont Orson S. Fowler die Vorteile von achteckigen Häusern gegenüber rechtwinkligen und quadratischen Konstruktionen. Fowler zufolge ist es billiger, achteckige Häuser zu bauen, zudem bieten sie zusätzlichen Wohnraum, sie lassen mehr natürliches Licht einfallen und es ist einfacher, sie im Winter zu heizen und im Sommer kühl zu halten. Fowlers Buch hatte zur Folge, dass in den darauf folgenden Jahrzehnten in den USA mehrere Tausend achteckige Häuser gebaut wurden, vor allem an der Ostküste und im Mittleren Westen.

2.75. Umsicht. Im Original: circumspection. Hierbei handelt es sich um eines der vielen Wortspiele mit geometrischem Vokabular. Wörtlich genommen bedeutet ‚circumspection', sich den Umriss – in diesem Fall den Umriss des Hauses – vollständig von außen anzusehen. In einem übertragenen Sinne steht ‚circumspection' wie das deutsche ‚Umsicht' für Achtsamkeit, Besonnenheit und Vorsicht.

2.77. eine Sondersteuer. Die englische „House and Window Tax" von 1696 besteuerte Hausbesitzer entsprechend der Größe und der Ausstattung ihrer Häuser (Vgl. Douglas 1999, S. 15).

2.84. Altertumsforscher. Vergangenheit faszinierte die Viktorianer und im Laufe des 19. Jahrhunderts hatten Geschichtsvereine (antiquarian societies) regen Zulauf. Sie beschäftigten sich mit Manuskripten, Münzen, Töpferei, Statuen und Gebäuden.

§3
Über die Einwohner Flachlands

Ein ausgewachsener Flachländer kann eine Länge oder Breite von etwa elf Zoll erreichen. Zwölf Zoll können als ein Maximum angesehen werden.

Unsere Frauen sind gerade Linien.

Unsere Soldaten und die Mitglieder der untersten Arbeiterklassen sind
5   Dreiecke mit zwei gleichen Seiten, jeweils etwa elf Zoll lang, und einer Grundseite bzw. dritten Seite, die oft nicht länger als ein halber Zoll ist. Weil die Grundseite so kurz ist, bilden die zwei gleich langen Seiten einen sehr spitzen und furchterregenden Winkel. In der Tat, wenn ihre Grundseiten von der besonders degenerierten Art sind (nicht länger als
10   ein achtel Zoll), können diese Dreiecke kaum von geraden Linien bzw. von Frauen unterschieden werden, so extrem zugespitzt sind ihre Ecken. Wie bei euch, so werden auch bei uns solche Dreiecke durch die Bezeichnung ‚gleichschenklig' von anderen Dreiecken unterschieden; und mit diesem Namen werde ich mich auch auf den folgenden Seiten auf sie beziehen.

15   Unsere Mittelklasse besteht aus gleichseitigen Dreiecken.

Unsere Akademiker und Gentlemen sind entweder Quadrate (zu diesen zähle ich mich selbst) oder fünfseitige Figuren bzw. Fünfecke.

Direkt über ihnen steht der Adel, innerhalb dessen es wiederum verschiedene Grade gibt: Ab den sechsseitigen Figuren oder Sechsecken
20   kommt immer eine Seite mehr dazu, bis der ehrenvolle Titel des Vieleckigen oder Vielseitigen erreicht ist. Wenn schließlich die Anzahl der Seiten so groß ist, und die Seiten selbst so klein, dass die Figur nicht mehr von einem Kreis unterschieden werden kann, wird sie aufgenommen in den Orden der Kreise oder Priester, und dies ist der höchste Stand von
25   allen.

Anmerkungen zu Kapitel 3.

3.1. Länge oder Breite. Das Quadrat verwendet die Wörter „Länge" und „Breite" auf eine Weise, die nicht notwendigerweise konsistent mit unserer Lesart dieser Wörter ist. Die Länge eines Flachländers ist die Länge der längsten Strecke, deren Endpunkte auf dem Rand der Figur liegen. Die Breite eines Flachländers ist das Maß des engsten Flures, durch welchen er sich bewegen kann. In Abbildung 3.1. haben alle Figuren dieselbe Breite, welche der Breite des Bandes, auf dem sie sich befinden, entspricht, doch jeder von ihnen hat eine andere Länge, welche durch die Strecke mit Pfeilspitzen gekennzeichnet wird.

Abbildung 3.1. Figuren, deren Breiten identisch sind, während die Längen voneinander abweichen.

3.1. elf Zoll. Ein Zoll entspricht 2,54 cm.

3.2. Zwölf Zoll ... als ein Maximum. Der russische Wissenschaftler und Dichter Nicholas Morosoff wurde für seine revolutionären Aktivitäten über zwanzig Jahre in der Festung von Schlüsselburg („die russische Bastille") gefangen gehalten. In einem Brief, den er 1891 für seine Mitgefangenen verfasste, veranschaulicht er die Schwierigkeit, sich einen vierdimensionalen Raum vorzustellen: Er beschreibt, was zweidimensionale Wesen, die auf der Oberfläche eines Sees schwimmen, wahrnehmen würden, wenn ein dreidimensionales Wesen sich in den See begibt. Eine Person, die bis zu ihrer Taille im Wasser steht, würde den zweidimensionalen Wesen als eine Figur erscheinen, die etwa die Form einer Ellipse hat. Eine Person mit einem Taillenumfang von 38 Zoll (96,52 cm) würde in dieser zweidimensionalen Welt also in etwa den Raum einnehmen, den auch ein Priester (Kreis) aus Flachland, der einen Durchmesser von 12 Zoll (30,48 cm) hat, einnehmen würde. P.D. Ouspenskys Werk *A New Model of the Universe* enthält eine Übersetzung dieses Briefes, den Ouspensky zufällig in der Zeitschrift *Sovremenny Mir* gefunden hatte. (Vgl. Ouspensky 1931, S. 80-83)

3.3. Frauen sind gerade Linien. In Flachland sind Frauen lediglich eindimensionale, gerade Linien, eine passende Veranschaulichung ihrer dort sehr eng definierten Rolle als Mütter und Hausfrauen.

3.4. Arbeiterklassen. Gruppen, deren Mitglieder durch denselben sozialen Status verbunden sind, wurden erst im späten 18. und frühen 19. Jahrhundert in England mit dem Begriff ‚class' bezeichnet. Vor dieser Zeit wurde in gesellschaftspolitischen Schriften von ‚degrees', ‚ranks' und ‚orders' gesprochen; gegen Ende des 19. Jahrhunderts hatte der Begriff ‚class' diese Bezeichnungen nahezu vollständig abgelöst. Flachlands hierarchische Klassengesellschaft parodiert die streng stratifizierte Gesellschaft Englands im 19. Jahrhundert. Abbotts Wortwahl ist mit dem Sprachgebrauch der späten viktorianischen Gesellschaft im Einklang. Er verwendet ‚class' sehr häufig, ‚degree', ‚rank' und ‚order' dagegen nur selten. (Vgl. Briggs 1967)

Bei uns ist es ein Naturgesetz, dass ein männliches Kind immer eine Seite mehr als sein Vater haben soll, sodass jede Generation (in der Regel) eine Stufe in der Skala der Entwicklung und in der Rangordnung des Adels aufsteigt. Darum ist der Sohn eines Quadrats ein Fünfeck, der Sohn eines
30 Fünfecks ein Sechseck und so weiter.

Aber diese Regel gilt nicht immer für die Kaufmänner und noch seltener für die Soldaten und die Arbeiter, von welchen in der Tat kaum gesagt werden kann, dass sie die Bezeichnung ‚menschliche Figuren' verdienen, denn nicht alle ihre Seiten sind gleich lang. Das Gesetz
35 der Natur erfüllt sich darum bei diesen nicht; und der Sohn eines gleichschenkligen Dreiecks (d.h. eines Dreiecks mit zwei gleichlangen Seiten) bleibt ein gleichschenkliges Dreieck. Trotzdem ist nicht alle Hoffnung verloren, auch nicht für die gleichschenkligen Dreiecke, dass sich ihre Nachkommen eines Tages über diese degenerierte Form
40 erheben werden. Denn es lässt sich allgemein beobachten, dass sich bei den Intelligenteren unter den Handwerkern und Soldaten nach einer langen Reihe von militärischen Erfolgen oder gewissenhaften und geschickten Arbeiten ihre Grundseite leicht verlängert, während sich die beiden anderen Seiten zurückbilden. Verwandtenheirat (von den
45 Priestern veranlasst) zwischen Söhnen und Töchtern dieser intelligenteren Mitglieder der unteren Klassen führen allgemein zu Nachkommen, deren Gestalt der eines gleichseitigen Dreiecks noch mehr ähnelt.

Nur selten – im Verhältnis zu der großen Anzahl neugeborener gleichschenkliger Dreiecke – wird ein echtes und somit nachweisbares
50 gleichseitiges Dreieck von gleichschenkligen Eltern geboren.[1] Solch eine Geburt erfordert als vorbereitende Schritte nicht nur eine Reihe von sorgsam arrangierten Verwandtenehen, sondern die möglichen Vorfahren des ersehnten gleichseitigen Dreiecks müssen sich zudem lange und ausdauernd in Bedürfnislosigkeit und Selbstkontrolle geübt und
55 ihren Intellekt geduldig, systematisch und kontinuierlich über mehrere Generationen hinweg entwickelt haben.

---

[1] „Warum benötigen wir hierfür einen Nachweis?" könnte ein kritischer Leser aus Raumland fragen: „Ist nicht bereits die Zeugung von einem quadratischem Sohn eine Bescheinigung der Natur selbst, durch welche die Gleichseitigkeit des Vaters bewiesen ist?" Ich antworte, dass keine angesehene Frau ein unbeglaubigtes Dreieck heiraten wird. Manchmal hat ein leicht unregelmäßiges Dreieck einen quadratischen Nachwuchs gehabt, doch in fast jedem dieser Fälle lässt sich die Unregelmäßigkeit der ersten Generation noch in der dritten Generation nachweisen; diese scheitert dann entweder daran, in die Klasse der Fünfeckigen aufzusteigen, oder sie fällt zurück in die Klasse der Dreieckigen.

3.4. Soldaten … sehr spitzen und furchterregenden Winkel. In *The Kernel and the Husk* erklärt Abbott, er achte die Armee genau so sehr wie die meisten Menschen, vielleicht mehr als viele es tun. Aber am Ende sei der Beruf eines Soldaten der Beruf eines Mörders (im Original: throat-cutter).

> I honour the army as much as most men, more perhaps than many do: but after all the profession of a soldier is the profession of a throat-cutter; throat-cutting in an extensive, expeditious, and honourable way – throat-cutting in one direction often undertaken merely to prevent throat-cutting in another direction – but still throat-cutting after all[.] (Abbott 1886, S. 60)

3.15. Mittelklasse. Die ‚Middle Class‘ des viktorianischen Englands war so vielschichtig, dass es nicht einfach ist, sie zu definieren. Manchmal wird sie als die Gruppe von Menschen beschrieben, die sich in Hinblick auf ihren sozialen Status unter der Aristokratie und über der Arbeiterklasse befanden. Akzeptiert man diese Definition, so lässt sich sagen, dass etwa ein Fünftel der Bevölkerung zur ‚Middle Class‘ gehörte. Bei dieser Definition wird jedoch der bäuerliche Teil der Bevölkerung nicht berücksichtigt.

3.16. Akademiker und Gentlemen. Die ‚professional class‘ (hier übersetzt mit Akademiker) war die obere Schicht der Mittelklasse (in etwa vergleichbar mit dem deutschen Bildungsbürgertum). Sie umfasste unter anderem Juristen, Ärzte, Lehrer, Geistliche, Schriftsteller und Historiker. Die Männer in diesen Berufen waren dadurch verbunden, dass sie alle an Privatschulen ausgebildet wurden.

3.16. Quadrate (zu diesen zähle ich mich selbst). Abbott und Seeley schrieben 1871 gemeinsam eine Analyse zu Daniel Defoes *Robinson Crusoe* (1719), die auch als eine Interpretation *Flatlands* gelesen werden kann: Sie beobachten, dass der Erzähler keine Eigenarten in seinem Charakter hat, die ihn von anderen Menschen unterscheiden würden. Daraus schlussfolgern sie, dass die Erzählung keine Charakterstudie, sondern eine Studie der menschlichen Natur im Allgemeinen ist und es eines außergewöhnlichen Vorfalls bedarf, um die Geschichte interessant zu machen. (Vgl. Abbott and Seeley 1871, S. 254)

3.19. verschiedene Grade. Vor dem 19. Jahrhundert wurde das Wort ‚degree‘ (Grad) verwendet, um sozialen Status zu beschreiben; gegen Ende des Jahrhunderts wird das Wort nur noch selten in diesem Sinne verwendet. Abbott bezieht sich spielerisch auf die frühe Bedeutung des Wortes, indem er eine direkte Verbindung zwischen dem sozialen Status eines Flachländers und der Größe seiner Winkel (d.h. seiner Gradzahlen) herstellt.

3.21. des Vieleckigen. Ein Vieleck (= Polygon) ist eine ebene geschlossene Figur, die von einer begrenzten Anzahl von geraden Linien (Seiten) umrandet wird. In Flachland sind alle Vielecke konvex, d.h. für alle Punkte P und Q, die innerhalb des Vielecks liegen, gilt, dass die Linie, welche diese beiden Punkte miteinander verbindet, auch innerhalb des Vielecks liegt. In diesen Anmerkungen wird der Begriff ‚Vieleck‘ nur für konvexe Vielecke verwendet.

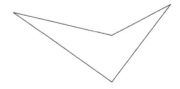

Abbildung 3.2. Ein nicht-konvexes Viereck.

Die Geburt eines echten gleichseitigen Dreiecks von gleichschenkligen Eltern ist Anlass zur großen Freude in weiten Kreisen unseres Landes. Nachdem es einer strengen Untersuchung der Behörde für
60 Gesundheit und Soziales unterzogen wurde, wird das Kind, sofern seine Regelmäßigkeit bestätigt werden konnte, in einer feierlichen Zeremonie in die Klasse der Gleichseitigen aufgenommen. Er wird dann sogleich seinen stolzen aber traurigen Eltern weggenommen und von einem kinderlosen Gleichseitigen adoptiert, der sich durch einen Eid dazu verpflichtet, dem
65 Kind niemals zu erlauben, in sein früheres Zuhause zurückzukehren oder auch nur auf seine Verwandten zurückzublicken. Denn man befürchtet, dass der ganz frisch entwickelte Organismus kraft eines unbewussten Drangs zur Imitation in sein zu überwindendes Erbe zurückfallen könnte.

Für die bedauernswerten Leibeigenen ist der Aufstieg eines
70 gleichseitigen Dreiecks aus ihren Rängen wie ein Strahl von Licht und Hoffnung, der das Elend ihrer Existenz erhellt. Doch auch die Aristokratie begrüßt ein solches Ereignis, denn in den oberen Klassen ist man sich dessen sehr bewusst, dass dieses seltene Phänomen als eine äußerst effektive Barriere gegen eine Revolution von unten fungiert und
75 dennoch die eigenen Privilegien nur wenig oder auch gar nicht bedroht.

Wenn der spitzwinklige Pöbel ganz ohne jegliche Hoffnung oder Ambitionen gewesen wäre, dann hätten sich wohl bei einem der vielen rebellischen Ausbrüche Anführer finden lassen, denen es gelungen wäre, die Mengen so zu vereinen, dass ihre Kraft selbst für die Klugheit der
80 Kreise zuviel gewesen wäre. Aber eine weise Einrichtung der Natur hat es so gewollt, dass der spitze Winkel der Arbeiterklassen (der ihre physische Erscheinung so schrecklich macht) sich genau in dem Maße weitet, in dem sich ihre Intelligenz, ihr Wissen und alle ihre Tugenden entwickeln, sodass dieser Winkel sich schließlich dem verhältnismäßig harmlosen
85 Winkel eines gleichseitigen Dreiecks angleicht. Bei den Brutalsten und Furchterregendsten unter den Kriegern – Wesen, die sich in Hinblick auf ihren Mangel an Intelligenz beinahe auf einer Ebene mit den Frauen befinden – beobachtet man demnach, dass in dem Maße, in dem die mentalen Fähigkeiten stärker werden, die sie benötigen, um von ihrer
90 ungeheuer durchdringenden Kraft Gebrauch zu machen, diese Kraft selbst schwächer wird.

Wie bewundernswert ist dieses Gesetz des Ausgleichs! Und welch vollkommener Beweis der natürlichen Angemessenheit, fast möchte

3.24. Orden der Kreise oder Priester. In Flachland ist ‚Priester' kein religiöser Titel, sondern bezeichnet lediglich die herrschende Klasse der Kreise. Die Idee für diese ungewöhnliche Verwendung der Bezeichnung ‚Priester' könnte Abbott bei seinem Freund John R. Seeley gefunden haben, welcher in seinem umstrittenen Buch *Ecce Homo* die Kirche mit einem Staat und die Priester mit Staatsmännern verglichen hat.

3.24. der höchste Stand von allen. Der Kreis ist ein traditionelles Symbol für Vollkommenheit und findet sich als solches beispielsweise auch in Platons *Timaios*. (Vgl. Heydenreich 2015, S. 209, siehe auch Anmerkung 17.34)

3.26. ein Naturgesetz. Dieses Gesetz der Evolution in Flachland erinnert an die Theorie des französischen Biologen Jean-Baptiste Lamarck (1744-1829). Lamarck verstand Evolution (er sprach von „Transformisme") als einen natürlichen Prozess, in dem zunehmende Komplexität schließlich in Vollkommenheit mündet. In der zweiten Hälfte des 19. Jahrhunderts haben neue Erkenntnisse in den Naturwissenschaften – insbesondere, von Charles Lyell (*Principles of Geology*) und Charles Darwin (*Origin of Species*) – die Gewissheiten des (christlichen) Glaubens in Frage gestellt und damit zu der „Victorian crisis of faith" beigetragen. (Vgl. Helmstadter und Lightman 1990) Abbott jedoch war einer der wenigen, der sich aus religiösen Gründen für Darwins Theorie interessierte; weit davon entfernt, die Theorie der Evolution nicht anzunehmen, betrachtete Abbott sie als ein von Gott erdachtes Programm für die Entwicklung der Welt. (Vgl. Abbott 1875, „The creation of the world")

3.33. menschliche Figuren. Aristoteles formulierte das Urteil, welches hinter jeder Art von Sklaverei steht: Wer versklavt ist, ist nicht ganz Mensch. (Vgl. *Politik*, Buch 1, 1254b) Sklaverei war in seinen Augen Teil der natürlichen Ordnung.

3.44. Verwandtenheirat. Im alten Athen hatte die Institution der Ehe vor allem zwei Funktionen: rechtmäßige Bürger hervorzubringen, die den Haushalt des Familienvaters nach seinem Tod weiterführen, sowie die Bildung von Bündnissen zu ermöglichen, durch welche Macht und Reichtum angesammelt werden konnten. Diese Funktionen konnte nur in einer Ehe zwischen einem Bürger und der Tochter eines Bürgers erfüllt werden. Im frühen viktorianischen England war Heirat zwischen Verwandten eine übliche Praxis. Abbotts eigene Eltern waren Cousin und Cousine ersten Grades, wie auch die Eltern von Lewis Carroll. Königin Viktoria war mit Albert verheiratet, der Sohn eines deutschen Herzogs, und ihr Cousin ersten Grades war.

3.46. führen … zu Nachkommen. Der Glaube, dass die während einer Lebzeit erworbenen Eigenschaften von einem Organismus an seine Nachkommen weitervererbt werden („use inheritance"), war seit der Antike weit verbreitet. Lamarck war der Erste, der zu dieser Idee eine detaillierte Theorie entwarf. Er führt das Beispiel einer Giraffe an, die ihren Nacken streckt, um an die Blätter der hohen Bäume zu gelangen und dabei ihren Nacken verlängert; dann gibt sie die Eigenschaft, einen verlängerten Nacken zu haben, an ihre Nachkommen weiter. (Vgl. Lamarck 1984, S. 122) Die Idee, dass erworbene Eigenschaften geerbt werden können, wurde bis ins späte 19. Jahrhundert weder von Darwin noch von irgendeinem anderen Biologen ernsthaft in Frage gestellt.

3.50. gleichschenklige Eltern. Mit gleichschenkligen Eltern meint Abbott ein gleichschenkliges Dreieck als Vater einerseits und eine Mutter, deren Vater ein gleichschenkliges Dreieck war, andererseits.

3.63. von einem kinderlosen Gleichseitigen adoptiert. Die Griechen fürchteten Kinderlosigkeit, d.h. das Ausbleiben von rechtmäßigen männlichen Nachkommen, und Adoption war eine weit verbreitete Praxis. In England war es allerdings bis 1926 gesetzlich verboten, Kinder zu adoptieren.

ich sagen, des göttlichen Ursprungs der aristokratischen Verfassung
der Staaten in Flachland! Durch eine vernünftige Anwendung dieses
Naturgesetzes gelingt es den Vielecken und den Kreisen fast immer,
Aufruhr bereits im Keim zu ersticken. Auch die Kunstfertigkeit der
für den Staat arbeitenden Ärzte kommt Recht und Ordnung zur Hilfe:
Für gewöhnlich findet sich ein Weg – durch einen kleinen medizinischen
Eingriff, der eine künstliche Zusammenziehung oder Ausdehnung bewirkt
– einige der intelligenteren Anführer eines Aufstandes vollkommen
regelmäßig zu machen, und sie somit umgehend in die privilegierte
Klasse aufzunehmen. Eine viel größere Anzahl, die den Anforderungen
noch nicht genügt, wird mit der Aussicht angelockt, eines Tages in
den Adelsstand erhoben zu werden. Sie werden in die staatlichen
Krankenhäuser geführt, wo sie ihr Leben lang in ehrenvoller Haft gehalten
werden; nur ein oder zwei von den besonders eigensinnigen, törichten
und hoffnungslos Unregelmäßigen werden hingerichtet.

Dann wird der elende Pöbel der nun planlosen und führerlosen
Gleichschenkligen entweder von der kleinen Truppe seiner Brüder
durchstochen, die sich der Oberste Kreis für solche Krisenfälle
bereithält – oder, und dies passiert noch häufiger, die Kreise stacheln
die Gleichschenkligen gegeneinander auf, indem sie Neid und Misstrauen
unter ihnen verbreiten, und einer geht an den Winkeln des anderen zu
Grunde. Nicht weniger als hundertzwanzig Aufstände sind in unseren
Jahrbüchern verzeichnet, dazu kommen kleinere Ausbrüche, von denen
etwa zweihundertfünfunddreißig gezählt wurden und sie haben alle auf
diese Weise geendet.

3.64. durch einen Eid dazu verpflichtet. Eide spielten im antiken Griechenland allgemein eine wichtige Rolle, insbesondere im Bereich der Gesetzgebung. Sie wurden bei der Unterzeichnung von geschäftlichen und privaten Verträgen benötigt sowie bei Gerichtsverhandlungen, bei Hochzeiten und auch bei Verschwörungen. (Vgl. Plescia 1970, S. 3)

3.67. unbewussten Drangs zur Imitation. Walter Bagehot vertrat die Ansicht, dass der menschliche Drang zur Nachahmung, den er als instinktiv und unbewusst beschrieb, wesentlich für die Stabilität und die Ordnung einer sozialen Gruppe verantwortlich ist. In Bagehots (lamarckischer) Erklärung der Ursprünge von sozialer Organisation, kann eine Gewohnheit, die zunächst durch unbewusste Nachahmung erworben wurde, schließlich infolge der Vererbung zu einem Instinkt werden. (Vgl. Bagehot 1872, S. 97)

3.69. die bedauernswerten Leibeigenen. Die gleichschenkligen Dreiecke werden als Leibeigene bezeichnet. Ein Leibeigener bezeichnete einen Menschen, der als Diener an ein vererbtes Stück Land und an den Willen seines Herrn gebunden war. Leibeigenschaft unterschied sich von Sklaverei insofern, als ein Leibeigener nicht verkauft werden konnte und die Dienste, die er seinem Herrn schuldete, durch Gesetz oder Sitte begrenzt waren. Im späten 15. Jahrhundert war diese Einrichtung in England praktisch nicht mehr zu finden. In vieler Hinsicht ähneln die Leibeigenen in Flachland mehr den dem Staat unterstellten Heloten Spartas, als den Leibeigenen des englischen Mittelalters. Die Heloten wurden nicht als menschliche Wesen anerkannt und sie wurden brutal unterdrückt. Da sie in Zahl den freien Bürgern weit überlegen waren, mussten ihre Herrscher viel Kraft darauf verwenden, Aufstände zu unterdrücken. Obwohl die gleichschenkligen Dreiecke den Leibeigenen von Sparta ähneln, repräsentieren sie die unteren Klassen im viktorianischen England, welche William Booth (Gründer der Heilsarmee) als eine riesige, verzweifelte Masse von Menschen beschrieb, die zwar in formaler Hinsicht frei, in Wirklichkeit jedoch versklavt waren. (Vgl. Booth 1890, S. 23)

3.72. Aristokratie. In der ursprünglichen griechischen Bedeutung meint Aristokratie die Herrschaft der besten Bürger über ihren Staat; für Platon war es der Intellekt, der die besten Bürger als solche auszeichnete. Die Aristokratie, die im 19. Jahrhundert England in sozialer, wirtschaftlicher und politischer Hinsicht regierte, bestand aus Großgrundbesitzern, die meist adeliger Abstammung waren. Flachland wird regiert von einem Erbadel, den Kreisen.

3.80. eine weise Einrichtung der Natur. Bereits in frühen philosophischen Schriften wurde versucht, die Existenz eines intelligenten Schöpfers durch die erfahrbare Ordnung des Universums zu begründen. Platon ist beeindruckt von der Strukturierung des Universums und sieht diese als das Werk eines Handwerkers bzw. Demiurgen. (Vgl. *Timaios* 28a) Aristoteles betont in seiner Naturphilosophie, dass die Zweckmäßigkeit alles Lebenden nicht in einer externen Ursache, sondern in der Natur selbst zu finden ist. In *Über die Teile der Lebewesen* 687a schreibt er zum Beispiel, dass die Natur ausnahmslos immer das bestmögliche Ergebnis hervorbringt. William Paleys *Natural Theology* von 1802 war im 19. Jahrhundert das bekannteste Werk im englischsprachigen Raum, in dem von der erfahrbaren Anordnung des Universums auf die Existenz Gottes geschlossen wird: So wie wir die Existenz eines Uhrmachers von der Existenz einer Uhr ableiten können, so könnten wir auch die Existenz eines denkenden Schöpfers von der Beschaffenheit der Geschöpfe in unserer natürlichen Welt ableiten. Rosemary Jann verweist außerdem auf den teleologischen Charakter von *Through Nature to Christ*.

3.92. Wie bewundernswert ist dieses Gesetz des Ausgleichs! Das 16. Kapitel von *Natural Theology* beginnt mit dem Argument, dass ein Elefantenrüssel wohl eher als

§4
Über die Frauen

Wenn unsere stark zugespitzten Dreiecke aus der Klasse der Soldaten bereits furchterregend sind, wie furchterregend müssen dann erst unsere Frauen sein: Denn wenn ein Soldat wie ein Keil ist, dann ist eine Frau wie eine Nadel; sie ist sozusagen ganz Punkt, zumindest an ihren zwei Enden.
5   Wenn man nun noch ihre Fähigkeit mit bedenkt, sich auf eigenen Wunsch hin praktisch unsichtbar zu machen, wird man erkennen, dass eine Frau aus Flachland eine Kreatur ist, mit der in keiner Weise zu spaßen ist.

Aber nun werden vielleicht einige meiner jüngeren Leser fragen, wie eine Frau aus Flachland sich selbst unsichtbar machen kann. Dies
10   sollte eigentlich, so denke ich, ohne eine weitere Erklärung offensichtlich sein. Ein paar Worte werden es jedoch auch dem unreflektiertesten Leser deutlich machen.

Lege eine Nadel auf einen Tisch. Dann bringe dein Auge auf die Höhe der Tischfläche und betrachte die Nadel von der Seite; du wirst sie in
15   ihrer ganzen Länge sehen. Nun aber betrachte sie von ihren Enden her und du wirst nichts sehen außer einem Punkt: Sie ist praktisch unsichtbar geworden. Genauso ist es mit unseren Frauen. Wenn sie uns ihre Seiten zuwenden, sehen wir sie als eine gerade Linie; wenn wir das Ende sehen, an dem ihr Auge bzw. ihr Mund ist – denn bei uns sind diese zwei Organe
20   identisch –, dann sehen wir nichts außer einem glänzenden Punkt; doch wenn nur ihr hinteres Ende sichtbar ist, dann dient ihr dieses als eine Art Tarnkappe, denn es leuchtet nur schwach, es ist in der Tat beinahe so matt wie ein lebloses Objekt.

Die Gefahren, denen wir durch unsere Frauen ausgesetzt sind,
25   müssen nun selbst für die Personen in Raumland mit dem geringsten Fassungsvermögen offensichtlich sein. Wenn bereits der Winkel eines anständigen Dreiecks der Mittelklasse nicht ohne Gefahren ist; wenn es eine klaffende Wunde verursacht, gegen einen Arbeiter zu stoßen; wenn ein Zusammenprall mit einem Offizier aus der Klasse der Soldaten eine
30   ernsthafte Verletzung notwendig zur Folge hat; wenn die bloße Berührung des Eckpunkts eines einfachen Soldaten uns in Todesgefahr versetzt, was kann ein Zusammenstoß mit einer Frau dann anderes bedeuten als absolute und unmittelbare Zerstörung? Und wenn eine Frau unsichtbar ist oder sichtbar nur als ein matter, kaum mehr leuchtender Punkt –

ein Produkt göttlicher Schöpfung denn als ein Resultat der (lamarckischen) Evolution gesehen werden muss. Paley zufolge gab der Schöpfer dem Elefanten einen kurzen und unbeweglichen Hals, damit dieser das Gewicht seines Kopfes gut halten könne, als Ausgleich für diesen kurzen Hals gab er ihm jedoch einen langen, beweglichen Rüssel. (Vgl. Paley 1802, S. 147)

3.94. göttlichen Ursprungs der aristokratischen Verfassung. Flachlands Verfassung ist keine bürgerliche Verfassung, sondern vielmehr eine Sammlung von Naturgesetzen. Abbott macht sich hier lustig über das Argument der Natürlichen Theologie, demzufolge soziale Ordnung, wie auch die Ordnung des physischen Universums, von einer göttlichen Vorsehung bestimmt ist.

3.109. elende Pöbel. Eine Bezeichnung, die auf doppelte Weise verächtlich ist. Cicero nannte die einfachen Arbeiter, Handwerker und Verkäufer *misera ac ieiuna plebecula* (elender und durstiger Pöbel). Benjamin Disraeli, ein viktorianischer Schriftsteller und späterer Ministerpräsident, beschrieb die Entfremdung zwischen den Reichen und Armen in England in einem der berühmtesten Sätze der viktorianischen Romanliteratur:

> Two nations; between whom there is no intercourse and no sympathy; who are as ignorant of each other's habits, thoughts, and feelings, as if they were dwellers in different zones, or inhabitants of different planets; who are formed by a different breeding, are fed by a different food, are ordered by different manners, and are not governed by the same laws. (Disraeli 1926, S. 67)

3.115. Aufstände. Die stets gegenwärtige Gefahr, dass Flachlands Leibeigene sich zu einem Aufstand zusammenschließen könnten, erinnert an die Situation in Sparta. Die Gefahr einer Revolution durch die Heloten, welche den Spartanern an Zahl weit überlegen waren, beschäftigte dort viele politische Denker. Obwohl England keine Volkserhebung erlebte, die mit der französischen Revolution verglichen werden könnte, schürten soziale und wirtschaftliche Unruhen in der ersten Hälfte des 19. Jahrhunderts die Angst der Viktorianer vor Revolutionen. Die Chartisten, die für die politischen Rechte der Arbeiterklasse eintraten, stellten für England die letzte Bedrohung dieser Art dar; die Bewegung scheiterte 1848.

Anmerkungen zu Kapitel 4.

4.3. ist eine Frau wie eine Nadel. Vielleicht eine Anspielung auf diese gut bekannten Zeilen aus Tennysons Gedicht „The Princess" (1849):

> Man for the field and woman for the hearth
> Man for the sword and for the needle she:

Durch ihre Fähigkeiten im Sticken und Nähen konnte eine Frau aus der viktorianischen ‚middleclass' beweisen, dass sie als Ehefrau und Mutter geeignet war.

4.6. unsichtbar. Im England des 19. Jahrhunderts waren Ehefrauen ‚unsichtbar' vor dem Gesetz. William Blackstone beschrieb in seinen berühmten *Commentaries* (1765) das rechtliche Prinzip der ‚coverture', gemäß dem der Ehemann und die Ehefrau als eine Einheit verstanden werden, die ausschließlich durch den Ehemann verkörpert wird. Den Married Women's Property Acts von 1879, 1882 und 1893 gelang es nur

35 wie schwierig muss es dann sogar für die Vorsichtigsten sein, einen Zusammenstoß zu vermeiden!

Groß ist die Zahl der Gesetze, die zu verschiedenen Zeiten und in verschiedenen Staaten Flachlands erlassen wurden, um diese Gefahr zu minimieren und in den südlicheren und weniger gemäßigten Klimazonen,
40 in denen die Kraft der Gravitation größer ist, und die Menschen stärker zu zufälligen und unwillkürlichen Bewegungen neigen, sind die Gesetze bezüglich der Frauen um einiges strenger. Folgende Zusammenfassung vermittelt einen Einblick in das Gesetzbuch:

1 Jedes Haus soll einen Eingang an der Ostseite haben, der
45 ausschließlich von Frauen benutzt werden darf; durch diesen, nicht durch die Tür der Männer bzw. durch die westliche Tür, sollen alle Frauen „in einer gebührenden und respektvollen Weise"[2] das Gebäude betreten.

2 Keine Frau soll sich an einem öffentlichen Ort bewegen, ohne dabei unablässig ihren Friedensruf ertönen zu lassen. Die Nichtbeachtung dieses
50 Gesetzes wird mit dem Tod bestraft.

3 Jede Frau, die nachgewiesenermaßen an Veitstanz oder hysterischen Anfällen leidet, an chronischer Erkältung, die mit heftigem Niesen einhergeht, oder an irgendeiner anderen Krankheit, die unfreiwillige Bewegungen verursacht, soll auf der Stelle vernichtet
55 werden.

In einigen Staaten gibt es ein zusätzliches Gesetz, welches Frauen unter Androhung der Todesstrafe verbietet, auf öffentlichem Gelände zu stehen oder zu laufen, ohne dabei ihr hinteres Ende ständig von rechts nach links zu bewegen und sich somit für die Menschen hinter ihr erkennbar zu
60 machen; andere Staaten verpflichten Frauen dazu, sich auf ihren Reisen immer von einem ihrer Söhne oder von ihren Bediensteten, oder ihrem Ehemann begleiten zu lassen; wieder andere verbieten Frauen ganz und gar, ihre Häuser zu verlassen, außer während der religiösen Feste. Aber von den klügsten Kreisen oder Staatsmännern ist erkannt worden, dass die
65 Zunahme an Vorschriften, welche die Freiheit der Frauen einschränken, nicht nur die Schwächung und den Rückgang der Spezies begünstigt,

---

[2]Als ich in Raumland war, habe ich gesehen, dass einige eurer priesterlichen Kreise einen vergleichbaren separaten Eingang für Dorfbewohner, Bauern und Internatslehrer haben, welchem sich diese nur in einer „gebührenden und respektvollen Weise" (Spectator, Sept. 1884, S. 1255) annähern dürfen.

teilweise, diese Regelung zu ändern. In Deutschland wurde der „Gehorsamsparagraph" (§ 1354 BGB) erst 1957 vollständig abgeschafft, er beginnt mit dem Satz: „Dem Manne steht die Entscheidung in allen das gemeinschaftliche eheliche Leben betreffenden Angelegenheiten zu; er bestimmt insbesondere Wohnort und Wohnung." (Figurewicz 2006, S. 235 und 243) Weil man in Athen davon ausging, Frauen seien unfähig, ihre eigenen Angelegenheiten zu bestimmen, mussten sie unter einem Rechtssystem leben, das sie noch stärker unterdrückte als die viktorianische ‚coverture': Solange sie lebten, waren sie der Herrschaft eines *kyrios* (ein männlicher ‚Herr' oder ‚Führer') unterstellt, der ihre wichtigste Bezugsperson war und in gesetzlichen Angelegenheiten stellvertretend für sie handelte. Der *kyrios* eines Mädchens (für gewöhnlich ihr Vater) hatte das Recht zu entscheiden, wen sie heiraten wird, und durch die Heirat wurde ihr Mann zu ihrem *kyrios*. (Vgl. Gagarin und Cohen 2005, S. 245-246)

4.22. Tarnkappe. In der griechischen Mythologie ist die Hadeskappe (auch genannt Helm der Unsichtbarkeit) eine Kappe, die ihren Träger unsichtbar werden lässt; Athena macht davon zum Beispiel in der *Ilias* Gebrauch.

4.44. Eingang ... ausschließlich von Frauen. In athenischen Haushalten lebten und arbeiten Frauen in einem abgelegenen Teil des Hauses, in separaten Räumlichkeiten.

4.49. Friedensruf. Abbott, der sehr belesen war, könnte Henry Wadsworth Longfellows (1807–1882) Gedicht „The Nun of Nidaros" gekannt haben, welches die Zeilen enthält:

> Love against hatred,
> Peace-cry for war-cry!

4.51. Veitstanz. Eine mit Krämpfen einhergehende Störung, heute bekannt als Chorea major bzw. Chorea minor, bei der sich die Muskeln ungewollt und unkontrollierbar zusammenziehen.

4.57. stehen. In einer Fußnote in § 15 erklärt das Quadrat, dass ‚Liegen', ‚Sitzen' und ‚Stehen' in Flachland geistige Zustände der Willensäußerung sind.

4.62. verbieten Frauen ... ihre Häuser zu verlassen. Auch in Athen wurde von Frauen erwartet, dass sie der Öffentlichkeit fernbleiben. Eine Ausnahme bildeten besondere Anlässe wie zum Beispiel Beerdigungen und Feste.

Fußnote 5. Diese Fußnote bezieht sich auf einen Brief, der in *The Spectator* No. 2935 (27. September 1884), S. 1255, abgedruckt wurde. In diesem in überheblichem Tonfall verfassten Brief fordert ein englischer Pfarrer, dass die aus der unteren Klasse kommenden Gemeindemitglieder sein Haus durch den Hintereingang betreten.

4.63. religiösen Feste. Dies ist die einzige Stelle, an der Religion explizit erwähnt wird. Im antiken Griechenland bildeten die öffentlichen Festspiele den wichtigsten Aspekt des religiösen Lebens und wir können annehmen, dass dies in Flachland ähnlich war.

Insgesamt finden sich in der viktorianischen Literatur viele Anspielungen sowie auch direkte Bezüge zu Textstellen aus der *Bibel* und dem *Book of Common Prayer*. Für Abbott waren die Schriften sowohl der christlichen als auch der griechischen Religion eine Quelle bildhafter Sprache.

Abbott ging davon aus, dass die Entwicklung des Intellekts den religiösen Glauben bestärkt. Die Werke von Platon, Shakespeare, Francis Bacon, George Eliot, und William Wordsworth und anderen verstand er als Kommentare zur Bibel, die als solche von unschätzbarem Wert sind. In *Flatland* ging es ihm darum, zeitgenössische soziale und religiöse Themen darzustellen und er bezieht sich auf Flatland in drei seiner theologischen Werke: *The Kernel and the Husk*, *The Spirit on the Waters* und *Apologia*.

sondern auch zu einer ansteigenden Zahl an familiären Morden führt, und dies in einem solchen Ausmaß, dass ein Staat durch zu strenge Gesetze mehr verliert als er gewinnt.

70   Denn wann immer das Gemüt einer Frau durch ihr Eingesperrtsein im Haus oder durch behindernde Vorschriften außer Haus zur Verzweiflung erschöpft wurde, neigen sie dazu, ihre Wut an ihren Ehemännern und Kindern auszulassen; und in den weniger gemäßigten Klimazonen ist es manchmal vorgekommen, dass die gesamte männliche Bevölkerung eines
75   Dorfes innerhalb von ein oder zwei Stunden durch simultane Ausbrüche von Frauen vernichtet wurde. Darum genügen die drei oben erwähnten Gesetze in den Staaten mit einer effektiveren Regulierung und sie können als beispielhaft für unser Frauengesetzbuch gesehen werden.

Schließlich   findet   sich   unsere   wichtigste   Schutzvor-
80   richtung nicht in der Gesetzgebung, sondern im Interesse der Frauen selbst. Denn zwar können Frauen durch eine Rückwärtsbewegung unmittelbaren Tod verursachen, doch wenn sie ihr verletzendes Ende nicht umgehend aus dem sich windenden Körper ihres Opfers herausziehen, ist es sehr wahrscheinlich, dass ihre eigenen schwachen Körper zerbrechen.

85   Auch die Macht der Mode ist auf unserer Seite. Ich habe bereits erwähnt, dass es in einigen weniger zivilisierten Staaten nicht geduldet wird, dass Frauen sich in der Öffentlichkeit bewegen, ohne dabei ihr hinteres Ende von rechts nach links zu schwingen. In den gut regierten Staaten ist dieser Brauch unter allen Damen, die auch nur einen Hauch von
90   Anstand in sich haben, allbekannt; dies lässt sich so weit zurückverfolgen, wie das Gedächtnis von Figuren zurückreicht. In jedem Staat wird es als beschämend empfunden, wenn durch Gesetzgebung erzwungen werden muss, was ohnehin sein sollte, und was in jeder anständigen Frau ein natürlicher Instinkt ist. Die rhythmische und, wenn ich so sagen darf,
95   wohl modulierte Wellenbewegung des Hinterteils von unseren Frauen aus dem Rang der Kreise wird von der Ehefrau eines gewöhnlichen Gleichseitigen beneidet und imitiert, die selbst nichts erreichen kann außer einem monotonen Schaukeln, das dem Ticken eines Pendels gleicht. Und das regelmäßige Ticken der Gleichseitigen wird seinerseits
100   nicht weniger bewundert und nachgeahmt von den Ehefrauen der progressiven und ehrgeizigen Gleichschenkligen, in deren Familien die „Hintern-Bewegung" noch keine Lebensnotwendigkeit darstellt. In diesem Sinne ist „Hintern-Bewegung" in jeder Familie von Rang und Namen so allgegenwärtig wie die Zeit selbst; und die Ehemänner und

Die Bedeutung *Flatlands* in der Diskussion religiöser Fragen wurde zum ersten Mal in Rosemary Janns Essay, „Abbott's Flatland: Scientific imagination and natural Christianity," untersucht. Die Autorin plädiert dafür, *Flatland* als eine Kritik am starren Buchstabenglauben zu lesen, der sich sowohl in den positivistischen Wissenschaften (engl.: „materialist science") als auch im religiösen Fundamentalismus finden lässt. (Jann 1985, S. 478)

4.70. das Gemüt einer Frau. Die Britische Schriftstellerin Mary Augusta Ward (1851-1920) war die Gründerin und Vorsitzende der "Women's National Anti-Suffrage League" (Nationale Frauenvereinigung gegen das Frauenwahlrecht). Sie argumentierte dafür, Frauen das Wahlrecht zu verweigern, da diese aufgrund der ‚natürlichen Regsamkeit ihres Gemüts' leichter zu begeistern seien und darum noch schlimmere Parteianhänger würden als Männer. (Ward 1889, S. 783)

4.95. wohl modulierte Wellenbewegung. In den 1880ern trugen Frauen ein Polster oder ein kleines Drahtgestell, genannt Turnüre, unter ihrem Rock. Die Turnüre ließ die Röcke weiter erscheinen, zog die Aufmerksamkeit auf das Gesäß einer Frau und betonte die Bewegung dieses Körperteils.

105   Söhne aus diesen Haushalten sind geschützt – zumindest vor unsichtbaren Angriffen.

Nicht, dass auch nur einen Moment lang angenommen würde, unsere Frauen seien ohne Zärtlichkeit! Im schwachen Geschlecht siegt nur meist, unglücklicherweise, die Leidenschaft des Moments über alles andere. Dies
110   ist natürlich eine Naturnotwendigkeit, die auf die unglückliche Gestalt der Frauen zurückzuführen ist. Denn da sie nicht einmal die Andeutung eines Winkels haben und in dieser Hinsicht selbst den Geringsten der Gleichschenkligen unterlegen sind, haben sie folglich überhaupt keine Intelligenz, weder das Vermögen zur Reflexion noch zum Urteil noch
115   zur Voraussicht und nahezu keine Erinnerung. Darum berücksichtigen sie auch in ihren Wutanfällen keine Ansprüche und erkennen keine Unterscheidungen an. In der Tat habe ich von einem Fall gehört, in dem eine Frau ihren gesamten Haushalt vernichtet hat und eine halbe Stunde später, als sich ihre Wut wieder beruhigt hatte und die übriggebliebenen
120   Stücke weggefegt waren, hat sie gefragt, was aus ihrem Ehemann und ihren Kindern geworden ist!

Daraus ergibt sich offensichtlich, dass eine Frau nicht gereizt werden sollte, solange sie in einer Position ist, in der sie sich umdrehen kann. Wenn man mit Frauen in ihren Gemächern ist – welche so gebaut sind,
125   dass sie diese Macht der Frauen unterbinden – kann man sagen und tun was man will, denn dann sind sie vollkommen unfähig, irgendeinen Schaden anzurichten, und wenige Minuten später werden sie sich nicht an den Vorfall erinnern, für den sie euch in diesem Moment mit dem Tode bestrafen wollen, noch an die Versprechungen, die ihr als notwendig
130   erachtet habt, um ihre Wut zu besänftigen.

Insgesamt kommen wir gut miteinander zurecht in unseren familiären Beziehungen, außer in den unteren Schichten der Soldaten-Klassen. Dort führt der Mangel an Taktgefühl und Diskretion seitens der Ehemänner bisweilen zu unbeschreiblichen Desastern. Diese rücksichtslosen
135   Kreaturen verlassen sich zu sehr auf die für die Offensive geeigneten Waffen ihrer spitzen Winkel und zu wenig auf den gesunden Menschenverstand und hilfreiche Täuschungsmanöver, die der Defensive dienen. Dabei missachten sie zu oft die Vorschriften für die Bauweise von Wohnungen, in denen Frauen leben, oder sie reizen ihre Frauen
140   durch unangebrachte Bemerkungen in der Öffentlichkeit und weigern sich, diese unmittelbar wieder zurückzunehmen. Darüber hinaus hält eine stumpfe und sture Achtung vor der wörtlich genommenen Wahrheit

4.108. Im schwachen Geschlecht. „Schwach" (engl. „frail") kann sowohl physische als auch moralische Schwäche bezeichnen. Hamlets Verächtlichkeit gegenüber Frauen, „Frailty, thy name is woman!" (Schwachheit, dein Name ist Weib!), ist ein berühmtes Beispiel für eine Sichtweise, in der Frauen für moralisch schwach gehalten werden. (Vgl. Hamlet, 1.2)

4.113. keine Intelligenz. Die Lehre über die geistige Unterlegenheit von Frauen gibt nicht Abbotts eigene Sichtweise wieder, sie ist lediglich eine Karikatur der im 19. Jahrhundert vorherrschenden Haltung. Abbott hat sich entschieden für die Ausbildung von Frauen eingesetzt. (Vgl. Lindgren and Banchoff 2010, S. 261-263) Der Text enthält zudem mehrere Hinweise darauf, dass die Frauen Flachlands intelligent sind, wodurch die Behauptungen des Quadrats bereits in seiner eigenen Erzählung widerlegt werden (siehe z.B. 9.93). Die Vorstellung, dass die weibliche Intelligenz naturgemäß begrenzt sei, war keineswegs nur unter Männern verbreitet, sondern wurde auch von durchaus gebildeten Frauen wie beispielsweise der Autorin Elizabeth Barrett vertreten. Im Jahr 1845 sagte sie ihrem späteren Ehemann Robert Browning, ebenfalls Autor, im Vertrauen, dass Frauen in geistiger Hinsicht von Natur aus unterlegen sind („there is a natural inferiority of mind in women") und nur wenige ihrer weiblichen Zeitgenossen hätten diese Einschätzung in Frage gestellt. Um die Unterlegenheit des weiblichen Intellekts zu beweisen, wiesen viktorianische Männer darauf hin, dass Frauen keine Erfolge im Bereich der Wissenschaft, der Kunst und der Literatur erzielten. Doch um sich auf bedeutsame Weise in diesen Disziplinen einbringen zu können, hätten Frauen Zugang zu Bildung haben müssen, der ihnen jedoch verweigert wurde – aufgrund ihres angeblich mangelhaften Intellekts. So vertrat zum Beispiel der Evolutionsbiologe George J. Romanes die These, dass die Differenz im Gewicht der Gehirne von Männern und Frauen (durchschnittlich 141,75 Gramm) Ursache für die geistige Unterlegenheit von Frauen ist. Er gab zu, dass die Behandlung von Frauen in der Vergangenheit beschämend war, betonte aber gleichzeitig, dass es selbst unter den günstigsten Umständen noch viele Jahrhunderte dauern würde, bis sich im Prozess der Vererbung die fehlenden 141,75 Gramm bilden könnten. (Vgl. Romanes 1887, S. 654-655, S. 666)

4.118. ihren gesamten Haushalt vernichtet. Zum Vergleich ließe sich Euripides' berühmtes Stück Medea heranziehen, in dem Medea ihre eigenen Kinder tötet, um ihren Ehemann dafür zu bestrafen, dass er sie verlassen hat.

145 sie davon ab, die großzügigen Versprechen zu machen, durch welche ein vernünftiger Kreis in nur einem Moment seine Gemahlin befrieden könnte. Das Ergebnis ist Massaker; dieses geht jedoch nicht vorüber, ohne Vorteile mit sich zu bringen, denn dadurch werden die Brutalsten und Lästigsten der Gleichschenkligen ausgemerzt; und bei vielen unserer Kreise gilt die zerstörerische Kraft des dünneren Geschlechts als eine von vielen göttlichen Vorsehungen, durch die überflüssige Bevölkerung
150 kleingehalten und die Revolution im Keim erstickt wird.

Doch ich kann nicht sagen, dass das Ideal des Familienlebens so hoch ist wie bei euch in Raumland, auch nicht in unseren am besten regulierten Familien, die sich der Kreisform am meisten annähern. Es gibt Frieden, insofern die Abwesenheit von Gemetzel mit diesem Wort
155 bezeichnet wird, aber zwangsläufig gibt es nur wenig Harmonie im Bereich der Vorlieben und der Interessen; und die Besonnenheit der Kreise gewährleistet uns Sicherheit auf Kosten von häuslicher Gemütlichkeit. In jedem kreisförmigen oder vieleckigen Haushalt war es Gewohnheit seit unvordenklichen Zeiten – und nun ist sie bei den Frauen unserer höheren
160 Klassen zu einer Art Instinkt geworden –, dass die Mütter und Töchter ihre Augen und Münder beständig auf ihren Ehemann und seine männlichen Freunde richten sollen; und wenn eine Frau aus einer distinguierten Familie ihrem Mann ihr hinteres Ende zuwenden würde, dann würde dies als eine Art böses Omen gelten, das zum Verlust des Status führen könnte.
165 Obwohl dieser Brauch den Vorteil der Sicherheit haben mag, ist er aber nicht ohne Nachteile, wie ich bald zeigen werde.

4.144. Gemahlin. Das englische Wort für „Gemahl" ist „consort". Das Recht eines Ehepartners auf die Begleitung und die Dienste des anderen Partners (Unterstützung, Zärtlichkeit, Trost, Geschlechtsverkehr) wurde allgemein als das Recht auf „consortium" bezeichnet. Bis 1891 war es einem Ehemann vom englischen Gesetz her erlaubt, physische Gewalt anzuwenden, um sich das „consortium" durch seine Frau zu sichern. In Deutschland wurde die Vergewaltigung in der Ehe gar erst 1997 unter Strafe gestellt. (Vgl. Deutscher Bundestag, Wissenschaftliche Dienste, Vergewaltigung in der Ehe, Strafrechtliche Beurteilung im europäischen Vergleich, 2008, S. 2)

4.148. des dünneren Geschlechts. Im Original: „The Thinner Sex"; ein Wortspiel mit der verbalen und der adjektivischen Bedeutung von ‚thin': als ‚gerade Linien' sind Frauen dünner (thinner) als jeder männliche Flachländer. Zudem sind sie das Geschlecht, das die Population der männlichen Flachländer ‚ausdünnt' (thins). Paley sieht in „Thinnings" (Ausdünnungen), bei denen eine Gattung die andere zurückdrängt, das Wirken eines göttlichen Plans. (Paley 1802, S. 249)

4.149. göttlichen Vorsehungen. Die Griechen glaubten, dass es ein Gesetz des Ausgleichs gibt, welches sowohl in der nicht-menschlichen Natur als auch im menschlichen Leben wirkt. Ein natürliches System des Ausgleichs ist ein Grundthema in Herodots Historien (entstanden im 5. Jahrhundert v. Chr.). Herodot glaubte, dass göttliche Vorsehung die zaghaften Tiere, die als Beute leicht zu ergattern sind, besonders fruchtbar gemacht hat, um so ihren Fortbestand zu sichern; die wilden, gefährlichen Tiere seien vergleichsweise unfruchtbar erschaffen worden.

4.151. Ideal des Familienlebens. Abbott bezieht sich wahrscheinlich auf die Idee der Familie im klassischen Griechenland, welche sich wesentlich von dem Ideal der Familie im viktorianischen Zeitalter unterscheidet. Bei den Griechen gab es das Wort ‚Familie' so wie wir es heute verwenden, nicht; das Wort, das der Bedeutung von ‚Familie' am nächsten kommt, ist *oikos* (Anwesen oder Haushalt). *Oikos* betont die Bedeutung von Eigentum und lässt dabei emotionale Beziehungen in den Hintergrund treten. Selten gab es wirkliche Partnerschaft zwischen Ehemann und Ehefrau; dies lag zum Teil daran, dass Männer in der Regel im Alter von dreißig Jahren heirateten, Frauen aber im Alter von vierzehn bis achtzehn Jahren. Die Griechen verlangten absolute Treue von der Ehefrau, doch vom Ehemann wurde diese Exklusivität nicht gefordert. (Pomeroy 1994, S. 31-40) Die viktorianische Familie wurde oft idealisiert, so zum Beispiel in Coventry Patmore's Gedicht *Angel in the House* (1854) und in John Ruskins Vortrag *Of Queens' Gardens* (1864). In seiner Studie über das viktorianische Zeitalter schreibt George M. Young über die Vorstellung, Familie sei eine göttliche Einrichtung, in der die Menschen Trost fänden und sich entwickeln könnten. (Vgl. Young 1936, S. 159)

4.152. am besten regulierten Familien. Hierbei handelt es sich um eine Anspielung auf Dickens' *David Copperfield*, in dem Mr. Micawber an einer Stelle sagt: „My dear friend Copperfield, accidents will occur in the best-regulated families." (Mein lieber Freund Copperfield, Unfälle werden selbst in den am besten regulierten Familien vorkommen.)

4.164. böses Omen. Die Griechen sahen ungewöhnliche Ereignisse als Omen.

4.158. Gewohnheit … Instinkt. Das Quadrat versteht ‚Instinkt' im lamarckischen Sinne als eine geerbte Gewohnheit. Robert J. Richards hat die Entwicklung Darwins Denkwegs nachverfolgt: Die Annahme, dass Gewohnheiten aufgrund ihrer Nützlichkeit erhalten bleiben, führte Darwin schließlich zur Annahme, dass Individuen aufgrund ihrer nützlichen Gewohnheiten erhalten bleiben – in Folge einer ‚natürlichen Selektion'. (Vgl. Richards 1987)

Im Haus eines Arbeiters oder eines anständigen Kaufmanns – in dem es
der Frau gestattet ist, dem Mann ihr hinteres Ende zuzuwenden, während
sie ihren häuslichen Pflichten nachgeht –, gibt es zumindest Phasen der
Stille, wenn von der Frau nichts zu hören und zu sehen ist, außer dem
summenden Geräusch des unablässigen Friedensrufs; aber in den Häusern
der oberen Klassen gibt es zu oft keinen Frieden. Dort werden der redselige
Mund und das helle, durchdringende Auge beständig auf den Herrn des
Haushaltes gerichtet; und Licht selbst ist nicht dauerhafter als der Fluss der
Rede einer Frau. Das Taktgefühl und die Fähigkeiten, die genügen, um den
Stich einer Frau abzuwehren, reichen nicht aus, um den Mund einer Frau
zu stoppen. Und da die Ehefrau absolut nichts zu sagen hat, gleichzeitig
aber auch weder Vernunft, noch Verstand, noch Gewissen hat, die sie
davon abhalten würden, etwas zu sagen, gibt es nicht wenige Zyniker,
die mit Nachdruck beteuert haben, dass sie den lebensgefährlichen, aber
unhörbaren Stich dem gefahrlosen Geräusch, welches vom anderen Ende
der Frau ertönt, vorziehen.

Meinen Lesern im Raumland mag die Lage unserer Frauen wahrlich
bedauernswert erscheinen, und das ist sie auch. Sogar der Geringste
unter den Gleichschenkligen mag der Verbesserung seines Winkels
und der endgültigen Erhebung seiner gesamten degenerierten Kaste
entgegenblicken; aber keine Frau kann für ihr Geschlecht solche
Hoffnungen hegen. „Einmal Frau, immer Frau" – so lautet das Urteil
der Natur; und die Gesetze der Evolution selbst scheinen vorübergehend
aufgehoben zu sein – zu ihrem Nachteil. Doch zumindest können wir die
weisen Vorherbestimmungen bewundern, die es so eingerichtet haben,
dass Frauen, da es für sie keine Hoffnung gibt, auch kein Gedächtnis
haben sollen, um Erinnerungen zurückzurufen, und keine Voraussicht,
um das Leid und die Erniedrigungen zu erahnen, die zugleich eine
Notwendigkeit ihrer Existenz wie auch die Grundlage von Flachlands
Verfassung sind.

4.169. Phasen der Stille. Diese stereotype Vorstellung findet sich bereits in Sophokles' Ajax: „Schweigen ist der Frauen Zier" (zweiter Akt, Z. 297).

4.180. lebensgefährlichen ... Stich. Das Bild von der Zunge der Frauen als einer gefährlichen Waffe hat sich bis heute in der englischen Sprache gehalten bspw. in verschiedenen Sprichwörtern wie „A woman's weapon is her tongue."

4.190. zu ihrem Nachteil. Der einflussreiche Sozialtheoretiker Herbert Spencer behauptete, dass der Prozess der Evolution bei Frauen an einem bestimmten Punkt unterbrochen wird, da die gesamte Energie für die Reproduktion benötigt wird. Als eine Folge dieser Unterbrechung können laut Spencer die Fähigkeiten zum abstrakten Denken und das Urteilsvermögen bei Frauen nicht vollständig ausgebildet werden. (Vgl. Spencer 1873, S. 374)

4.191. weisen Vorherbestimmungen. Eine extrem satirische Darstellung endet mit einer absurden Rationalisierung der Notlage von Frauen: Obwohl das Quadrat anerkennt, dass die Lage der Frauen bedauernswert ist, zweifelt es in keinem Moment daran, dass dieser Zustand so wie auch die sozialen Umstände im Allgemeinen göttlicher Wille sind. Stattdessen bewundert es die weise, göttliche Vorsehung, welche Frauen entschädigt hat, indem sie ihnen nur ein geringes Denkvermögen gegeben hat.

§5
Über unsere Methoden, einander zu erkennen

Ihr, die ihr gesegnet seid mit Schatten so wie mit Licht, ihr, denen zwei Augen geschenkt, das Wissen um die Perspektive vergönnt, und die Freude an mannigfaltigen Farben gegeben ist, ihr, die ihr einen Winkel tatsächlich sehen, und den gesamten Umfang eines Kreises betrachten
5   könnt, in der glücklichen Region der Drei Dimensionen – wie soll ich euch deutlich machen, welch extreme Schwierigkeit wir in Flachland erfahren, wenn wir versuchen, die Konfiguration eines anderen zu erkennen?

Erinnert euch an das, was ich euch oben gesagt habe. Alle Wesen in Flachland, ob lebendig oder leblos, welche Form sie auch immer haben
10 mögen, sie erscheinen *aus unserer Sicht* als dasselbe oder als beinahe dasselbe, nämlich als gerade Linien. Wie dann kann der eine vom anderen unterschieden werden, wenn alle gleich erscheinen?

Die Antwort gliedert sich in drei Teile: Der Sinn, durch den wir uns an erster Stelle erkennen, ist der Hörsinn, der bei uns viel stärker
15 entwickelt ist als bei euch, und der es uns nicht nur ermöglicht, unsere persönlichen Freunde an der Stimme zu erkennen, sondern auch zwischen verschiedenen Klassen zu unterscheiden, zumindest was die drei untersten Klassen betrifft, die Gleichseitigen, die Quadrate und die Fünfecke – die Gleichschenkligen berücksichtige ich nicht. Aber
20 sobald wir in der sozialen Skala weiter nach oben gehen, wird es immer schwieriger, durch Hören den einen vom anderen zu unterscheiden, zum Teil weil die Stimmen sich einander angleichen, zum Teil weil die Fähigkeit der Stimm-Unterscheidung eine plebejische Tugend ist, die unter den Aristokraten nicht stark entwickelt ist. Wo immer es die Gefahr
25 des Betrugs gibt, können wir uns nicht auf diese Methode verlassen. In unseren niedrigsten Ordnungen sind die Stimmorgane im Vergleich zu den Hörorganen so hoch entwickelt, dass ein Gleichschenkliger leicht die Stimme eines Vielecks nachahmen kann, und, mit einiger Übung, sogar die Stimme eines Kreises selbst. Daher wird gewöhnlich auf eine zweite
30 Methode zurückgegriffen.

Anmerkungen zu Kapitel 5.

5.2. Wissen um die Perspektive. Flachländer kennen Perspektivität nicht, das heißt, sie verstehen nicht genau, wie die Erscheinung eines Objekts von seiner räumlichen Beziehung zu einem Beobachter abhängt. Für einen menschlichen Künstler besteht das Problem der Perspektive darin, ein dreidimensionales Objekt auf einer zweidimensionalen Fläche so abzubilden, dass das abgebildete Objekt denselben Eindruck von relativer Position und Größe hervorruft wie das Objekt selbst. Judith V. Fields Buch *The Invention of Infinity* schildert, wie Mathematiker und Künstler der italienischen Renaissance dieses Problem entdeckt und gelöst haben und wie sich die heutige projektive Geometrie aus einer Verallgemeinerung der mathematischen Aspekte dieses Problems entwickelte. Projektive Geometrie bezeichnet den Teil der Geometrie, der sich mit den Eigenschaften von Figuren beschäftigt, die bei einer Projektion unverändert bleiben. (Field 1997).

5.4. den gesamten Umfang. Im dreidimensionalen Raum können wir von oben auf einen Kreis schauen und dabei seinen ganzen Umfang auf einmal sehen, für ein Wesen in Flachland ist dies unmöglich. Wenn ein Flachländer sich um den Kreis herumbewegt, kann er von jedem Punkt aus immer nur etwas weniger als die Hälfte des Umfangs sehen. Ein Beobachter aus Flachland kann höchstens drei Seiten eines regelmäßigen Fünfecks oder Sechsecks und höchstens vier Seiten eines regelmäßigen Siebenecks oder Achtecks sehen. Im Allgemeinen kann er höchstens n Seiten von einem Vieleck mit $2n$ Seiten sehen und höchstens $n + 1$ Seiten von einem Vieleck mit $2n + 1$ Seiten. Die Zahl der sichtbaren Seiten hängt von der Position des Beobachters in Relation zu dem beobachteten Vieleck ab. In Abbildung 5.1 sehen Beobachter in Regionen mit derselben Schattierung dieselbe Anzahl von Seiten.

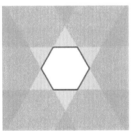

Abbildung 5.1. veranschaulicht, wie viele Seiten eines Sechsecks von einer bestimmten Position aus sichtbar sind.

5.7. Konfiguration. Im Original: "configuration". Im Deutschen bezieht sich Konfiguration meist auf die Konstellation oder Anordnung verschiedener, distinkter Elemente. Die ‚Konfiguration‘ eines Flachländers bezieht sich auf den Körperbau, die Erscheinung oder die Gestalt eines Flachländers also auf das innere Verhältnis der ‚Körperteile‘, d.h. der verschiedenen Aspekte seiner geometrischen Figur, denn die Konfiguration einer Figur in Flachland wird bestimmt durch die Länge ihrer Seiten und die Größe ihrer Winkel. In Flachland ist die Konfiguration von größter Bedeutung. Der soziale Status einer Figur hängt davon ab, inwieweit sich ihr Umriss der idealen Gestalt eines Kreises annähert. Unregelmäßige Vielecke, deren Seiten oder Winkel nicht alle gleich sind, gelten als unmoralisch.

Das *Fühlen* ist bei unseren Frauen und in den unteren Klassen – über unsere höheren Klassen werde ich in Kürze sprechen – das wichtigste Mittel, um sich zu erkennen. Es kommt immer dann zur Geltung, wenn sich Fremde begegnen, und wenn es nicht darum geht, ein Individuum 35 zu identifizieren, sondern seine Klasse. Was also in den höheren Klassen in Raumland „Vorstellung" ist, das ist der Prozess des „Fühlens" bei uns.

„Erlauben Sie mir die Bitte, meinen Freund, Herrn Soundso zu fühlen und sich von ihm fühlen zu lassen" – ist immer noch, unter den altmodischeren Gentlemen vom Lande, aus Bezirken, die fern von den Städten liegen, 40 die übliche Formel, mit der Flachländer einander vorstellen. Aber in den Städten und unter Geschäftsmännern werden die Wörter „sich fühlen zu lassen" ausgelassen und der Satz wird gekürzt zu „Darf ich Sie bitten, Herrn Soundso zu fühlen," obwohl natürlich angenommen wird, dass das „Fühlen" auf Gegenseitigkeit beruht. Unter unseren 45 noch fortschrittlicheren, schneidigen, jungen Gentlemen – die gegenüber überflüssigen Anstrengungen extrem abgeneigt und gegenüber der Reinheit ihrer Muttersprache äußerst gleichgültig sind – wird die Formel noch weiter beschnitten, indem „fühlen" in einem technischen Sinne verwendet wird: „zu empfehlen zwecks Fühlens und Gefühltwerdens." 50 Momentan billigt der „Slang" in den mondänen Kreisen der gehobenen Schichten solche Barbarismen wie: „Herr Smith, erlauben Sie mir Ihnen Herrn Jones zu fühlen."

Dennoch sollten meine Leser nicht annehmen, dass „Fühlen" bei uns der langwierige Prozess ist, der es bei euch wäre, oder dass wir es für nötig 55 halten, alle Seiten eines Individuums zu befühlen, bevor wir die Klasse ermitteln, zu welcher es gehört. Eine lange Zeit der Ausbildung und Übung, die in den Schulen beginnt und in den Erfahrungen des täglichen Lebens ihre Fortsetzung findet, befähigt uns dazu, sofort durch den Tastsinn zwischen den Winkeln eines gleichseitigen Dreiecks, Quadrats, 60 und Fünfecks zu unterscheiden. Und ich brauche nicht zu sagen, dass die hirnlose Ecke eines spitzwinkligen Gleichschenkligen selbst durch die unsensibelste Berührung erkennbar ist. Es ist darum in der Regel nicht nötig, mehr als einen einzigen Winkel eines Individuums zu fühlen. Dieser verrät uns, wenn er einmal bestimmt wurde, die Klasse der Person, die wir 65 vor uns haben, es sei denn, sie gehört zu den höheren Schichten des Adels. Dort ist die Schwierigkeit viel größer. Selbst von einem Magister Artium aus unserer Wentbridge-Universität weiß man, dass er ein zehnseitiges mit einem zwölfseitigen Vieleck verwechseln kann; und es gibt kaum einen Doktor der Wissenschaft in oder außerhalb dieser berühmten Universität,

5.11. nämlich. Das Quadrat verwendet an dieser Stelle „viz.", die Kurzform des lateinischen Worts *videlicet*, was so viel bedeutet wie „es ist möglich, zu sehen/ man darf sehen".

5.14. Hörsinn. Aus der Wellentheorie des niederländischen Physikers Christiaan Huygens folgt, dass Schallwellen sich in klar unterschiedenen Bündelungen durch den dreidimensionalen Raum bewegen, nicht jedoch durch den zweidimensionalen Raum. Wenn in einiger Entfernung von uns ein Gewehrschuss ertönt, hören wir im dreidimensionalen Raum nichts, bis die Schallwellen uns erreichen; dann aber hören wir einen sehr harten, heftigen Laut und nach ihm Stille. In Flachland wäre zunächst nur Stille zu hören und dann das Geräusch des Schusses, gefolgt von einem Widerhall, der niemals aufhört. (Solomon 1992; Morley 1985)

5.17. zwischen verschiedenen Klassen zu unterscheiden. Im 19. Jahrhundert war der korrekte Gebrauch von Sprache und insbesondere von Akzent ein Erkennungsmerkmal des sozialen Status. (Vgl. Williams 1850, S. 5)

5.31. Fühlen. Abbott spielt mit den Bedeutungsdimensionen des Wortes ‚Fühlen'. Einerseits meint es Wahrnehmung durch den Tastsinn, andererseits seelisches Empfinden. Auf diese Weise charakterisiert er die männlichen Mitglieder der oberen Klassen: Sie möchten sehen und gesehen werden, im Gegensatz zu den Mitgliedern der unteren Klassen haben sie jedoch nicht das Bedürfnis, jemanden zu berühren oder in einen Austausch von Emotionen involviert zu sein.

5.36. Vorstellung. Der viktorianische Verhaltenskodex legte fest, dass man Personen niemals unüberlegt einander vorstellen sollte. Wenn es nicht sicher war, wie die betreffenden Personen auf die Vorstellung reagieren würden, mussten beide Personen im Voraus gefragt werden, ob sie es wünschten, einander vorgestellt zu werden. Bei zwei Personen aus unterschiedlichen Gesellschaftsschichten genügte es, die sozial höher gestellte Person nach ihren Wünschen zu fragen. (*Manners* 1879)

5.44. dass das „Fühlen" auf Gegenseitigkeit beruht. Abbildung 5.2 veranschaulicht das gegenseitige Befühlen eines Quadrats und eines Fünfecks. Zuerst bleibt das Quadrat unbewegt, während das Fünfeck es „befühlt". Das Fünfeck platziert sich so, dass einer der Eckpunkte des Quadrats (sagen wir P) etwa auf der Mitte der Seite des Fünfecks liegt, die das Quadrat berührt. Dann bewegt es sich um P herum bis es die andere Seite des Quadrats berührt, die einen Winkel bei P bildet. Um den Prozess zu einem Abschluss zu bringen, bleibt das Fünfeck selbst unbewegt, während sich das Quadrat um einen der fünf Eckpunkte bewegt.

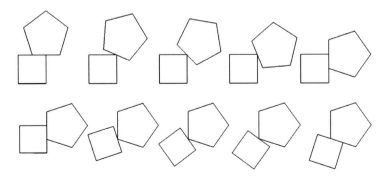

Abbildung 5.2. Gegenseitiges Befühlen.

70 der von sich behaupten könnte, dass er auf der Stelle und ohne Zögern
zwischen einem zwanzigseitigen und einem vierundzwanzigseitigen
Mitglied der Aristokratie unterscheiden kann.

Diejenigen meiner Leser, die sich noch an die Abschnitte erinnern, die
ich etwas weiter oben aus dem die Frauen betreffenden Gesetzbuch
75 angeführt habe, werden sogleich erkennen, dass der Prozess der
Vorstellung durch Berührung einige Sorgfalt und Umsicht erfordert.
Anderenfalls könnten die Winkel beim unachtsamen Betaster einen
irreparablen Schaden anrichten. Es ist äußerst wichtig für die Sicherheit
des Fühlenden, dass der Befühlte vollkommen stillsteht. Ein Zucken, ein
80 unruhiger Wechsel der Position, ja, sogar ein heftiges Niesen hat sich
schon manche Male für den Unvorsichtigen als fatal erwiesen und viele
verheißungsvolle Freundschaften wurden so im Keim erstickt. Dies trifft
vor allem auf die unteren Klassen der Dreiecke zu: Bei diesen befindet sich
das Auge so weit entfernt von ihrem Eckpunkt, dass sie kaum Kenntnis
85 davon nehmen können, was am anderen Ende ihres Leibes vor sich geht.
Außerdem sind sie von einer rauen, groben Natur, unsensibel gegenüber
der zarten Berührung der hoch entwickelten Vielecke. Wen wundert
es da, wenn eine unfreiwillige Bewegung des Kopfes den Staat bereits
wertvollen Lebens beraubt hat!

90 Ich habe gehört, dass mein hoch geschätzter Großvater – einer der
am wenigsten Unregelmäßigen aus seiner unglücklichen Klasse der
Gleichschenkligen, dem es kurz vor seinem Tod tatsächlich gelang, in
der Behörde für Gesundheit und Soziales vier von sieben Stimmen dafür
zu gewinnen, dass er in die Klasse der Gleichseitigen versetzt wurde
95 – oft mit einer Träne in seinem altehrwürdigen Auge beklagte, dass
seinem Ur-ur-ur-Großvater, einem anständigen Arbeiter mit einem Winkel
bzw. einem Hirn von 59°30′, ein Missgeschick dieser Art widerfahren
ist. Seinem Bericht zufolge hat mein unglücklicher Vorfahre, der an
Rheumatismus litt, während er von einem Vieleck befühlt wurde,
100 mit einem plötzlichen Zucken aus Versehen den Großen Mann in der
Diagonale durchstochen und damit unsere Familie bei ihrem Aufstieg
zu einem besseren Leben, zum Teil wegen seiner langen Inhaftierung
und Degradierung, zum Teil wegen des moralischen Schocks, der die
gesamte Verwandtschaft traf, um anderthalb Grad zurückgeworfen. Das
105 Ergebnis war, dass in der nächsten Generation das Familienhirn mit
nur 58° registriert wurde und erst fünf Generationen später war der
verlorene Boden zurückerobert, die vollen 60° erreicht und der Aufstieg

5.47. Muttersprache. Seine Position als Schulleiter der City of London School nutzte Abbott von Beginn an, um den traditionellen Lehrplan so zu reformieren, dass er Raum für das Studium der englischen Sprache ließ. In Essays und Vorträgen setzte er sich dafür ein, dass Englisch gelehrt wurde und gab detaillierte Beispiele für seine eigenen Lehrmethoden. (Vgl. Abbott 1868, 1871) Abbott und Seeley's *English Lessons for English People* markiert den Beginn der Zeit, die heute als die erste moderne Phase im Unterricht der englischen Sprache als Muttersprache beschrieben wird. (Michael 1987, S. 2)

5.50. Slang. Mit diesen Worten bringt das Quadrat Abbotts Verachtung für die Verwendung von Umgangssprache zum Ausdruck. Abbott zufolge verwenden Menschen Slang, um zu verbergen, dass sie die Sprache nicht richtig zu gebrauchen wissen, um der Bequemlichkeit willen und um die Notwendigkeit des Denkens zu umgehen. Was Letzteres betrifft, erfülle Slang, so Abbott, seinen Zweck. (Vgl. Abbott and Seeley 1871, S. 105)

5.51. Barbarismen. Die Verwendung eines Wortes oder einer Wendung, die den Standard einer Sprache verletzen. Das Wort leitet sich ab aus dem griechischen Wort ‚barbaros', welches ursprünglich Menschen bezeichnete, die nicht griechischer Herkunft waren oder nicht Griechisch sprachen. Die abwertende Konnotation kam erst später hinzu. (Kluge und Sebold 2011, S. 90)

5.67. Wentbrigde-Universität. Obwohl es ein englisches Dorf namens Wentbridge gibt, steht die Wentbridge Universität hier für die Universität von Cambridge. Abbott war Student des St. John's College in Cambridge von 1857-1861. Jonathan Smith weist darauf hin, dass Abbott bewusst "Came-bridge" zu „Went-bridge" gewendet hat, also das englische „came" (dt. „kam") durch das konträre „went" (dt. „ging") ersetzt hat, um darauf aufmerksam zu machen, dass seine Alma Mater in die falsche Richtung steuert. (Smith 1994, S. 265) In einem Brief an Alfred Marshall, einen anderen Absolventen des St. John's College, klagt Abbott über die engstirnigen Lehrmethoden, mit denen Studenten zu seiner Zeit in Cambridge die Werke der klassischen Antike vermittelt wurden: "I can never look back without regret at 3.5 years spent in the study of little else but mere words, apart from the subject matter, of classical authors." (Abbott 1872) („Ich kann niemals ohne Bedauern auf die dreieinhalb Jahre zurückblicken, in denen ich kaum etwas anderes als bloße Wörter studiert habe, losgelöst von ihrem thematischen Kontext im Werk der klassischen Autoren.", eigene Übersetzung).

5.67. ein zehnseitiges mit einem zwölfseitigen Vieleck verwechseln kann. Bei einem regelmäßigen zehnseitigen Vieleck ist die Größe eines Innenwinkels 144°, bei einem 12-seitigen Vieleck 150°. Bei 20-seitigen und 24-seitigen Vielecken sind die Winkelmaße 162° und 165°.

5.84. das Auge so weit entfernt von ihrem Eckpunkt. Das Auge eines Gleichschenkligen scheint an einem seiner Basiswinkel zu liegen.

5.90. hoch geschätzter Großvater. Abbotts Großvater väterlicherseits, Edward Abbott (1782–1853), war ein Lagerverwalter, er verkaufte tierisches und pflanzliches Öl.

5.95. altehrwürdigen Auge. Im Original: „venerable eye". Vielleicht eine Anspielung auf Alexander Popes Odyssey:

> At this the father, with a father's fears
> (His venerable eyes bedimm'd with tears)

5.96. Winkel bzw.…Hirn. Die Phrenologie, die von dem deutschen Arzt Franz Joseph Gall entwickelt wurde, ordnete verschiedene mentale Funktionen bestimmten Bereichen

von den Gleichschenkligen endlich geschafft. Und diese ganze Serie von Katastrophen nur wegen eines kleinen Unfalls beim Prozess des Fühlens.

110   An diesem Punkt glaube ich, manche meiner gebildeteren Leser fragen zu hören: „Wie könnt ihr in Flachland irgendetwas über Winkel und Grad und Minuten wissen? Wir können einen Winkel sehen, weil wir in der Region des Raumes erkennen können, wenn sich zwei Linien zueinander neigen, aber ihr, die nichts sehen könnt als eine gerade Linie nach der
115   anderen, oder jedenfalls mehrere Stücke von geraden Linien alle als eine gerade Linie seht – wie könnt ihr jemals einen Winkel erkennen, von Winkeln verschiedener Größen ganz zu schweigen?"

Ich antworte, dass, obwohl wir Winkel nicht *sehen* können, wir sie doch *ableiten* können und dies mit großer Präzision. Unser Tastsinn, der von
120   der Notwendigkeit stimuliert und in einer langen Zeit der Ausbildung entwickelt wurde, ermöglicht es uns, Winkel viel exakter zu unterscheiden als es euer Sehsinn vermag, wenn euch weder Lineal noch Winkelmesser zur Hilfe kommen. Auch darf ich nicht unerwähnt lassen, dass die Natur uns eine große Hilfe ist. Es ist bei uns ein Naturgesetz, dass das Hirn der
125   Gleichschenkligen bei einem halben Grad oder dreißig Minuten beginnen soll und sich dann um einen halben Grad in jeder Generation vergrößert (wenn es sich überhaupt vergrößert), bis das Ziel von 60° erreicht ist. Dann ist die Leibeigenschaft beendet und ein freier Mann tritt in die Klasse der Regelmäßigen ein.

130   Folglich liefert uns die Natur selbst eine aufsteigende Skala bzw. ein Alphabet der Winkel, das von 0,5° bis zu 60° reicht; Exemplare aus den verschiedenen Stufen der Skala finden sich in jeder Grundschule des Landes. Infolge gelegentlicher Rückentwicklungen und noch häufiger wegen moralischer und intellektueller Stagnation sowie wegen der
135   außerordentlichen Fruchtbarkeit in den Klassen der Landstreicher und der Kriminellen gibt es immer einen großen Überfluss an Individuen der Halb-Grad- und Ein-Grad-Klasse und eine ziemlich große Menge an Exemplaren unter 10°. Diese sind absolut ohne Bürgerrechte und eine große Anzahl von ihnen, die nicht einmal genug Intelligenz hat,
140   um Krieg führen zu können, werden von den Staaten dem Dienst der Bildung geopfert. Um jede Möglichkeit von Gefahr zu beseitigen, fesselt man sie, bis sie sich nicht mehr bewegen können. So werden sie in die Klassenzimmer unserer Vorschulen gestellt und dort von der Behörde für Bildung dazu benutzt, den Nachkommen der Mittelklasse das Taktgefühl

des Gehirns zu. Von dieser Lehre ausgehend folgerte Gall, dass die Form des Schädels etwas über den Intellekt und die Persönlichkeit eines Individuums aussagt. In England wurde die Phrenologie zunächst durch Galls Schüler und späteren Mitarbeiter, Johann Gaspar Spurzheim, und später durch George Combe bekannt gemacht. Combes *The Constitution of Man Considered in Relation to External Objects* war eines der meistverkauften Bücher des 19. Jahrhunderts. Während Galls Theorie im Allgemeinen um 1840 als widerlegt galt, erwies sich seine Grundannahme, dass die unterschiedlichen Areale des menschlichen Gehirns unterschiedliche Funktionen haben, als korrekt.

5.100. in der Diagonale durchstochen. Eine Diagonale eines Vielecks ist eine Strecke, die zwei nicht benachbarte Eckpunkten verbindet. Es ist nicht klar, was mit „der" Diagonale gemeint ist.

5.105. in der nächsten Generation ... nur 58°. Ein weiteres Beispiel für die Vererbung von erworbenen Eigenschaften in Flachland.

5.122. Winkelmesser. Obwohl Flachländer Winkelgrößen bestimmen können, wäre es für sie nicht möglich, einen unserer Winkelmesser zu verwenden, da dieser *auf* den Winkel gelegt werden muss.

5.130. aufsteigende Skala. Flachlands hierarchische Gesellschaft karikiert die streng stratifizierte Gesellschaft des viktorianischen Englands. Abbott ist keineswegs der Erste, der eine Hierarchie lebendiger Wesen mit einer Sequenz geometrischer Figuren vergleicht. Aristoteles schlägt vor, dass alle Organismen in einer Sequenz angeordnet sein sollten entsprechend ihren ‚Vermögen der Seele'. Er sagt, diese Sequenz verhalte sich parallel zu einer Reihe von Vielecken, die so angeordnet sind, dass jedes eine Seite mehr hat als das Vorangehende. (*Über die Seele*, 414a-415a)

> Offenbar steht es mit dem einen Begriff der Seele und dem einen der geometrischen Figur ganz gleich. (...) Es verhält sich gleich im Bereich der Figuren wie in dem der Seele: Immer ist im Nachfolgenden der Möglichkeit nach das Frühere enthalten sowohl bei den Figuren als auch bei den beseelten Wesen, wie z. B. im Viereck das Dreieck, im Wahrnehmungs- das Ernährungsvermögen. (*Über die Seele*, 414b, Z. 20-32)

5.133. Infolge gelegentlicher Rückentwicklungen. Flachlands lamarckische Theorie der Evolution, welche die Tendenz zu fortschrittlicher Entwicklung voraussetzt, kann die zahlreichen ‚niedrigen Lebensformen' nicht erklären. Um dieser Unstimmigkeit zu begegnen, stellte Lamarck die These auf, dass die ‚niedrigsten Lebensformen' kontinuierlich aus nicht-organischer Materie hervorgehen. In *Flatland* löste Abbott dieses Problem durch ‚Rückentwicklungen' und ‚Stagnation'. Zu Spekulationen über die Populationsbiologie in Flachland vgl. Dewdney 2002.

5.135. Landstreicher. Die Feindseligkeit gegenüber Personen, die durchs Land ziehen, und keine ortsgebundene Heimat haben, lässt sich bis in die Antike zurückverfolgen. Im Englischen Recht wird ‚vagabond,' das englische Wort für ‚Landstreicher,' immer in einem abwertenden Sinne verwendet, um eine Person, die als faul oder gar kriminell erachtet wird, zu bezeichnen.

5.144. Taktgefühl. Das deutsche Wort ‚Takt(gefühl)' entwickelte sich aus dem lateinischen Wort für Berührung, *tactus* (Abstraktum zu tangere). (Vgl. Kluge und Sebold 2011, S. 904) Abbott lässt neben der übertragenen Bedeutung (Feingefühl) auch die ursprüngliche, wörtliche Bedeutung (Berührung) anklingen: Durch Berühren/ Befühlen sollen die Schüler das Taktgefühl erlernen.

145 und die Intelligenz zu vermitteln, von welchen diese elenden Exemplare selbst absolut nichts besitzen.

In manchen Staaten werden die Exemplare gelegentlich gefüttert und es wird geduldet, dass sie einige Jahre existieren; aber in den gemäßigteren Regionen mit einer effektiveren Regulierung wird es im
150 Interesse der Schüler auf lange Sicht als vorteilhafter empfunden, das Füttern zu unterlassen und die Exemplare jeden Monat zu erneuern – einem Monat entspricht in etwa die Dauer einer futterlosen Existenz in der kriminellen Klasse. In den billigeren Schulen wird das, was durch die längere Existenz der Exemplare gewonnen wird, wieder verloren,
155 zum Teil durch die Ausgaben für Futter, zum Teil durch die verringerte Exaktheit der Winkel, die nach wochenlangem, beständigem „Fühlen" abgenutzt sind.

Außerdem dürfen wir, wenn wir die Vorteile des kostspieligeren Systems aufzählen, nicht vergessen, dass dieses leicht, aber doch
160 wahrnehmbar auf die Reduzierung der überflüssigen Bevölkerungsgruppe der Gleichschenkligen zusteuert – ein Ziel, das jeder Staatsmann in Flachland ständig im Blick behält. Obwohl viele vom Volk gewählte Schulbehörden das „billige System," wie man es nennt, bevorzugen, bin ich darum im Ganzen selbst geneigt zu denken, dass dies einer
165 der wenigen Fälle ist, in denen Kostenaufwand die wahre Form der Sparsamkeit ist.

Aber ich darf es nicht zulassen, dass Fragen über die Politik der Schulbehörden mich von meinem Thema ablenken. Genug ist gesagt worden, darauf verlasse ich mich, um zu zeigen, dass Erkennen durch
170 Fühlen kein so langwieriger und unbestimmter Prozess ist, wie man es hätte annehmen können. Und es ist offensichtlich zuverlässiger als Erkennen durch Hören. Dennoch bleibt, wie oben gezeigt worden ist, der Einwand, dass diese Methode nicht ohne Gefahr ist. Aus diesem Grund bevorzugen viele in der mittleren und in den unteren Klassen und
175 ohne Ausnahme alle in den Ordnungen der Vielseitigen und der Kreise eine dritte Methode, deren Beschreibung ich mir für das nächste Kapitel aufheben werde.

5.162. vom Volk gewählte Schulbehörden. Der Education Act von 1870 begründete das Grundschulsystem und unterteilte Großbritannien in 2500 Bezirke, die jeweils von einer eigenen Behörde verwaltet wurden. Als die Bürger Londons zum ersten Mal den Beirat ihrer Behörde wählten, setzte sich Abbott für zwei Kandidatinnen ein, beide Frauen wurden gewählt.

5.163. billige System. Möglicherweise eine Anspielung auf ein umstrittenes System, das 1862 von Robert Lowe, Vize-Präsident des Privy Council's Committee on Education, eingeführt wurde: Lowes "Revised Code" (bekannt als „payment by results"/Bezahlung nach Leistung) legte fest, dass die Geldsumme, die eine Schule vom Staat erhält, nicht nur von der Zahl der Schüler abhängt, sondern auch von der Zahl der Schüler, die Prüfungen im Lesen, Schreiben und in der Arithmetik bestehen. Das vermeintliche Ziel dieses Codes war es, allgemeine Schulbildung zu fördern. In der Praxis bedeutete diese Regelung, dass das Gehalt der Lehrer in großem Maße vom Erfolg ihrer Schüler in der jährlichen Prüfung abhängig war. „If it (education) is not cheap it shall be efficient; if it is not efficient it shall be cheap," (Wenn Bildung nicht billig ist, dann soll sie effizient sein, wenn sie nicht effizient ist, soll sie billig sein.), war die typische, sarkastische Bemerkung Lowes. Von Anfang an wurde der Code viel geschmäht und viel gepriesen, aber er blieb 30 Jahre lang in Kraft. Abbott glaubte, der Code habe eine „natural tendency to produce mechanical teachers and stupid pupils" (*The Times*, 29 November 1873, S. 6).

§6
Über das Erkennen durch Sehen

Ich bin im Begriff, sehr widersprüchlich zu erscheinen. In den vorangehenden Kapiteln habe ich gesagt, dass alle Figuren in Flachland als gerade Linien erscheinen und es wurde hinzugefügt oder impliziert, dass es folglich unmöglich ist, durch das Sehorgan zwischen Individuen
5   verschiedener Klassen zu unterscheiden. Aber nun habe ich vor, meinen Kritikern aus Raumland zu erklären, inwiefern wir fähig sind, einander durch den Sehsinn zu erkennen.

Wenn jedoch der Leser sich die Mühe machen wird, sich auf den Absatz zu beziehen, in der Erkennen durch Fühlen als eine universale
10 Praktik bezeichnet wird, dann wird er diese Einschränkung finden: „in den unteren Klassen." Nur in den höheren Klassen und in unseren gemäßigten Klimazonen wird die Seh-Erkennung praktiziert.

Dass es diese Fähigkeit überhaupt gibt, in einigen Regionen und für einige Klassen, ist die Folge des Nebels, der die meiste Zeit des Jahres
15 in allen Teilen des Landes außer in den heißen Zonen herrscht. Was bei euch in Raumland ein reines Übel ist, die Landschaft verdunkelt, den Geist niederdrückt und die Gesundheit schwächt, wird von uns als ein Segen erkannt, kaum geringer im Wert als die Luft selbst, und als Amme der Künste und Mutter der Wissenschaften. Aber lasst mich erklären, was ich
20 meine, ohne weitere Lobreden auf dieses segensreiche Element.

Wenn es Nebel nicht gäbe, würden alle Linien gleich und ununterscheidbar klar erscheinen und dies ist tatsächlich der Fall in den unglücklichen Ländern, in welchen die Atmosphäre völlig trocken und durchsichtig ist. Aber überall dort, wo es reichlich Nebel gibt,
25 erscheinen die Objekte in einer Entfernung von sagen wir drei Fuß merklich schwächer als solche in einer Entfernung von zwei Fuß und elf Zoll. Und folglich können wir durch eine sorgfältige und beständige experimentelle Beobachtung der relativen Dunkelheit und Klarheit die Konfiguration des beobachteten Objekts mit großer Exaktheit ableiten.
30 Was ich meine, wird durch ein Beispiel deutlicher werden als durch eine Fülle von allgemeinen Aussagen.

Anmerkungen zu Kapitel 6.

6.12. Seh-Erkennung. In Flachland finden sich verschiedene Metaphern des Sehens. Mit der übersteigerten Darstellung der ‚Seh-Erkennung' verweist Abbott ironisch auf die oberflächliche Wahrnehmung der Flachländer und ihr begrenztes Verständnis der eigenen Welt.

6.14. des Nebels. Fast das ganze 19. Jahrhundert über war London in einen dichten Nebel gehüllt, der beim Verbrennen von Braunkohle entstand. Im Jahr 1882 eröffnete Abbott die *Prize Day Ceremonies* an der City of London School mit den Worten: "Wir treffen uns hier auf dem ursprünglichen Grundstück der City of London School heute zum *letzten* Mal. Ja, es ist bestimmt das letzte Mal, dass wir unseren verehrten Oberbürgermeister durch gewundene unterirdische Wege führen, um an einem Ort herauszukommen, an dem wir nur ein Abbild von Tageslicht finden und ein Surrogat für Luft atmen." (City of London School 1882, Hervorh. i. Orig., eigene Übersetzung) Obwohl der Saal viele große Fenster hatte, wurden die Gaslichter um zwei Uhr nachmittags angezündet, da Abbott nicht genug sehen konnte, um die Namen der Preisträger zu entziffern. Londons ‚smog' könnte für Abbotts chronische Erkrankung der Luftwege verantwortlich gewesen sein. 1906 schrieb er einem Freund: „I was never expected to live as a boy of ten, and at school was a perpetual invalid. My wildest dreams of working did not extend beyond my 63rd year." („Als ich zehn war, hat niemand erwartet, dass ich viel länger leben werde, und in der Schule war ich durchgehend krank. In meinen wildesten Träumen wagte ich mir nicht vorzustellen, über mein 63. Lebensjahr hinaus zu arbeiten." Abbott 1906a, eigene Übersetzung.)

6.18. Amme der Künste. In *King Henry V* 5.2 bezeichnet Shakespeare Frieden als die „liebe Amme der Künste" („dear nurse of arts", eigene Übersetzung).

6.21. gleich und ununterscheidbar klar erscheinen. Ohne Nebel oder irgendein anderes Medium, das Licht zerstreut, erscheint ein Objekt gleich hell, egal wie weit es vom Auge entfernt ist, es sei denn, das Objekt erscheint dem Auge als eine punktförmige Lichtquelle – dann verändert sich die Helligkeit indirekt proportional zum Quadrat der Distanz zwischen Beobachter und Objekt. (Vgl. Houstoun 1930, S. 321-322) Feine Unterschiede zwischen den Abbildungen eines Objekts auf der Netzhaut beider Augen ermöglichen es Menschen, ein Objekt als dreidimensional wahrzunehmen. Wenn Flachländer zwei Augen hätten, könnten sie analog dazu ein Objekt zweidimensional sehen. Doch Abbott hat jedem Flachländer nur ein Auge gegeben und betont, dass die primären visuellen Anhaltspunkte, mit deren Hilfe ein unbewegter Flachländer die Form einer unbewegten Figur erkennt, durch den Nebel entstehen, der das Licht zerstreut und nahe Objekte heller erscheinen lässt. Die Ironie dieser Konstruktion ist, dass Nebel, der gewöhnlich mit einer unklaren Sicht assoziiert wird, in Flachland unentbehrlich ist, um ein Objekt durch Sehen zu erkennen.

Angenommen, ich sehe zwei Individuen näherkommen, deren Rang ich zu bestimmen wünsche. Sie sind, nehmen wir einmal an, ein Händler und ein Arzt, oder in anderen Worten, ein gleichseitiges Dreieck und ein
35 Fünfeck: Wie soll ich sie unterscheiden?

Für jedes Kind in Raumland, das die Schwelle zum Gebiet der Geometrie berührt hat, wird dies offensichtlich sein: Wenn ich mein Auge in eine solche Position bringen kann, dass meine Blicklinie einen Winkel (A) des näherkommenden Fremden halbiert, dann wird mein Blick
40 sozusagen gleichmäßig auf seine beiden mir nächsten Seiten (CA und AB) fallen, so dass ich die beiden unvoreingenommen betrachten kann und beide gleich groß erscheinen werden.

Nun im Falle (1) des Händlers, was werde ich sehen? Ich werde
45 eine gerade Linie DAE sehen, deren Mittelpunkt (A) sehr hell sein wird, weil er mir am nächsten ist. Aber auf beiden Seiten wird die Linie *rasch in eine Dunkelheit übergehen*, denn die
50 Seiten AC und AB *verschwinden rasch im Nebel*; und die Punkte, die mir als die Extremitäten des Händlers erscheinen, nämlich D und E, werden *in der Tat sehr dunkel sein*.

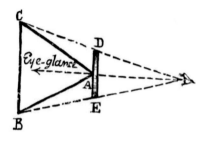

Auch im Falle (2) des Arztes sehe ich eine Linie, (D'A'E'), mit
55 einem hellen Mittelpunkt (A'), doch diese wird weniger *rasch in eine Dunkelheit übergehen*, weil die Seiten (A'C', A'B') *weniger rasch im Nebel verschwinden*;
60 und die Punkte, die mir als die Extremitäten des Arztes erscheinen, nämlich D' und E', werden *nicht so dunkel* sein wie die Extremitäten des Händlers.

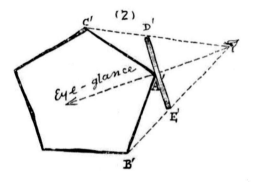

Durch diese beiden Beispiele wird der Leser wahrscheinlich verstehen,
65 wie es – nach sehr langer Ausbildung, die durch ständig wachsende Erfahrung ergänzt wird – den Gebildeten unter uns möglich ist, mit einer ziemlichen Genauigkeit durch den Sehsinn zwischen den mittleren und untersten Ordnungen zu unterscheiden. Wenn meine Schirmherren aus

6.44. Ich werde eine gerade Linie DAE sehen. Wie die Griechen sind auch Flachländer zu einer Theorie des Sehens gelangt, ohne die Eigenschaften des Lichts oder die Anatomie des Auges und des Gehirns zu verstehen. Die Zeichnungen des Quadrats legen nahe, dass es in Flachlands Theorie des Sehens das Konzept eines Netzhautbildes nicht gibt. Anstelle des Netzhautbildes im Auge gibt es im Blickfeld des Auges eine ‚gerade Linie‘ (eine Strecke), die wir das ‚gesehene Bild‘ des Objekts nennen und wie folgt definieren: Der Blickwinkel auf ein Objekt ist der Winkel, der durch die (Licht-)Strahlen (Halbgeraden) gebildet wird, die einen gemeinsamen Endpunkt im Auge des Beobachters finden und die durch die Extremalpunkte eines Objekts laufen, das heißt, durch die Punkte des Objekts, die am weitesten links und am weitesten rechts erscheinen. In jedem konvexen Objekt gibt es einen Punkt, der dem Auge des Beobachters am nächsten ist. Wenn A diesen Punkt bezeichnet, dann definiert sich das gesehene Bild des Objekts als diejenige Strecke, die A enthält, die parallel zur Verbindungslinie der Extremalpunkte des Objekts verläuft, und deren Endpunkte auf den Strahlen liegen, die den Blickwinkel bilden.

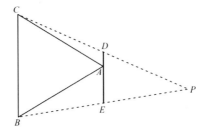

Abbildung 6.1. Der gesehene Winkel eines gleichseitigen Dreiecks.

In Abbildung 1, in der das wahrgenommene Objekt ein Dreieck ist und der Beobachter sich im Punkt P befindet, sind die Extremalpunkte B und C; die Strahlen gehen von P aus, verlaufen durch B und C hindurch (dargestellt durch eine gebrochene Linie) und bilden so den Blickwinkel. Der Punkt des Dreiecks, der P am nächsten ist, ist A, und das gesehene Bild des Dreiecks ist für einen Flachländer im Punkt P die Strecke DE. Abbildung 2 veranschaulicht eine Anomalie dieser Theorie des Sehens: Für einen Beobachter im Punkt P haben das Achteck und der es umschießende Kreis dieselben Extremalpunkte (B und C), also auch denselben Blickwinkel, doch das gesehene Bild des Kreises (D′E′) ist kleiner als das gesehene Bild des Achtecks (DE).

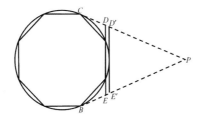

Abbildung 6.2. Der gesehene Winkel eines Achtecks und ein umschriebener Kreis.

6.68. Schirmherren aus dem Raumland. Wir, die Leserinnen und Leser von *Flatland*, sind in der Tat die Schirmherrinnen und Schirmherren des Quadrats, denn er lebt im Herrschaftsgebiet unserer Vorstellungen.

dem Raumland dieses allgemeine Konzept so weit begriffen haben, dass
70 sie dessen Möglichkeit erfasst haben und meine Darstellung nicht als
völlig unglaubwürdig zurückweisen werden – dann habe ich alles erlangt,
was ich vernünftigerweise erwarten kann. Weitere Details würden nur
verwirren. Aus den zwei einfachen Beispielen, die ich oben gegeben habe
– über die Methode, mit welcher ich meinen Vater und meine Söhne
75 erkenne –, werden die Jungen und Unerfahrenen vielleicht folgern, dass
Erkennen durch Sehen eine einfache Angelegenheit ist. Um ihretwillen
mag es nötig sein, noch darauf hinzuweisen, dass im wirklichen Leben die
meisten Probleme der Seh-Erkennung viel subtiler und komplexer sind.

Wenn   zum   Beispiel
80 mein Vater, das Dreieck,
sich mir annähert und mir
zufällig seine Seite anstelle
seines Winkels zeigt, dann
bin ich, bis ich ihn gebeten
85 habe, sich zu drehen oder
bis ich mit meinem Auge

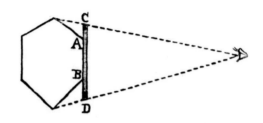

um seine Seite gelugt habe, für einen Moment unsicher, ob er nicht
eine gerade Linie, in anderen Worten, eine Frau ist. Oder, wenn ich in
der Gesellschaft einer meiner zwei sechseckigen Enkelsöhne bin und
90 eine seiner Seiten (AB) direkt von vorne betrachte, dann werde ich
(wie aus der beigefügten Zeichnung hervorgeht) eine gerade Linie (AB)
in verhältnismäßiger Helligkeit sehen (an ihren Enden wird sie kaum
dunkler) und zwei kleinere Linien (CA und BD), die gänzlich dunkel sind
und in größere Dunkelheit übergehen an den Extremitäten C und D.

95 Aber ich darf der Versuchung nicht nachgeben, auf diese Themen
näher einzugehen. Der mittelmäßigste Mathematiker in Raumland wird
mir sofort glauben, wenn ich ihm versichere, dass die Probleme des
Lebens, welche sich den Gebildeten zeigen, von solcher Art sind, dass sie
die Winkligkeit der Intellektuellsten beanspruchen. Wenn diese selbst in
100 Bewegung sind, sich drehen, sich annähern und zurückziehen, ist es für
sie schwierig, durch den Sehsinn zwischen zahlreichen Vielecken hohen
Ranges zu unterscheiden, die sich in verschiedene Richtungen bewegen,
wie zum Beispiel in einem Ballsaal oder in einer Conversazione. Solche
Herausforderungen rechtfertigen vollauf die großzügigen Stiftungsgelder,
105 die unsere verehrten Professoren für statische und kinetische Geometrie
an der illustren Wentbridge-Universität erhalten, an der die Wissenschaft

6.80. mein Vater. Abbotts Vater, Edwin Abbott (1808-1882), war 45 Jahre lang der Leiter der Philological School in Marylebone. Er gehörte zu den ersten Schulleitern, die für ein intensiveres Studium der englischen Sprache eintraten und war Autor einer Konkordanz zu den Werken Alexander Popes (1875).

6.89. Enkelsöhne. Abbott hatte keine Enkelkinder; weder sein Sohn noch seine Tochter waren verheiratet. Seine nächsten, heute noch lebenden Verwandten sind die Nachkommen seiner Schwestern Elizabeth Parry und Alice Hart.

6.99. die Winkligkeit ... beanspruchen. Die Intelligenz herausfordern. Ironischerweise sind die Dreiecke mit sehr spitzen Winkeln in intellektueller Hinsicht stumpf oder langweilig, wohingegen Vielecke mit stumpfem Winkel in intellektueller Hinsicht spitz oder scharf-sinnig sind. Abbott verwendet im Englischen das Wort ‚angularity' (Winkligkeit) einmal mit der Bedeutung „scharfe Ecken haben" (16.6), dreimal, um die Konfiguration der Winkel zu beschreiben (7.114, 15.13, 19.221) und an zwei Stellen metaphorisch für Intelligenz (hier und in 9.49, dort übersetzt mit „scharfsinnig").

6.101. durch den Sehsinn ... unterscheiden. Um die Form einer ruhenden Figur in Flachland zu bestimmen, positioniert sich der Beobachter relativ zu dieser Figur so, dass einer ihrer Eckpunkte, sagen wir A, der hellste Punkt ist (also der Punkt, der dem Beobachter am nächsten ist) und die Extrempunkte der Figur gleich hell erscheinen (also gleich weit von dem Beobachter entfernt sind). Die Strecke vom Auge zu A halbiert dann den Blickwinkel und A ist der Mittelpunkt des gesehenen Bildes. Von der sich verändernden Helligkeit des gesehenen Bildes kann man so die Neigung der Seiten ableiten, die den Winkel bei A bilden, und dadurch auch den Winkel bei A selbst bestimmen. Bei Figuren, die eine große Anzahl von Seiten haben, erfordert die Kunst der Seh-Erkennung höchste Präzision. Damit mithilfe dieser Methode zum Beispiel ein sechzehnseitiges Vieleck als solches erkannt werden kann, darf die geschätzte Winkelgröße nur weniger als 1% von der tatsächlichen Größe des Winkels abweichen. Wenn die beobachtete Figur sich bewegt, kann ein Betrachter aus Flachland die Veränderungen des Blickwinkels mitverfolgen und so die Beschaffenheit und die Position der Figur bestimmen. Beispiele der Seh-Erkennung bei rotierenden Körpern finden sich in §15.

6.103. Conversazione. Ein italienischer Begriff für eine abendliche Versammlung zur Unterhaltung und Erholung. In England wurde dieses Wort für eine private Zusammenkunft verwendet, die heute bekannt ist als ‚At Home,' ein Empfang, bei dem die Gastgeberin oder der Gastgeber bekannt gegeben haben, dass sie während einer bestimmten Zeit zuhause sein werden und Besucher kommen und gehen dürfen, wie es ihnen gefällt.

6.104. großzügigen Stiftungsgelder. Abbott bezieht sich auf das Anlagevermögen, das die Universitäten Oxford und Cambridge im 19. Jahrhundert angehäuft hatten. Kritiker dieser Universitäten bemerkten, dass ein großer Teil der Mittel für nicht-akademische Zwecke verwendet wurde. (Vgl. Universities Commission Report 1874)

6.106. die Wissenschaft und Kunst. Hier bedeutet ‚Wissenschaft' Lernen durch Studieren bzw. Theorie und ‚Kunst' Lernen durch Anwendung bzw. Praxis. Wenn Flachländer die physikalischen Aspekte des Sehens studieren, beschäftigen sie sich mit der Wissenschaft der Seh-Erkennung. Wenn sie sich positionieren, um den Winkel einer Figur zu schätzen und dabei auf Erfahrungen aus ihrer Vergangenheit zurückgreifen, praktizieren sie die Kunst der Seh-Erkennung.

und Kunst der Seh-Erkennung regelmäßig in großen Klassen der Elite der Staaten gelehrt wird.

Nur wenige Sprösslinge aus unseren vornehmsten und reichsten Haushalten haben die nötige Zeit und das Geld für eine gründliche Auseinandersetzung mit dieser vornehmen und wertvollen Kunst. Selbst für mich, einen Mathematiker von nicht geringem Ansehen und Großvater von zwei höchst vielversprechenden und vollkommen regelmäßigen Sechsecken, kann es gelegentlich sehr verwirrend sein, mich mitten in einem Gedränge von sich drehenden Vielecken der höheren Klassen zu befinden. Und für einen gewöhnlichen Kaufmann oder für einen Leibeigenen ist ein solcher Anblick natürlich so unverständlich wie er für dich wäre, mein Leser, würdest du plötzlich in unser Land versetzt.

In einem solchen Gedränge könntest du überall um dich herum nichts als eine Linie sehen, die gerade zu sein scheint, deren Teile sich aber in ihrer Helligkeit oder Dunkelheit immerfort und unregelmäßig ändern würden. Selbst wenn du drei Jahre lang in den Kursen an der Universität Fünfecke und Sechsecke studiert hättest und dich in der Theorie dieses Gebiets perfekt auskennen würdest, so würdest du doch merken, dass immer noch viele Jahre Erfahrung nötig wären, bis du dich in einem Gedränge bewegen könntest, ohne dabei gegen Respektspersonen zu stoßen, deren Umgangsformen es nicht erlauben, dass man sie darum bittet, sie „fühlen" zu dürfen, und die aufgrund ihrer höheren Kultur und Erziehung alles über deine Bewegungen wissen, während du sehr wenig oder nichts über ihre weißt. In einem Wort, um sich absolut anständig in der Gesellschaft der Vielecke benehmen zu können, müsste man selbst ein Vieleck sein. Das zumindest ist die schmerzliche Lehre meiner Erfahrung.

Es ist erstaunlich, wie sehr sich die Kunst – oder ich möchte fast sagen der Instinkt – der Seh-Erkennung entwickelt, wenn man seine Anwendung zur Gewohnheit macht und den Brauch des „Fühlens" vermeidet. So wie bei euch die Tauben und Stummen niemals die schwierigere und viel wertvollere Kunst des Lippensprechens und Lippenlesens erwerben werden, wenn ihnen einmal erlaubt wurde, zu gestikulieren und das Hand-Alphabet zu verwenden, so ist es bei uns mit dem „Sehen" und „Fühlen." Niemand, der in seinem jungen Leben auf „Fühlen" zurückgreift, wird jemals das „Sehen" perfekt erlernen.

Aus diesem Grund wird in unseren Höheren Klassen vom „Fühlen" abgeraten oder es wird vollständig verboten. Statt zu den öffentlichen

6.109. Nur wenige ... haben die nötige Zeit. Aristoteles empfahl in den von ihm favorisierten Staatsformen, Handwerkern, Händlern und Bauern den Status von Bürgern zu verwehren, da ihnen die Freizeit fehle, die sie sowohl für die Entwicklung von Tugenden als auch für die aktive Teilnahme an der Politik benötigten. (*Politik*, Buch 1, 1329a) Hier begegnet uns dieselbe leere Argumentation, die den Ausschluss von Frauen aus dem Bildungssystem rechtfertigen sollte: Den ausgeschlossenen Gruppen ist es unmöglich, die Qualitäten zu entwickeln, die sie benötigen würden, um als einem bestimmten System würdig angesehen zu werden, weil sie, um diese entwickeln zu können, in diesem System aufgenommen sein müssten.

6.112. Mathematiker von nicht geringem Ansehen. Abbott war kein Mathematiker, aber als Schüler an der City of London School (1850-1857) besuchte er auch Veranstaltungen in der Mathematik, unter anderem einen Kurs in Infinitesimalrechnung. Im Jahr 1861 schloss er die mathematische ‚honours examination' an der Cambridge University mit Auszeichnung ab. (Lindgren and Banchoff 2010, Appendix B2)

6.130. sich ... benehmen zu können. Abbott macht sich lustig über das System der Etikette in der viktorianischen Gesellschaft, wo die sich ständig verändernden Standards von modisch korrektem Verhalten es für einen unwissenden Außenseiter unmöglich machten, sich angemessen zu verhalten. (Davidoff 1973, S. 45)

6.137. Kunst des Lippensprechens und Lippenlesens. Oralismus ist eine Methode, mit der gehörlosen Menschen gelehrt wird, durch Sprechen und Lippen-Lesen zu kommunizieren, ohne dabei auf Gebärdensprache zurückzugreifen. Auf dem Zweiten Internationalen Taubstummen-Lehrer-Kongress in Mailand (1880) wurden Beschlüsse gefasst, die dazu aufforderten, gehörlose Menschen weltweit nur mit der Methode des Oralismus zu unterrichten. The Times berichtete enthusiastisch, dass große Mehrheiten, darunter auch die britische Delegation, diesen Vorschlägen zustimmten. (*The Times*, 28. September 1880, 9) Aus heutiger Sicht hatten diese Beschlüsse gravierende negative Folgen für die Bildung gehörloser Kinder und Jugendlichen, da diese ihrer eigenen Sprache beraubt wurden und ihre Bildung an dem als Ideal konstruierten Sprechen hörender Menschen ausgerichtet wurde. Auf dem 21. Internationalen Taubstummen-Lehrer-Kongress im Jahr 2010 drückte das Organisationskomitee des Kongresses sein Bedauern über die negativen Folgen der Mailänder Beschlüsse aus und forderte die umfassende Anerkennung aller Zeichensprachen. (Vgl. World Federation of the Deaf 2020.)

Grundschulen (wo die Kunst des Fühlens gelehrt wird), schicken sie ihre
145 Kinder von der Wiege an zu den höheren Seminaren von exklusiverem
Charakter und an unserer illustren Universität wird „Fühlen" als ein
ernstes Vergehen angesehen, das beim ersten Verstoß mit Suspendierung,
beim zweiten mit Ausschluss bestraft wird.

Aber in den unteren Klassen wird die Kunst der Seh-Erkennung als
150 ein unerreichbarer Luxus angesehen. Ein gewöhnlicher Kaufmann kann
es sich nicht leisten, seinen Sohn ein Drittel seines Lebens mit abstrakten
Studien verbringen zu lassen. Den Kindern der Armen ist es darum schon
in ihren frühesten Jahren erlaubt zu „fühlen" und so erwerben sie eine
Frühreife und Lebhaftigkeit, die zunächst auf sehr vorteilhafte Weise im
155 Kontrast steht zu dem trägen, unentwickelten und lustlosen Verhalten der
halb-gebildeten Jugend aus der Klasse der Vieleckigen; aber wenn letztere
endlich ihre Studienzeit beendet haben und bereit sind, ihre Theorie in die
Praxis umzusetzen, dann kann die Veränderung, die über sie kommt, fast
als eine neue Geburt beschrieben werden und in jeder Kunst, Wissenschaft
160 und im sozialen Streben überholen sie ihre dreieckigen Konkurrenten
schnell und lassen sie hinter sich zurück.

Nur wenige aus der Klasse der Vieleckigen bestehen die
Abschlussprüfung oder das Examen an der Universität nicht. Die Lage der
erfolglosen Minderheit ist wahrlich bemitleidenswert. Zurückgewiesen
165 von der höheren Klasse, werden sie auch von der unteren Klasse verachtet.
Sie haben weder die gereiften und systematisch trainierten Fähigkeiten
der vieleckigen Bakkalaurei und Magister noch die natürliche Frühreife
und merkurische Wandlungsfähigkeit der jugendlichen Kaufmänner.
Die freien Berufe und die öffentlichen Dienste sind ihnen versperrt;
170 und obwohl sie in den meisten Staaten nicht wirklich daran gehindert
werden zu heiraten, haben sie größte Schwierigkeiten damit, angemessene
Bindungen einzugehen, da die Erfahrung zeigt, dass die Nachkommen
solcher unglücklichen und unbegabten Eltern im Allgemeinen selbst
unglücklich, wenn nicht sogar unregelmäßig sind.

175 Genau unter diesen Exemplaren, die von unserem Adel
zurückgewiesen wurden, haben die Tumulte und Aufstände der
vergangenen Zeiten normalerweise ihre Anführer gefunden und der
entstehende Schaden ist so groß, dass eine wachsende Minderheit unserer
progressiveren Staatsmänner glaubt, wahres Erbarmen würde bedeuten,
180 all diejenigen, denen es nicht gelingt, die Abschlussprüfung an der

6.145. Seminaren von exklusiverem Charakter. Diese ‚Seminare' (engl.: ‚seminaries'), zu denen in Flachland die Kinder aus den höheren Klassen quasi von der Wiege an geschickt werden, stehen für Englands ‚preparatory schools' (vorbereitende Schulen), in denen Jungen im Alter zwischen acht und dreizehn Jahren für die ‚public schools' (Internatsschulen) ausgebildet wurden.

6.147. Suspendierung. Im Original: ‚rustication'. Eine Ordnungsmaßnahme in Cambridge und Oxford, bei der die Studenten wegen ernsthafter Übertretungen der Regeln oder nicht bestandener Prüfungen für eine bestimmte Zeit von der Universität ausgeschlossen werden. Das Wort geht auf das lateinische *rusticus* (ländlich, bäuerlich) zurück, was damit zusammenhängt, dass die bestraften Studenten in dieser Zeit wieder zu Hause auf dem Land lebten.

6.150. unerreichbarer Luxus. Platon bestand darauf, dass Bildung ein Privileg der reichen Elite bleiben sollte. (Vgl. *Protagoras* 326c)

6.150. Ein gewöhnlicher Kaufmann ... mit abstrakten Studien. Bei der City of London School handelte es sich genau genommen um drei Schulen: In der ‚Elementary School' (Grundschule) bereiteten sich Jungen bis zum dreizehnten Lebensjahr auf die ‚Middle School' (Mittelschule) vor. Eine kleine Auswahl dieser Schüler konnte sich in der ‚Middle School' für die ‚Higher School' (Oberstufe) qualifizieren, während die meisten Schüler im Alter von sechzehn Jahren ins Arbeitsleben geschickt wurden. In der ‚Higher School' wurden schließlich Altphilologie und Mathematik auf einem fortgeschrittenen Niveau gelehrt und die Schüler wurden für Berufe vorbereitet, die wir heute als ‚akademische Berufe' bezeichnen würden und in vielen Fällen für ein Studium an einer Universität. Abbott glaubte fest daran, dass alle Studenten, selbst die, die für kaufmännische Berufe ausgebildet wurden, eine gründliche und umfassende Allgemeinbildung bekommen sollten, die sie darauf vorbereiten würde, „ein allgemeines Interesse an allem Wissen zu haben, ihre eigene Sprache korrekt und geschmackvoll zu verwenden und etwas von der Weite und Herrlichkeit der menschlichen sowie der materiellen Welt zu verstehen." (Abbott 1888, S. 381, eigene Übersetzung).

6.163. Abschlussprüfung. Zu der Zeit als Abbott in Cambridge war, gab es für Studenten zwei Möglichkeiten einen B.A.-Abschluss zu bekommen: einen ‚ordinary degree' (einfachen Abschluss) und einen ‚honours degree' (Abschluss mit Auszeichnung). Der ‚student's guide' versicherte, dass der ‚einfache Abschluss' für jede Person mit gewöhnlichen Fähigkeiten, die sich einigermaßen fleißig auf die Prüfung vorbereitet habe, leicht zu erlangen sei. (Student's Guide 1866, S. 3)

6.168. merkurische. Die jungen Kaufmänner haben vielleicht die Eigenschaften, die Merkur zugeschrieben wurden, der römischen Gottheit des Handels und des Gewinns: Eloquenz, Einfallsreichtum, Beweglichkeit und Begabung zum Handel.

6.169. öffentlichen Dienste. Zu Abbotts Zeit gehörten das nationale Gesundheitswesen, soziale und juristische Dienstleistungen, nicht aber der Bildungssektor zu den öffentlichen Diensten.

Universität zu bestehen, entweder lebenslang zu verhaften oder durch einen schmerzlosen Tod auszulöschen.

Aber ich merke, dass ich zu dem Thema der Unregelmäßigkeit abschweife – einer Angelegenheit von solch grundlegendem Interesse,
185   dass sie einen eigenen Abschnitt erfordert.

§7
Über unregelmäßige Figuren

Auf den vorangehenden Seiten habe ich als gegeben angenommen, was ich vielleicht schon am Anfang als eine ausdrückliche und grundlegende Voraussetzung hätte darlegen sollen – dass jedes menschliche Wesen in Flachland eine regelmäßige Figur ist, das heißt, von regelmäßiger
5   Konstruktion.   Damit meine ich, dass eine Frau nicht nur eine Linie sein muss, sondern eine gerade Linie, dass bei einem Handwerker oder Soldaten zwei Seiten gleich sein müssen, bei einem Kaufmann drei, bei Anwälten (zu deren Klasse ich mich als bescheidenes Mitglied zähle) vier und allgemein gesagt, dass bei jedem Vieleck alle Seiten gleich sein
10   müssen.

Die Länge der Seiten ist natürlich vom Alter des Individuums abhängig. Bei der Geburt ist ein Mädchen etwa einen Zoll lang, während eine große erwachsene Frau eine Länge von einem Fuß erreichen kann. Was die Männer der verschiedenen Klassen betrifft, so lässt sich
15   im Groben sagen, dass die Seiten eines Erwachsenen, wenn man sie zusammenaddiert, eine Länge von zwei Fuß oder ein bisschen mehr ergeben. Aber um die Länge der Seiten geht es hier nicht. Ich spreche von der *Gleichheit* der Seiten und man braucht nicht lange nachzudenken, um zu sehen, dass das gesamte soziale Leben in Flachland auf dieser
20   grundlegenden Tatsache beruht: Die Natur will, dass alle Figuren gleichseitig sind.

Wenn unsere Seiten ungleich wären, könnten auch unsere Winkel ungleich sein. Um die Form eines Individuums zu ermitteln, würde es nicht mehr genügen, einen einzelnen Winkel zu fühlen oder durch Sehen
25   zu schätzen, stattdessen wäre es notwendig, jeden einzelnen Winkel durch

Anmerkungen zu Kapitel 7.

7.4. regelmäßige. In der Geometrie wird ein (konvexes) Vieleck als ‚regelmäßig'
bezeichnet, sofern alle seine Seiten gleich lang und alle seine Winkel gleich groß
sind. Eine Figur in Flachland ist dann regelmäßig, wenn sie im geometrischen Sinne
regelmäßig ist. Eine Ausnahme bilden gleichschenklige Dreiecke und Frauen: Ein
gleichschenkliges Dreieck ist regelmäßig, wenn es tatsächlich zwei gleichlange Seiten hat
und eine Frau ist regelmäßig, wenn sie absolut gerade ist. Anders als in der Geometrie ist
Regelmäßigkeit in Flachland keine absolute Eigenschaft von Figuren, sondern vielmehr
eine Frage des Urteils – in 5.93 erzählt uns das Quadrat, dass die Behörde für Gesundheit
und Soziales seinen Großvater mit vier von sieben Stimmen als gleichseitiges Dreieck
bestätigt hat.

7.7. drei … Seiten gleich. Die ‚Definition' des Quadrats ist bestenfalls irreführend. Jedes
Dreieck mit drei gleich langen Seiten hat auch drei gleiche Winkel und umgekehrt ist
jedes Dreieck mit drei gleichen Winkeln ein gleichseitiges Dreieck. Vielecke mit mehr
als drei Seiten haben nicht automatisch gleichgroße Winkel, wenn ihre Seiten gleichlang
sind. So muss zum Beispiel ein gleichseitiges Viereck (ein Rhombus) nicht gleichwinklig
sein und ein gleichwinkliges Viereck (ein Rechteck) muss nicht gleichseitig sein. Es ist
nicht klar, ob Abbott bewusst eine nicht korrekte Definition von Regelmäßigkeit gegeben
hat. In jedem Fall enthält Howard Candlers Kopie von *Flatland* (heute im Besitz der
Trinity College Library, Cambridge) die Bleistift-Notiz „and four equal angles" über
„four sides equal." Es gibt verschiedene Bedingungen, unter denen gleichseitige Vielecke
gleichwinklig sind und umgekehrt. Zum Beispiel ist ein gleichseitiges Fünfeck mit drei
gleichen Winkeln gleichwinklig (vgl. Euklid, *Elemente*, Buch XIII, Proposition 7).

Ein weiteres Beispiel betrifft zyklische Vielecke. (Ein Vieleck ist zyklisch, vorausgesetzt,
dass alle seine Eckpunkte auf einem Kreis liegen.) Jedes regelmäßige Vieleck ist
zyklisch und jedes nicht-quadratische Rechteck ist zyklisch, aber nicht regelmäßig. Jedes
gleichseitige, zyklische Vieleck ist gleichwinklig und jedes gleichwinklige, zyklische
Vieleck mit einer ungeraden Anzahl von Seiten ist gleichseitig.

7.8. Anwälten. Das juristische System in Großbritannien kennt zwei verschiedene Arten
von Anwälten (heute auch Anwältinnen): ‚Barristers,' die bei den ‚higher courts'
vortragen, und ‚solicitors,' die juristische Beratung anbieten, Büroarbeit erledigen
und ihre Mandant/innen vor den ‚lower courts' vertreten dürfen. Da ‚barristers' im
Allgemeinen einen höheren sozialen Status haben, scheint das Quadrat ein ‚solicitor' zu
sein.

7.16. zwei Fuß. In der ersten Ausgabe heißt es „three feet" (drei Fuß, 91,44 cm), was
gewiss korrekt ist. „Zwei Fuß" (60,96 cm) stimmt nicht überein mit der früheren Aussage
des Quadrats, dass die Länge eines Flachländers bis zu zwölf Zoll (30,48 cm) erreichen
kann.

7.20. Die Natur will. Das moderne Konzept des Naturgesetzes, verstanden als ein
geschlossenes System von Ursache und Wirkung, weicht ab vom dominanten
Naturverständnis in Flachland und im antiken Griechenland. Aristoteles zufolge will die
Natur, dass die Nachkommen eines guten Menschen auch gut sein werden, doch sie kann
dies nicht immer verwirklichen. (Vgl. *Politik*, Buch 1, 1255b) In Flachland will die Natur,
dass alle Figuren regelmäßig sind, und doch werden immer wieder Unregelmäßige
geboren.

das Experiment des Fühlens zu bestimmen. Aber das Leben wäre zu kurz für solch ein ermüdendes Tasten. Die gesamte Wissenschaft und Kunst der Seh-Erkennung würde mit einem Mal zugrunde gehen; Fühlen, sofern es eine Kunst ist, würde nicht lange weiter bestehen; soziale Kommunikation würde gefährlich oder unmöglich werden; es wäre das Ende von allem Vertrauen und aller Voraussicht; selbst bei den einfachsten sozialen Vereinbarungen wäre niemand sicher. In einem Wort, die Zivilisation würde in die Barbarei zurückfallen.

Gehe ich zu schnell vor, um meine Leser bis zu diesen offensichtlichen Schlussfolgerungen mitzunehmen? Gewiss werden ein Moment der Besinnung und ein einziges Beispiel aus dem gewöhnlichen Leben jeden davon überzeugen, dass unser gesamtes soziales System auf der Regelmäßigkeit bzw. der Gleichheit der Winkel aufbaut. Man trifft zum Beispiel zwei oder drei Kaufmänner auf der Straße, die man auf den ersten Blick an ihren Winkeln und ihren rasch schwächer werdenden Seiten als Kaufmänner erkennt, und man bittet sie zum Mittagessen ins eigene Haus. Dies tut man in diesem Augenblick in vollkommenem Vertrauen, denn jeder kennt bis auf ein oder zwei Zoll die Fläche, die ein erwachsenes Dreieck einnimmt: Aber stellt euch vor, euer Kaufmann zieht hinter seinem regelmäßigen und anständigen Scheitel ein Parallelogramm mit einer Diagonale von zwölf oder dreizehn Zoll her – was könnt ihr tun, wenn ein solches Monster in eurer Haustür feststeckt?

Aber ich beleidige die Intelligenz meiner Leser, indem ich Details anhäufe, die für jeden offenkundig sein müssen, der die Vorteile einer Wohnstätte im Raumland genießt. Offensichtlich würden die Messungen eines einzelnen Winkels unter solch unheilvollen Umständen nicht länger genügen. Man müsste sein ganzes Leben darauf verwenden, den Umfang seiner Bekannten zu fühlen oder zu untersuchen. Die Schwierigkeiten, die damit verbunden sind, einen Zusammenstoß in einer Menge zu vermeiden, sind bereits jetzt groß genug, um die Verstandesschärfe selbst eines gebildeten Quadrats zu strapazieren. Aber wenn sich niemand auf die Regelmäßigkeit auch nur einer Figur in einer Versammlung verlassen könnte, würde es überall Chaos und Verwirrung geben und die geringste Panik brächte ernste Verletzungen mit sich oder – wenn Frauen oder Soldaten anwesend wären – vielleicht einen beträchtlichen Verlust an Menschenleben.

7.38. Gleichheit der Winkel. Genau genommen müsste es heißen: Gleichheit der Seiten und Gleichheit der Winkel.

Die Zweckmäßigkeit handelt darum in Einklang mit der Natur, wenn sie die Regelmäßigkeit des Körperbaus bejaht, und auch das Gesetz hat es nicht versäumt, diese Bemühungen zu unterstützen. „Unregelmäßigkeit
65 der Figur" bedeutet bei uns dasselbe wie oder mehr als eine Kombination von moralischer Verfehlung und Kriminalität bei euch und wird dementsprechend behandelt. Es fehlt nicht, das ist wahr, an Verkündern von Paradoxa, die behaupten, dass es nicht notwendigerweise eine Verbindung zwischen geometrischer und moralischer Unregelmäßigkeit
70 gäbe. „Der Unregelmäßige," so sagen sie, „wird von Geburt an von seinen eigenen Eltern verachtet, von seinen Brüdern und Schwestern verlacht, von den Bediensteten vernachlässigt, von der Gesellschaft verhöhnt und verdächtigt und von allen Ämtern, die mit Verantwortung, Vertrauen und nützlichem Tätigsein verbunden sind, ausgeschlossen. Jede seiner
75 Bewegungen wird von der Polizei misstrauisch überwacht, bis er mündig wird und sich der Untersuchung stellen muss; dann wird er entweder zerstört, wenn man feststellt, dass seine Unregelmäßigkeit die festgelegte Grenze der Abweichung überschreitet oder als ein Angestellter der siebten Klasse in einem Regierungsbüro eingeschlossen, von der Ehe
80 abgehalten, dazu gezwungen, bei einer uninteressanten Tätigkeit für ein miserables Gehalt zu schuften, dazu verpflichtet, in dem Büro zu wohnen und zu essen, und selbst seinen Urlaub unter strenger Überwachung zu verbringen; kein Wunder, dass selbst die beste und reinste menschliche Natur von solchen Umständen verbittert und verdorben wird!"

85 All diese plausiblen Argumente überzeugen mich nicht – so wie sie auch die klügsten unserer Staatsmänner nicht überzeugt haben –, dass unsere Vorfahren einem Irrtum unterlagen, als sie ein Axiom der Politik festlegten, das die Duldung von Unregelmäßigkeit für unvereinbar mit der Sicherheit des Staates erklärt. Zweifellos ist das Leben eines
90 Unregelmäßigen hart; aber das Interesse der Mehrheit verlangt, dass es hart sei. Wenn es einem Mann mit einer dreieckigen Vorderseite und einer vieleckigen Rückseite erlaubt wäre, zu existieren und noch unregelmäßigere Nachkommen hervorzubringen, was würde aus den Künsten des Lebens werden? Sollen die Häuser und Türen und Kirchen in
95 Flachland geändert werden, um solchen Monstern entgegenzukommen? Soll von unseren Platzanweisern verlangt werden, dass sie den Umfang jedes Besuchers messen, bevor sie ihm erlauben, ein Theater zu betreten oder in einem Hörsaal Platz zu nehmen? Soll ein Unregelmäßiger vom Wehrdienst ausgeschlossen werden? Und wenn nicht, wie kann er dann
100 davon abgehalten werden, Trostlosigkeit in die Ränge seiner Kameraden

7.64. Unregelmäßigkeit. Die Idee, Unregelmäßigkeit der Figuren in Flachland mit Immoralität gleichzusetzen, mag Abbott der Lektüre von Samuel Butlers *Erewhon* (1872) entnommen haben. Die Bürger von Erewhon verstehen alle Krankheiten als Verbrechen, die eine Bestrafung erfordern; im Umkehrschluss verstehen sie jedes moralische Versagen als eine Krankheit, die von sogenannten ‚straighteners' (wörtlich: Begradigern) behandelt werden muss. Butler und Abbott waren zur selben Zeit im St. John's College und kannten einander. Butler berichtet von zwei gemeinsamen Abendessen bei Abbott zuhause, aber da ihre Ansichten über Theologie unvereinbar waren, gingen sie schließlich getrennte Wege. (Vgl. Jones 1968, S. 182-183)

7.66. Verfehlung. Im Englischen verwendet Abbott das Wort ‚obliquity' und spielt erneut mit der mathematischen und der übertragenen Bedeutungsdimension des Wortes. In der Geometrie wird eine Linie als ‚oblique' (schräg) bezeichnet, sofern sie in einem anderen Winkel als einem rechten Winkel geneigt ist. Im übertragenen Sinne bedeutet ‚obliquity' die Abweichung von als recht erkanntem Verhalten oder Denken.

7.67. Verkündern von Paradoxa. Abbott verwendet im Englischen das griechische Lehnwort ‚paradoxes' im Sinne der Bedeutung, die das Wort ursprünglich in Griechenland hatte. Den hier erwähnten ‚Verkündern' geht es nicht um Aussagen, die den Gesetzen der formalen Logik widersprechen, sondern um Wider-Rede, d.h. um Aussagen und Lehren die im Gegensatz zur konventionellen Meinung stehen.

7.69. Verbindung zwischen geometrischer und moralischer Unregelmäßigkeit. Physiognomik, die Lehre, die versucht, Aussagen über den persönlichen Charakter aus den physischen Eigenarten des Körpers abzuleiten, hat ihren Ursprung in einem Teilgebiet der (antiken) griechischen Medizin. Aristoteles schließt die *Erste Analytik* mit einem Kapitel zu diesem Thema ab. Seit es die Physiognomik gibt, hat es ihr nie an Anhängern gefehlt. Besonders beliebt war diese Lehre im elisabethanischen England: Francis Bacon erklärt in *The Advancement of Learning*, The Second Book, IX.2, dass die Physiognomik, sofern sie von Aberglauben befreit ist, eine solide Basis in der Natur fände und sich als sinnvoll und nützlich im Leben erweise. In England verdankte die Physiognomik ihre Beliebtheit, die weit in das 19. Jahrhundert hineinreichte, außerdem Johann Caspar Lavaters *Essays on Physiognomy*. Im 19. und 20. Jahrhundert dienten die Lehren der Physiognomik als pseudowissenschaftliches Fundament für Rassismus und Eugenik. Vgl. hierzu auch Anmerkung 12.88.

7.72. Bediensteten. Hausangestellte zu haben war in einem viktorianischen Haushalt kein Zeichen von Wohlstand; selbst in den bescheidensten Familien der ‚middle class' lebte mindestens einer. Die britische Volkszählung von 1891 registriert zwei Bedienstete in Abbotts Haushalt, eine 22-jährige Magd und einen 28-jährigen Koch.

7.85. plausiblen Argumente. Das englische ‚plausible reasoning' bezeichnet eine Argumentation, bei der die Schlussfolgerung nicht durch ein logisches Argument, sondern durch ein möglicherweise falsches Urteil zu Stande kommt. Platon greift diese Form der Argumentation im Zuge seiner allgemeinen Kritik der Sophisten an (*Phaidros* 273a-c). Er sagt, dass „das Wahrscheinliche" (τό εικός) lediglich das ist, was von der Menge akzeptiert wird; dieser Bezug zur Mehrheitsmeinung spiegelt sich auch in der wörtlichen Bedeutung von ‚plausibel' wider: Beifall verdienend (von lat. plaudere, klatschen).

7.87. Axiom der Politik. In der Mathematik und Logik sind Axiome Ausgangspunkte für logische Schlussfolgerungen. Um eine Basis für ein logisches Argument zu haben, wird angenommen, dass die Axiome gelten; die Geltung der Schlussfolgerungen ist

zu bringen? Und wieder, welch unwiderstehlichen Versuchungen zu arglistigem Betrug muss eine solche Kreatur zwangsläufig ausgesetzt sein! Wie leicht für ihn, einen Laden mit seiner vieleckigen Vorderseite zu betreten und eine beliebige Menge Waren bei einem vertrauensvollen Kaufmann zu bestellen! Lasst die Befürworter einer zu Unrecht so genannten Philanthropie für die Abschaffung der Strafgesetze für Unregelmäßige plädieren so viel sie wollen, ich für meinen Teil habe niemals einen Unregelmäßigen gekannt, der nicht das war, wozu die Natur ihn offensichtlich geschaffen hatte – ein Heuchler, ein Misanthrop und, wo immer er konnte, ein Täter von Unrecht jeglicher Art.

Dennoch bin ich (gegenwärtig) nicht geneigt, die extremen Maßnahmen zu empfehlen, die in manchen Staaten ergriffen wurden, wo ein Kind, dessen Winkel um einen halben Grad von der korrekten Winkelgröße abweicht, sofort nach der Geburt zerstört wird. Einige unserer höchsten und fähigsten Männer, Männer von wahrer Genialität, haben in ihrer frühen Jugend unter Abweichungen gelitten, die fünfundvierzig Winkelminuten groß oder sogar größer waren und der Verlust ihrer wertvollen Leben wäre für den Staat ein irreparabler Schaden gewesen. Die Kunst des Heilens hat außerdem einige ihrer glorreichsten Triumphe in den Kompressionen, Extensionen, Trepanationen, Kolligationen und anderen chirurgischen oder diätetischen Eingriffen erreicht, mit denen Unregelmäßigkeit teilweise oder ganz behoben werden konnte. Ich befürworte darum eine *Via Media*: Ich würde keine starre oder absolute Grenzlinie festlegen, doch wenn die Zeit gekommen ist, in der der Körperbau beginnt, sich zu verfestigen, und die Ärztekommission gemeldet hat, dass eine Genesung unwahrscheinlich ist, würde ich vorschlagen, dass der unregelmäßige Nachwuchs auf schmerzlose und gnädige Weise vernichtet werde.

demzufolge abhängig von der Geltung der Axiome. Im Unterschied dazu verstand Euklid ein Axiom als eine evidente Wahrheit, auf die man sich stützen konnte, ohne sie zu beweisen. In 8.67 verwendet das Quadrat offensichtlich ‚Axiom' im Sinne dieser zuletzt genannten Bedeutung, die bis Ende des 19. Jahrhunderts die gängige blieb.

7.90. Interesse der Mehrheit. Abbott macht sich lustig über die dominante politische Philosophie des frühen viktorianischen Zeitalters, den Utilitarismus, der das Gute mit dem menschlichen Glück identifiziert und annimmt, dass diejenigen Handlungen die besten seien, die das größte Glück für die größte Anzahl an Menschen bringen. Der Logik des Utilitarismus kann man entgegenhalten, dass die Abwendung oder Behebung von Leiden den Vorrang haben sollte gegenüber jeglicher Alternative, die lediglich das Glück derer erhöht, die bereits zufrieden sind, und dies ist das Argument Abbotts. Er formuliert diesen Kritikpunkt explizit in *The Kernel and the Husk*, wo er darauf besteht, dass eine wahrhaft christliche Nation nicht versuchen darf, den Wohlstand der gesamten Nation zu erreichen, indem sie das Elend einer Klasse duldet und verlängert. (Vgl. Abbott 1886, S. 325)

7.105. zu Unrecht so genannten Philanthropie. Herbert Spencer glaubte, dass jeder Versuch, soziale Missstände wie etwa Armut zu beheben, den Fortschritt aufhalten würde, der unvermeidlich aus unkontrollierter ‚sozialer Evolution' hervorgehe. Spencer erklärte, dass eine Gesellschaft in der natürlichen Ordnung der Dinge beständig ihre körperlich und geistig schwachen Mitglieder ‚ausscheiden' würde. Er äußerte sich abfällig über ‚unechte Philanthropisten', die, indem sie den ‚reinigenden Prozess' stoppen wollen, um gegenwärtiges Elend abzuwehren, umso größeres Elend für zukünftige Generationen verursachten. (Vgl. Spencer 1851, S. 354-355) Statt Philanthropie zurückzuweisen forderte Abbott ein umfangreiches und wirksames Programm der Unterstützung bedürftiger Menschen. Dieses müsse, so Abbott, in der modernen Kirche eine ebenso wichtige Stellung einnehmen wie die Gabe von Almosen im frühen Christentum einnahm. Das Programm sollte unter anderem den Aufbau eines umfassenden Bildungssystems und die Bereitstellung von annehmbaren Wohnmöglichkeiten für alle Menschen umfassen. (Vgl. Abbott 1875, S. 129-130)

7.111. extremen Maßnahmen. Abbott spielt mit den verschiedenen Bedeutungsebenen von ‚Maß-nahme': Im wörtlichen Sinne könnten ‚extreme Maßnahmen' bedeuten, dass mit großer Exaktheit ein geometrisches Maß genommen wird. Weitaus geläufiger ist uns im Deutschen jedoch die übertragene Bedeutung: ‚extreme Maßnahmen' bezeichnen hiernach Eingriffe, die heftig oder auch gewaltsam sind.

7.114. nach der Geburt zerstört. Sowohl Platon als auch Aristoteles duldeten Kindesmord im Falle von Kindern mit Behinderung und diese Praxis war alles andere als selten im klassischen Griechenland. In Platons Idealstaat sollen die Obrigkeiten die Kinder „der schlechteren [Menschen] aber, und wenn eines von den anderen verstümmelt geboren ist, [...] wie es sich ziemt, in einem unzugänglichen und unbekannten Orte verbergen." (*Politeia*, 460c) Aristoteles meinte gar: „Zur Aussetzung oder dem Aufziehen der Neugeborenen soll ein Gesetz vorschreiben, dass man kein behindertes Kind aufziehen darf." (*Politik*, Buch VII, 1335b, Z. 20-21) Abbotts satirische Darstellung dieser gewaltsamen Praktiken in Flachland ist als eine scharfe Kritik an entsprechenden Denkweisen und Handlungen zu verstehen.

7.121. Trepanation. Ein Operationsverfahren, bei dem ein kreisförmiges Stück Knochen ausgeschnitten und herausgenommen wird, um in einen verschlossenen Hohlraum, z.B. das Schädelinnere, zu gelangen. Bei einer entsprechenden Operation in Flachland würde einem Vieleck vermutlich ein kleines Segment aus einer seiner Seiten entnommen.

§8
Über die altertümliche Praktik des Malens

Wenn meine Leser mir mit etwas Aufmerksamkeit bis zu diesem Punkt gefolgt sind, werden sie nicht überrascht sein zu hören, dass das Leben in Flachland etwas langweilig ist. Ich meine natürlich nicht, dass es keine Kämpfe, Verschwörungen, Tumulte, Zersplitterungen und all diese anderen Phänomene gibt, die angeblich die Geschichte interessant machen. Noch würde ich leugnen, dass die seltsame Mischung von Problemen des täglichen Lebens und Problemen der Mathematik, die unablässig Vermutungen hervorrufen und zugleich die Gelegenheit unmittelbarer Verifikation bieten, unserer Existenz einen Reiz verleiht, den ihr in Raumland kaum begreifen könnt. Ich gehe nun von einem ästhetischen und künstlerischen Standpunkt aus, wenn ich sage, dass das Leben bei uns langweilig ist – in ästhetischer und künstlerischer Hinsicht ist es in der Tat sehr langweilig.

Wie könnte es anders sein, wenn jede Aussicht, jede Landschaft, jedes historische Kunstwerk, jedes Bild, jede Blume, jedes Stillleben nichts als eine einfache Linie für uns ist, ohne jegliche Vielfalt, abgesehen von Graden der Helligkeit und Dunkelheit?

Es war nicht immer so. Wenn die Überlieferung die Wahrheit sagt, warf Farbe für ein halbes Dutzend Jahrhunderte oder länger einen vergänglichen Glanz auf die Leben unserer Vorfahren aus fernsten Zeiten. Ein Privatmann – ein Fünfeck, dessen Name auf verschiedene Weise überliefert ist – soll zufällig die Bestandteile der einfachen Farben und eine rudimentäre Methode des Malens entdeckt haben, woraufhin er zuerst sein Haus, dann seine Sklaven, seinen Vater, seine Söhne, Enkelsöhne, und zuletzt sich selbst verzierte. Die Zweckmäßigkeit sowie auch die Schönheit der Ergebnisse waren unübersehbar. Wo auch immer Chromatistes, – denn mit diesem Namen beziehen sich die vertrauenswürdigsten Autoritäten übereinstimmend auf ihn – seinen vielfarbigen Körper drehte, erregte er Aufmerksamkeit und flößte Respekt ein.

Niemand musste ihn „fühlen", niemand verwechselte seine Vorder- mit seiner Rückseite; alle seine Bewegungen wurden sofort von seinen Nachbarn erkannt, ohne dass diese die geringste Anstrengung bei der Bestimmung unternehmen mussten; niemand schubste ihn oder versäumte es, ihm den Weg frei zu machen; seine Stimme blieb

7.121. Kolligation. Das lateinische Wort *colligatio* bezeichnet den Akt des Zusammenbindens. So würden bei einem Unregelmäßigen in Flachland wohl eine oder mehrere seiner Seiten verlängert oder verkürzt und dann kolligiert, d.h. verbunden oder zusammengeschnürt werden.

7.121. diätetischen. Im Original: „diætetic". Zur Diät bzw. Ernährung gehörend bzw. diese betreffend. Vom lateinischen *diæteticus*. Die gewöhnliche Schreibweise ist ,diätetisch' bzw. ,dietetic'.

7.123. *Via Media*. Eine äußerst ironische Verwendung des lateinischen Ausdrucks für ,Mittelweg'.

7.127. auf schmerzlose und gnädige Weise vernichtet werde. Im Englischen steht anstelle von ,vernichtet' das Verb ,consume'. Abbott spielt mit den zwei Bedeutungsebenen von ,consume': ,aufessen' und ,vernichten, ausrotten'. Der Vorschlag des Quadrats, sich ,unheilbar unregelmäßiger Kinder' zu entledigen, ist eine Anspielung auf Jonathan Swifts Satire „A Modest Proposal" (1729). Darin empfiehlt Swift, dass die Iren ihr Problem des weit verbreiteten Hungers lösen sollten, indem sie Babys mästen und sie im Alter von einem Jahr als Essen an die Reichen verkaufen.

Anmerkungen zu Kapitel 8.

8.16. einfache Linie. Ein Gemälde in Flachland ist ein gezeichneter Geradenabschnitt, auf dem der Künstler versucht, durch Veränderungen in der Helligkeit der Linie den Eindruck eines zwei-dimensionalen Objekts zu erzeugen. Wie man ein solches Bild in einer Linearperspektive zeichnen kann, beschreibt Schlatter (2006).

8.20. vergänglichen Glanz. In der ersten Ausgabe: „transient charm" (vergänglicher Charme).

8.26. Chromatistes. Das griechische Wort für Farbe ist *chroma* und *istes* entspricht dem englischen Suffix *–ist*, das ein handelndes Subjekt anzeigt. Chromatistes bedeutet also: Einer, der Farbe verwendet.

35 verschont von der Mühe des erschöpfenden Sprechens, mit dem
wir farblosen Quadrate und Fünfecke oft gezwungen sind, unserer
individuellen Existenz Ausdruck zu verleihen, wenn wir uns inmitten
einer Ansammlung von ungebildeten Gleichschenkligen bewegen.

Die Mode verbreitete sich wie ein Lauffeuer. Bereits nach einer
40 Woche war jedes Quadrat und jedes Dreieck im Bezirk dem Beispiel von
Chromatistes gefolgt und nur einige wenige der konservativeren Fünfecke
gaben immer noch nicht nach. Ein oder zwei Monate später waren selbst
die Zwölfecke von der Begeisterung über diese Innovation angesteckt.
Ein Jahr war nicht vergangen, da hatte die Gewohnheit alle bis auf die
45 Allerhöchsten aus dem Adelsstand erreicht. Unnötig, es zu erwähnen:
Der Brauch fand seinen Weg vom Bezirk Chromatistes' aus in umliegende
Regionen; und zwei Generationen später war in ganz Flachland niemand
mehr farblos, außer den Frauen und den Priestern.

Hier schien die Natur selbst eine Schranke zu errichten und sich
50 dagegen zu wenden, dass die Innovation sich auf diese zwei Klassen
erstreckte. Vielseitigkeit war ein fast unverzichtbarer Vorwand für die
Erneuerer. „Die Natur hat es so vorgesehen, dass eine Distinktion der
Seiten auch eine Distinktion der Farben impliziert" – so lautete der
Sophismus, der in diesen Tagen von Mund zu Mund wanderte und
55 dabei ganze Städte mit einem Mal für die neue Kultur gewann. Aber
offenkundig bezog sich dieses Sprichwort nicht auf unsere Priester
und Frauen. Letztere hatten nur eine Seite und darum – wenn man
die Bedeutung des Plurals pedantisch versteht – *keine Seiten*. Und die
ersteren – zumindest, wenn sie ihre Behauptung, wirklich und wahrhaftig
60 Kreise zu sein, bekräftigten konnten, und nicht lediglich Vielecke hoher
Abstammung waren mit einer unendlich großen Zahl an unendlich
kleinen Seiten – hatten die Angewohnheit, damit zu prahlen, dass auch
sie keine Seiten hätten (was die Frauen zugeben mussten, obwohl sie es
beklagten), da sie mit einem aus einer einzigen Linie bestehenden Umfang
65 gesegnet waren, oder, in anderen Worten, mit einer Kreislinie. Es begab
sich also, dass diese zwei Klassen das sogenannte Axiom, „Distinktion
der Seiten impliziert Distinktion der Farben," nicht als gültig akzeptieren
konnten; und als alle anderen den Faszinationen körperlicher Verzierung
erlegen waren, blieben allein die Priester und Frauen verschont von der
70 Verunreinigung durch Farbe.

Unmoralisch, zügellos, anarchisch, unwissenschaftlich – nennt sie, wie
ihr wollt – doch von einem ästhetischen Standpunkt aus betrachtet waren

8.54. Sophismus. Ein Argument, das zwar der Form nach korrekt zu sein scheint, der Wirklichkeit aber nicht entspricht und darum Zuhörer in die Irre führen kann.

8.61. unendlich großen Zahl an unendlich kleinen Seiten. Gemeint ist eine äußerst große Zahl an äußerst kleinen Seiten.

8.64. mit einem aus einer einzigen Linie bestehenden Umfang gesegnet. Das Quadrat verwendet „Linie" für das, was jetzt „Kurve" genannt wird, die Spur eines sich bewegenden Punktes. Aristoteles zufolge ist der Kreis die Vervollkommnung der ebenen Figuren, weil sein Umfang aus einer einzigen Linie besteht:

> Jede flache Figur ist entweder geradlinig oder kurvenlinig; und zwar ist die geradlinige von mehreren Linien umschlossen, die kurvenlinie von einer einzigen. Da in jeder Gattung das Eine ursprünglicher ist als das Viele und das Einfache ursprünglicher als das Zusammengesetzte, ist der Kreis wohl die erste der flachen Figuren. (*Über den Himmel*, 286b, Z. 13-18)

8.65. Es begab sich also. In der englischen Originalfassung: „hence it came to pass". Diese Wendung findet sich oft in den historischen Erzählungen des Alten Testaments. Durch die Verwendung dieser ungewöhnlichen Phrase bezieht sich Abbott humorvoll auf den Erzählduktus der Bibel.

8.66. das sogenannte Axiom. „Axiom" bedeutet hier „evidente Wahrheit" (siehe Anmerkung 7.87). Das Quadrat bezeichnet die Aussage „Distinktion der Seiten impliziert Distinktion der Farben" als „sogenanntes Axiom", weil die Frauen und Kreise nicht glauben, dass dieses wahr ist, geschweige denn, dass es offensichtlich ist.

8.71. unwissenschaftlich. In Flachland hat die „Wissenschaft" ein so hohes Prestige, dass „unwissenschaftlich" ein höchst abwertendes Attribut ist. Laut Rosemary Jann karikiert der vorherrschende (männliche) Szientismus in Flachland den von Frank Turner so bezeichneten szientistischen Naturalismus (‚scientific naturalism'), die Lehre, dass die empirischen Methoden der Wissenschaften die einzigen legitimen Mittel sind, um Wissen über die Welt zu erlangen. (Vgl. Jann 1985) Zwischen 1850 und 1900 bemühte sich eine Gruppe (szientistischer) Naturwissenschaftler unter der Führung des Biologen Thomas H. Huxley darum, den Einfluss von wissenschaftlichen Erkenntnissen auszuweiten. Ihr Ziel war die Säkularisierung der englischen Gesellschaft. (Vgl. Turner 1974, S. 16) Charles Kingsleys *The Water-Babies* (1863) karikiert die Ziele des szientistischen Naturalismus in der Figur des Professor Ptthmllnsprts, zu der ihn Huxley inspirierte.

diese fernen Tage der Farb-Revolte die prächtige Kindheit der Kunst in Flachland – eine Kunst, die, ach, niemals zum Mannesalter heranreifte, die
75 nicht einmal die Blüte der Jugend erreichte. Das Leben selbst war damals eine Freude, denn Leben bedeutete Sehen. Sogar bei einer kleinen Feier war es ein Vergnügen, die Gäste zu betrachten; es heißt, der Reichtum an Nuancen bei einer Versammlung in der Kirche oder in einem Theater habe sich, mehr als einmal als zu ablenkend für unsere größten Lehrer und
80 Schauspieler erwiesen; aber am hinreißendsten von allem war, so sagt man, die unsagbare Pracht einer Truppenschau.

Der Anblick einer Schlachtlinie, in der zwanzigtausend Gleichschenklige sich plötzlich umdrehen und dabei das düstere Schwarz ihrer Grundseiten gegen das Orange und Lila der zwei Seiten
85 tauschen, die den spitzen Winkel einschließen; die Miliz der gleichseitigen Dreiecke dreifarbig in rot, weiß und blau; das Mauve, Ultramarin, Senfgelb, und das gebrannte Umbrabraun der quadratischen Artilleristen, die sich rasch wenden neben ihren zinnoberroten Kanonen. Das Blinken und Blitzen der mehrfarbigen Fünfecke und Sechsecke, die als Chirurgen,
90 Feldmesser und Adjutanten über das Feld stürzen – all das mag wohl genügt haben, um die berühmte Geschichte glaubhaft zu machen, in der ein illustrer Kreis von der künstlerischen Schönheit der Truppen unter seinem Kommando so überwältigt war, dass er seinen Marschallstab und seine königliche Krone davon warf und verkündete, dass er diese von
95 nun an gegen den Pinsel des Künstlers tauschen werde. Wie großartig und prächtig die sinnliche Entfaltung in diesen Tagen gewesen sein muss, zeigt sich zum Teil in der Sprache und dem Vokabular dieser Zeit. Die gewöhnlichsten Äußerungen der gewöhnlichsten Bürger aus der Zeit der Farb-Revolte scheinen von einer reicheren Tönung der Worte und
100 Gedanken durchdrungen und dieser Ära verdanken wir noch heute unsere schönste Poesie und all das, was an Rhythmus noch geblieben ist in der wissenschaftlicheren Sprache dieser modernen Tage.

8.73. Farb-Revolte. Eine „Farb-Revolte" ist eine der Parallelen zwischen Flatland und dem Film *Pleasantville* (1998), in dem ein Zwillingspaar aus der Gegenwart in eine schwarz-weiße Fernsehserie aus den 1950ern zurückversetzt werden. Während die Zwillinge in die Leben von zwei Geschwistern aus der Serie schlüpfen, führen sie neue Elemente in Pleasantville ein: Sinnlichkeit, Leidenschaft und die Möglichkeit, zu sein, wer man ist. Diese Elemente werden symbolisiert durch das plötzliche Auftauchen von Farbe.

8.86. dreifarbig in rot, weiß und blau. Eine Anspielung auf die Nationalflagge Frankreichs, die in der Zeit der Revolution eingeführt wurde und aus drei gleich großen vertikalen Streifen in den Farben blau, weiß und rot besteht.

8.86. Mauve. Im Jahr 1856 entdeckte der damals 18-jährige William H. Perkin zufällig einen Farbstoff, dem er den Namen ‚Anilinpurpur' gab. Später wurde dieser Farbton ‚mauve' genannt, abgeleitet vom französischen Wort für Malve. Mauve wurde schnell zu einer Trendfarbe der ‚High Society' in England; so trug zum Beispiel Königin Victoria zur Hochzeit ihrer Tochter Alice 1862 ein mauvefarbenes Kleid. (Garfield 2000, S. 59) Perkin und Abbott kannten einander, sie waren gleich alt und besuchten zwei Jahre lang gemeinsam die City of London School, bevor Perkin sie im Alter von 15 Jahren verließ, um auf dem Royal College of Chemistry weiter zu studieren. Perkins Söhne, William und Arthur, waren Abbotts Schüler in den 1870er Jahren.

8.87. Senfgelb. Im Original: gamboge. Ein aus dem Gummiharz Gummigutta hergestellter Pflanzenfarbstoff.

8.90. Feldmesser. Veraltete Bezeichnung für Landvermesser, Geometer oder Geodät. Abbott verwendet das Wort „geometrician", um auf die ursprüngliche griechische Bedeutung abzuzielen: ‚einer, der die Erde vermisst'. Eine Karte von Flachland wäre für uns eine Darstellung dieser Welt auf einer ebenen Fläche, welche die relative Größe und Position topografischer Besonderheiten abbildet. Solch eine zweidimensionale Karte könnte aber kein Wesen in Flachland lesen, daher müssen Feldmesser in Flachland eindimensionale Karten zeichnen.

8.93. Marschallstab. In vielen Armeen ist der Stab des Feldmarschalls Zeichen des höchsten militärischen Dienstgrades.

8.97. Sprache und dem Vokabular dieser Zeit. Mit dieser Wendung bezieht sich Abbott möglicherweise auf das Elisabethanische Zeitalter, in dem ihm zufolge die Sprache eine solche Perfektion erreicht habe, dass es den in dieser Zeit lebenden Menschen unmöglich gewesen sei, in schlechtem Stil zu schreiben. (Vgl. Abbott 1877b, S. 1)

§9
Über den Entwurf eines allgemeinen Farb-Gesetzes

Aber in der Zwischenzeit waren die geistigen Künste zusehends im Niedergang begriffen.

Da man die Kunst der Seh-Erkennung nicht länger brauchte, wurde sie auch nicht länger ausgeübt. Die Studien der Geometrie, Statik und
5   Kinetik sowie anderer verwandter Fächer wurden bald als überflüssig angesehen und gerieten in Verruf und Vergessenheit, sogar an unserer Universität. In Kürze erfuhr die niedere Kunst des Fühlens ein ähnliches Schicksal an unseren Grundschulen. Die Gleichschenkligen erklärten, dass Übungsexemplare nicht länger verwendet noch gebraucht würden und
10   weigerten sich, den für die kriminellen Klassen üblichen Tribut im Dienste der Bildung zu zahlen. Sobald sie sich von der alten Bürde befreit hatten, die den zweifach heilsamen Effekt hatte, ihre brutale Natur zu zähmen und ihre überbordende Bevölkerung auszudünnen, gewannen sie an Kraft, nahmen täglich an Zahl zu und wurden immer unverschämter.

15   Mit jedem Jahr behaupteten die Soldaten und Handwerker vehementer und mit zunehmendem Recht, dass es keinen großen Unterschied zwischen ihnen und der allerhöchsten Klasse der Vielecke gäbe – nun, da man sie auf eine Stufe mit letzteren gehoben hatte und es ihnen durch den einfachen Prozess der Farb-Erkennung möglich wurde,
20   alle Schwierigkeiten anzupacken und alle Probleme des Lebens zu lösen, seien sie statischer oder kinetischer Art. Die Vernachlässigung, die der Seh-Erkennung natürlicherweise widerfuhr, war ihnen nicht genug; kühn forderten sie, dass man alle "monopolisierenden und aristokratischen Künste" gesetzlich verbiete und alle Gelder für die
25   Studien zur Seh-Erkennung, der Mathematik und des Fühlens streiche. Bald begannen sie auf eine weitere Veränderung zu drängen: Insofern Farbe, die eine zweite Natur war, die Notwendigkeit aristokratischer Distinktionen überwunden hatte, solle das Gesetz nun folgen und alle Individuen und alle Klassen seien von nun an vor dem Gesetz als absolut
30   gleich und mit gleichen Rechten ausgestattet zu betrachten.

Da die Führer der Revolution die Vertreter der höheren Ordnungen als wankelmütig und unentschlossen wahrnahmen, gingen sie noch weiter in ihren Ansprüchen und verlangten zuletzt, dass alle Klassen

Anmerkungen zu Kapitel 9.

9.27. Farbe ... Distinktionen überwunden hatte. Der im Original verwendete Begriff „Colour" kann sowohl ‚Farbe' als auch ‚Hautfarbe' bedeuten. Letztere war in der Geschichte der Menschheit immer wieder Basis von Vorurteilen und Diskriminierung. Dass Farbe während der Farb-Revolte in Flachland ein Mittel zur Egalisierung war, ist als eine ironische Anspielung auf die historischen Zusammenhänge zu verstehen.

9.34. der Farbe huldigten. Im Original: „do homage to Colour". In der feudalen Gesellschaftsordnung des Mittelalters war ‚homage' eine formale und öffentliche Bekundung der Untertanentreue.

9.40. außerordentliche Volksversammlung. Wie auch im antiken Athen gibt es in Flachland zwei Regierungsorgane, eine Volksversammlung und einen Hohen Rat. Die *ekklesia* war die allgemeine Versammlung aller männlichen Bürger von Athen. Sie tagte entweder ordentlich (in regelmäßigen Abständen) oder außerordentlich (wenn sie aufgrund eines plötzlichen Notfalls zusammengerufen wurde). (Vgl. Smith 1878, S. 439–443)

gleichermaßen, Priester und Frauen nicht ausgenommen, der Farbe
35   huldigten, indem sie einwilligen, bemalt zu werden. Als der Einwand
erhoben wurde, Priester und Frauen hätten keine Seiten, erwiderten sie,
dass Natur und Zweckmäßigkeit gemeinsam vorschrieben, die Vorderseite
eines jeden menschlichen Wesens (das bedeutet: die Seite, auf der sich sein
Auge bzw. Mund befindet) müsse von seiner Hinterseite unterscheidbar
40   sein. Sie brachten darum vor eine außerordentliche Volksversammlung
aller Staaten von Flachland eine Gesetzesvorlage, die vorsah, dass bei
jeder Frau die Hälfte, auf der sich ihr Auge bzw. ihr Mund befindet, rot
gefärbt sein sollte und die andere Hälfte grün. Die Priester sollten auf
dieselbe Weise bemalt werden, wobei bei ihnen der Halbkreis, auf dem ihr
45   Auge und ihr Mund den Mittelpunkt bilden, rot gefärbt werden sollte und
der andere, hintere Halbkreis grün.

Nicht wenig List war in diesem Vorschlag; in der Tat stammte er
nicht von einem Gleichschenkligen – denn kein so erniedrigtes Wesen
wäre scharfsinnig genug, ein solches Meisterstück an Staatskunst
50   wertzuschätzen, geschweige denn zu entwickeln – sondern von einem
unregelmäßigen Kreis, der, statt in seiner Kindheit zerstört zu werden, von
einer törichten Milde bewahrt wurde, um schließlich Verwüstung über
sein Land zu bringen und Vernichtung über unzählige seiner Nachfolger.

Auf der einen Seite war der Gesetzentwurf darauf angelegt, die Frauen
55   aller Klassen auf die Seite der chromatischen Innovation zu ziehen.
Denn, indem sie den Frauen dieselben zwei Farben wie den Priestern
zuwiesen, stellten die Revolutionäre sicher, dass, in gewissen Positionen,
eine Frau wie ein Priester aussehen und mit entsprechendem Respekt
und Ehrerbietung behandelt werden würde – eine Aussicht, die es nicht
60   verfehlen konnte, das weibliche Geschlecht in Massen anzuziehen.

Vielleicht aber werden manche meiner Leser nicht erkennen, warum
Priester und Frauen unter der neuen Gesetzgebung ein identisches
Erscheinungsbild haben können. Wenn dies zutrifft, werden ein Wort oder
zwei es begreiflich machen.

65   Stelle dir eine Frau vor, dem neuen Gesetz entsprechend verziert,
mit der vorderen Hälfte (d.h. die Hälfte, auf der sich Auge bzw. Mund
befindet) rot, und der hinteren Hälfte grün. Sieh sie dir von der Seite an.
Offensichtlich wirst du eine gerade Linie sehen, *halb rot, halb grün*.

9.42. rot/grün. Eine Möglichkeit auf See zwischen Backbord (links) und Steuerbord (rechts) zu unterscheiden, ist die Verwendung der Farben rot und grün – das Backbord-Positionslicht eines Schiffes ist immer rot und das Steuerbord-Licht immer grün. In der Dunkelheit hilft dieses Farb-Schema dabei, die Richtung zu erkennen, in die ein vorbeifahrendes Schiff steuert.

9.52. Milde. Abbott spielt mit zwei Bedeutungen des englischen Wortes ‚indulgence': Milde und (im theologischen Kontext) Ablass und bezieht sich dabei erneut ironisch auf die Idee, geometrische Unregelmäßigkeit sei gleichbedeutend mit moralischer Verirrung.

9.53. unzählige. Im Original: „myriads", von griech. *myrioi*, was ‚zehntausend' bedeutet, wenn der Akzent auf der ersten Silbe liegt und ‚eine sehr große Zahl', wenn der Akzent auf der zweiten Silbe ist. (Vgl. Ifrah 2000, S. 221)

Nun stelle dir einen Priester vor, dessen Mund bei M ist und
70 dessen vorderer Halbkreis (AMB) folglich rot gefärbt ist, während
sein hinterer Halbkreis grün ist, so dass der Durchmesser AB das
Grüne vom Roten trennt. Wenn du den erhabenen Mann so betrachtest,
dass dein Auge auf
derselben Linie ist
75 wie sein Durchmesser
(AB), wirst du eine
gerade Linie sehen
(CBD), deren *eine*
Hälfte (CB) rot sein
80 *wird, und die andere*
(BD) *grün*. Die ganze
Linie (CD) wird
vielleicht etwas kürzer sein als die einer ausgewachsenen Frau und zu
ihren Endpunkten hin wird sie rascher verblassen. Aber die Identität
85 der Farben wird dir einen unmittelbaren Eindruck von der Identität der
Klasse vermitteln und dich nachlässig gegenüber anderen Details werden
lassen. Man vergesse nicht den Niedergang der Seh-Erkennung, der die
Gesellschaft zur Zeit der Farb-Revolte bedrohte sowie die Gewissheit, dass
Frauen schnell lernen würden, ihre Extremitäten verblassen zu lassen, um
90 sich als Kreise auszugeben – es muss dir dann gewiss ersichtlich sein, mein
lieber Leser, dass der Gesetzentwurf uns der großen Gefahr aussetzte, eine
junge Frau mit einem Priester zu verwechseln.

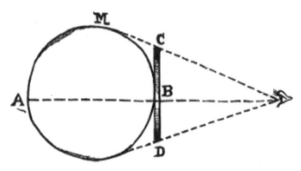

Wie attraktiv diese Perspektive auf das schwache Geschlecht gewirkt
haben mag, kann man sich leicht vorstellen. Sie erwarteten mit Freude
95 die Verwirrung, die sich ergeben würde. Zuhause könnten sie politische
und ekklesiastische Geheimnisse mithören, die nicht für ihre Ohren,
sondern für die ihrer Ehemänner und Brüder bestimmt waren; sie könnten
sogar Befehle im Namen eines priesterlichen Kreises erlassen. Außer
Haus würde die auffallende Kombination von rot und grün ohne die
100 Zugabe von irgendeiner anderen Farbe einfache Leute sicher in endlose
Missverständnisse führen und die Frauen würden an Ehrerbietung der
Vorbeigehenden erfahren, was den Kreisen versagt bliebe. Was den
Skandal betrifft, welcher über die Klasse der Kreise kommen würde,
wenn man das leichtsinnige und unziemliche Verhalten der Frauen ihnen
105 zuschreiben würde, und was die folgende Subversion der Verfassung
betrifft, so konnte man vom weiblichen Geschlecht nicht erwarten, auch
nur einen Gedanken an diese Erwägungen zu verlieren. Selbst in den

9.72. Zeichnung. Die Zeichnung im Text ist die perspektivische Ansicht eines dreidimensionalen Auges; kein zweidimensionales Wesen könnte ein solches Auge haben. Abbildung 9.1 zeigt ein mögliches zweidimensionales Auge eines Flachländers, das dem Querschnitt eines menschlichen Auges nachgebildet ist. Licht fällt durch die transparente Augenhornhaut, die Pupille und die Linse und erzeugt ein eindimensionales Bild auf der Netzhaut. Vergleiche auch Dewdneys Vorstellung eines zweidimensionalen Auges in *The Planiverse*. (Dewdney 1984b, S. 49)

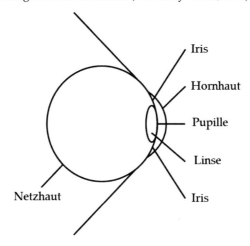

Abbildung 9.1. Das Auge eines Flachländers.

9.89. dass Frauen schnell lernen würden. Von den vielen Hinweisen darauf, dass Flachlands Frauen intelligent sind, ist dies der deutlichste. Um ihre Extremitäten verblassen zu lassen und wie ein Kreis zu erscheinen, müsste eine Frau die Seh-Erkennung, d.h. die anspruchvollste Disziplin, die an den Universitäten gelehrt wird, perfekt beherrschen.

9.92. junge Frau. In Flachlands Theorie des Sehens hat das gesehene Bild einer jungen Frau dieselbe Länge wie das Bild eines Kreises. In Abbildung 9.2 ist das Bild des Kreises AB; das Bild einer jungen Frau, deren Extremitäten bei A und B sind, wäre von dieser Linie nicht zu unterscheiden, abgesehen von den Nuancen ihrer Helligkeit.

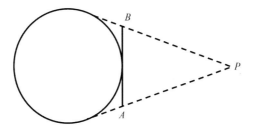

Abbildung 9.2. Der gesehene Winkel eines Kreises und einer jungen flachländischen Frau.

9.96. ekklesiastische. Bezieht sich auf Flachlands Regierung (die *ekklesia*), die ausschließlich aus Priestern besteht.

Haushalten der Kreise sprachen sich alle Frauen für das allgemeine Farb-Gesetz aus.

110   Das zweite Ziel des Gesetzentwurfs war die allmähliche Demoralisierung der Kreise selbst. Inmitten des allgemeinen geistigen Verfalls bewahrten sie ihre ursprüngliche Klarheit und Stärke des Verstandes. Von frühester Kindheit an war man in den Haushalten der Kreise an die völlige Abwesenheit von Farbe gewöhnt. Die Adligen allein 115 bewahrten die Heilige Kunst der Seh-Erkennung mit all den Vorteilen, die aus dieser bewundernswerten Schulung des Intellekts resultieren. Indem sie sich von der populären Mode fernhielten, hatten die Kreise darum bis zu dem Tag, an dem das allgemeine Farb-Gesetz eingeführt wurde, sich nicht nur gegenüber den anderen Klassen behauptet, sondern sogar ihre 120 Führungsposition gestärkt.

Nun hat darum der durchtriebene Unregelmäßige, den ich oben als den wahren Verfasser dieses teuflischen Gesetzes beschrieben habe, beschlossen, mit einem Schlag den Status der Kreise herabzusetzen – indem er sie dazu zwingen wollte, sich der Verunreinigung durch Farbe 125 zu unterwerfen, und sie ihrer reinen und farblosen Häuser berauben wollte, wodurch er ihre Möglichkeiten, sich zu Hause in der Kunst der Seh-Erkennung zu bilden, zerstören und ihren Intellekt schwächen würde. Einmal der chromatischen Verunstaltung ausgesetzt würden alle erwachsenen Kreise und alle Kreis-Kinder einander demoralisieren. 130 Nur im Unterscheiden zwischen Vater und Mutter fände das Kreis-Kind Herausforderungen, an denen es seine Verstandeskraft entwickeln könnte – Herausforderungen, die allzu oft durch Betrügereien der Mutter verdorben würden, was wiederum das Vertrauen des Kindes in alle logischen Schlussfolgerungen erschüttern würde. So würde der Glanz der 135 priesterlichen Ordnung nach und nach verblassen und der Weg wäre frei für die völlige Zerstörung der gesamten aristokratischen Legislative und für den Sturz unserer privilegierten Klassen.

9.121. Nun…darum. Im Englischen: „Now therefore." Ein weiteres Beispiel für „biblisches Vokabular". Diese Wendung findet sich oft in der King James Bible.

9.121. durchtriebene Unregelmäßige. Im Englischen: „artful irregular". In dieser Wendung findet sich vielleicht eine Anspielung auf den ‚artful dodger,' (Pfiffikus oder Experte Dieb) in Dickens *Oliver Twist*.

§10
Über die Unterdrückung des chromatischen Aufstandes

Die Aufregung um den Entwurf eines allgemeinen Farbgesetzes dauerte drei Jahre und bis zum letzten Moment schien der Anarchie ihr Triumph gewiss.

Eine ganze Armee von Vielecken, die auszog, um als Privatmänner
5   zu kämpfen, wurde von einer stärkeren Truppe gleichschenkliger Dreiecke vollkommen vernichtet; die Quadrate und Fünfecke blieben derweil neutral. Schlimmer noch, einige der begabtesten Kreise fielen ehelichem Zorn zum Opfer. Politische Feindseligkeit hatte die Frauen vieler vornehmer Haushalte wütend gemacht und sie ermüdeten ihre
10   Ehemänner mit Bitten, ihre Opposition zum Gesetzentwurf aufzugeben. Und manche, deren Flehen vergeblich war, fielen über ihre unschuldigen Kinder und Ehemänner her, metzelten sie nieder und richteten sich in diesem Blutbad schließlich selbst zugrunde. Es wird berichtet, dass während dieser dreijährigen Unruhen nicht weniger als dreiundzwanzig
15   Kreise in häuslichen Zerwürfnissen ums Leben kamen.

Wahrlich groß war die Gefahr. Es schien, als könnten die Priester nur zwischen Unterwerfung und Auslöschung wählen, als sich plötzlich der Verlauf der Dinge komplett änderte durch einen dieser verblüffenden Vorfälle, die Staatsmänner niemals vernachlässigen, oft vorhersehen
20   und manchmal sogar hervorrufen sollten, wegen der in absurdem Maße übertriebenen Anziehungskraft, die sie auf die Sympathien des gemeinen Volkes ausüben.

Es geschah, dass ein Gleichschenkliger des niederen Typs, mit einem kleinen Gehirn von höchstens vier Grad – der aus Versehen in den
25   Farbtiegel eines Kaufmanns platschte, dessen Geschäft er geplündert hatte, – sich mit den zwölf Farben eines Zwölfecks bemalte oder veranlasste, dass er bemalt wurde (die Erzählungen weichen nämlich voneinander ab). Auf einem Marktplatz sprach er mit verstellter Stimme ein Mädchen an, die verwaiste Tochter eines vornehmen Vielecks, deren Zuneigung er
30   in vergangenen Zeiten vergebens gesucht hatte; und durch eine Reihe von Täuschungen – bei denen ihm geholfen wurde, einerseits von einer Folge glücklicher Zufälle, andererseits von den Verwandten der Braut, die mit

Anmerkungen zu Kapitel 10.

10.25. platschte. Bei dieser Übersetzung handelt es sich um eine Annäherung an das im Original verwendete „dabbling". Im Englischen hat ‚dabble' drei Bedeutungen: ‚etwas oder jemanden bespritzen', ‚sich im Wasser oder Schlamm bewegen' sowie ‚sich in etwas versuchen' oder ‚sich nebenbei mit etwas beschäftigen'. Mit der Verwendung des Wortes ‚dabble' mag Abbott ein Spiel mit der zweiten und der dritten Bedeutung beabsichtigen. Allerdings könnte kein Flachländer sich tatsächlich im Wasser oder in einem ‚Farbtiegel' bewegen, denn diese Bewegung würde einen dreidimensionalen Raum voraussetzen. Abbott schreibt weiter, dass sich der Gleichschenklige selbst anmalte oder anmalen ließ – dies wiederum wäre im zweidimensionalen Raum möglich, vorausgesetzt, Abbott meinte, dass die Figur ihre Kanten (Seiten) anmalen ließ.

10.26. den zwölf Farben eines Zwölfecks. Das Quadrat scheint zu sagen, dass alle Zwölfecke mit denselben Farben bemalt wurden – es spricht von den zwölf Farben eines Zwölfecks (Dodekagon). In der ersten Ausgabe heißt es „dodecahedron" (Dodekaeder) statt „dodecagon". Ein Dodekagon ist eine zwölfseitige flache Figur, ein Dodekaeder ein dreidimensionaler Körper mit zwölf Seitenflächen.

einer fast unvorstellbaren Dummheit gewöhnliche Vorsichtsmaßnahmen vernachlässigten – gelang es ihm, sie zu heiraten. Das unglückliche
35   Mädchen beging Selbstmord, als sie den Betrug entdeckte, dem es ausgeliefert gewesen war.

Als die Nachricht dieser Katastrophe sich von Staat zu Staat verbreitete, waren die Gemüter der Frauen stark erregt. Mitgefühl mit dem elenden Opfer und die Ahnung, dass sie selbst, ihre Schwestern und ihre Töchter
40   auf ähnliche Weise getäuscht worden sein könnten, brachten sie dazu, den Gesetzentwurf nun von einem vollkommen neuen Gesichtspunkt aus zu sehen. Nicht wenige bekannten öffentlich, dass sie nun auf die Seite der Gegner gewechselt seien; den Restlichen fehlte nur ein kleiner Anstoß, um ein ähnliches Bekenntnis abzulegen. Die Kreise ergriffen diese günstige
45   Gelegenheit und beriefen hastig eine außerordentliche Versammlung der Staaten ein. Sie stellten sicher, dass neben der gewöhnlichen Garde bestehend aus Verurteilten auch eine große Zahl an reaktionären Frauen anwesend war.

Inmitten dieser beispiellosen Menschenmenge erhob sich der Oberste
50   Kreis dieser Tage – sein Name war Pantozyklus – und wurde von hundertzwanzigtausend Gleichschenkligen angezischt und ausgepfiffen. Aber er sorgte wieder für Stille, indem er erklärte, dass von nun an die Kreise eine Politik der Zugeständnisse verfolgen würden: Sie würden den Wünschen der Mehrheit nachgeben und den Gesetzentwurf akzeptieren.
55   Der Aufruhr verwandelte sich sofort in Applaus und Pantozyklus lud Chromatistes, den Führer des Aufstandes, ein, in die Mitte der Halle zu kommen, um im Namen seiner Anhänger die Unterwerfung des Adels zu empfangen. Dann folgte eine Rede, ein Meisterstück der Rhetorik, die beinahe einen Tag in Anspruch nahm und der keine Zusammenfassung
60   gerecht werden kann.

Ernst und mit einem Anschein von Unparteilichkeit erklärte Pantozyklus, dass es, da sie sich nun endlich zur Reform oder Innovation bekannten, wünschenswert wäre, einen letzten Blick auf den Umfang der ganzen Angelegenheit zu werfen, auf ihre Schwachstellen sowie auf ihre
65   Vorteile. Während er die Kaufmänner, die Klasse der Akademiker und die Gentlemen allmählich mit den Gefahren vertraut machte, besänftigte er das aufsteigende Gemurmel der Gleichschenkligen, indem er sie daran erinnerte, dass er, all diesen Schwächen zum Trotz, bereit sei, den Gesetzentwurf anzunehmen, wenn die Mehrheit ihn befürwortete. Aber
70   es war offenkundig, dass alle außer den Gleichschenkligen von seinen

10.47. reaktionären. Äußerst konservativ. Mit dem Argument, dass die meisten Frauen Konservative seien und ihr Stimmrecht demnach reaktionäre Strömungen in der Politik stärke, wandten sich einige viktorianische Männer und Frauen gegen die Einführung des Wahlrechts für Frauen. (Vgl. Fawcett 1870, S. 630)

10.50. Pantozyklus. Vom altgriechischen *panto* (alle) und dem lateinischen *cyclus* (Kreis).

Worten bewegt waren und dem Entwurf entweder neutral oder ablehnend gegenüberstanden.

Nun wandte er sich an die Arbeiter und bekräftigte, dass ihre Interessen nicht vernachlässigt werden dürften und dass sie, wenn sie
75 beabsichtigten, die Gesetzesvorlage zu akzeptieren, dies zumindest im vollen Bewusstsein ihrer Konsequenzen tun sollten. Viele von ihnen, sagte er, seien kurz davor, in die Klasse der Dreiecke aufgenommen zu werden, andere erwarteten für ihre Kinder eine Distinktion, auf die sie selbst nicht mehr hoffen konnten. Dieses ehrenhafte Ziel müsste nun geopfert werden.
80 Im Zuge der allgemeinen Einführung von Farbe würden alle Distinktionen verschwinden. Regelmäßigkeit würde mit Unregelmäßigkeit verwechselt, Entwicklung durch Rückschritt ersetzt werden, die Arbeiter würden innerhalb weniger Generationen auf die Stufe des Militärs oder sogar der Verurteilten herabsinken; die politische Macht wäre in den Händen der
85 Mehrheit und das bedeutet in den Händen der Kriminellen, deren Klasse bereits größer sei als die der Arbeiter, und bald würde sie größer sein als alle anderen Klassen zusammen, wenn die üblichen kompensierenden Gesetze der Natur verletzt würden.

Ein gedämpftes Gemurmel der Zustimmung ging durch die Reihen
90 der Handwerker; davon alarmiert versuchte Chromatistes einen Schritt vorzutreten und zu ihnen zu sprechen. Aber er fand sich von Wächtern umgeben und war gezwungen, still zu sein, während der Oberste Kreis in wenigen leidenschaftlichen Worten einen letzten Appell an die Frauen richtete: Er rief aus, dass, wenn das Gesetz verabschiedet würde, fortan
95 keine Ehe sicher und die Ehre keiner Frau geschützt sei; Betrug, Täuschung und Heuchelei würden jeden Haushalt beherrschen, häusliches Glück würde das Schicksal der Verfassung teilen und bald von schnellem Verderben heimgesucht werden. „Ehe das geschieht", schrie er, „komme Tod."

100 Nach diesen Worten, die das vorher vereinbarte Signal zu handeln waren, stürzten sich die gleichschenkligen Verurteilten auf den elenden Chromatistes und durchbohrten ihn. Die Klassen der Regelmäßigen öffneten ihre Reihen und machten Platz für eine Gruppe von Frauen, die sich unter Anleitung der Kreise mit dem Rücken voran, unsichtbar und
105 zielsicher auf die ahnungslosen Soldaten zubewegten. Die Handwerker folgten dem Beispiel der ihnen überlegenen Regelmäßigen und öffneten ebenfalls ihre Reihen. Inzwischen versperrten Gruppen von Verurteilten jeden Eingang mit einer undurchlässigen Phalanx.

10.84. politische Macht wäre in den Händen der Mehrheit. Viktorianer waren nicht demokratischer als Platon, dessen Verachtung für die athenische Demokratie in *Politeia* zum Ausdruck kommt. Einer der demokratiefeindlichsten Viktorianer war Robert Lowe, als „illiberal Liberal" (Knight 1966) war er Mitglied im House of Commons (siehe Anmerkung 5.163). Lowe glaubte, dass eine Demokratie die politische Macht an die Unwissenden übertrage und somit ein intelligentes Regieren unmöglich sei. In seinen eloquenten Reden gegen den Reform Act von 1866 entwickelte er umfassende Argumente gegen Demokratie. Die Opposition von Lowe und anderen führte zur Ablehnung der Reform und zum Ende der liberalen Regierung. Im folgenden Jahr gelang es allerdings einer neuen Regierung unter Benjamin Disraeli den Reform Act von 1867 zu verabschieden, der allen männlichen Hausherren das Wahlrecht verlieh, wodurch sich die Zahl der berechtigten Wähler nahezu verdoppelte.

10.102. Chromatistes…durchbohrten. Die historischen Figuren Chromatistes und Pantozyklus sind die einzigen Charaktere in *Flatland*, deren Namen uns Lesern bekannt sind. Die Bedeutung dieser beider Namen reicht über ihre wörtlichen Übersetzungen „Einer, der Farben verwendet" und „Vollkommener/ all-umfassender Kreis" hinaus: Obwohl Chromatistes keine religiöse Figur ist, ist er doch ein Messias im weiteren Sinne des Wortes – ein Befreier oder Retter einer unterdrückten Gruppe von Menschen. Es ist sicher kein Zufall, dass sein Name die Buchstaben von „Christ" (englisch für Christus) enthält, was wiederum eine Übersetzung des hebräischen Wortes für Messias ist. Außerdem verweist die Assonanz zwischen „Pantozyklus" und „Pontius Pilatus" darauf, dass Abbott mit ersterem, der befiehlt, dass Chromatistes durchbohrt wird (im Original: „transfixed"), auf letzteren anspielt, der befahl, dass Christus gekreuzigt werde (auf Englisch: fixed to a cross).

10.108. Phalanx. Eine Schlachtlinie oder -reihe. Genauer, eine Formation von schwer bewaffneter Infanterie, die in enger Ordnung so aufgestellt ist, dass sich die Schilde der Soldaten verschränken und ihre langen Speere kreuzen.

Die Schlacht, oder besser: das Gemetzel, war von kurzer Dauer. Unter
110 der geschickten Führung der Kreise war der Angriff fast jeder Frau tödlich
und viele zogen ihren Stachel unbeschädigt wieder aus dem Opfer, bereit
zu einem zweiten blutigen Stoß. Aber kein weiterer Schlag war nötig,
das Gesindel der Gleichschenkligen erledigte den Rest der Angelegenheit
selbst. Überrascht, führerlos, vorne von unsichtbaren Feinden bedrängt,
115 hinten von Verurteilten an der Flucht gehindert, verloren sie sogleich –
ganz nach ihrer Art – jegliche Geistesgegenwärtigkeit und riefen aus:
„Verrat". Dies besiegelte ihr Schicksal. Jeder Gleichschenklige sah und
fühlte nun in jedem anderen einen Feind. In einer halben Stunde war
nicht einer aus dieser riesigen Legion noch am Leben; und die Bruchstücke
120 von hundertvierzigtausend der kriminellen Klasse, von denen einer an
den Winkeln des anderen zugrunde ging, bestätigten den Triumph der
Ordnung.

Die Kreise zögerten nicht, ihren Sieg bis zum Äußersten zu treiben. Die
Arbeiter wurden verschont, aber dezimiert. Die Miliz der Gleichseitigen
125 wurde sofort herbeigerufen und jedes Dreieck, bei dem ein begründeter
Verdacht auf Unregelmäßigkeit bestand, wurde vom Kriegsgericht
zerstört, ohne die Formalität einer genauen Messung durch die Behörde
für Soziales. Die Häuser der Militär- und Handwerker-Klassen wurden
bei einer Reihe von Besuchen, die sich über ein Jahr hinzogen, inspiziert
130 und während dieser Zeit wurde jede Stadt, jedes Dorf und jeder Weiler
systematisch von dem Überschuss der niederen Ordnungen gereinigt, der
entstanden war, weil man es unterlassen hatte, Kriminelle als Tribut an die
Schulen und Universitäten abzugeben und weil die anderen natürlichen
Gesetze aus der Verfassung von Flachland verletzt wurden. So wurde das
135 Gleichgewicht zwischen den Klassen wiederhergestellt.

Es muss wohl nicht erwähnt werden, dass fortan die Verwendung
von Farbe untersagt und ihr Besitz verboten war. Selbst die Äußerung
irgendeines Wortes, das auf Farbe hindeutete, wurde hart bestraft, es
sei denn, es kam aus dem Mund eines Kreises oder eines qualifizierten
140 wissenschaftlichen Lehrers. Nur an unserer Universität, in manchen
der obersten Kurse, die nur für wenige Eingeweihte zugänglich sind
und die zu besuchen ich nie das Privileg hatte, wird die sparsame
Verwendung von Farbe immer noch geduldet, um einige der tieferen
Probleme der Mathematik zu veranschaulichen. Aber dies weiß ich nur
145 vom Hörensagen.

10.120. hundertvierzigtausend der kriminellen Klasse. In   10.51   ist   von „hundertzwanzigtausend Gleichschenkligen" die Rede. Wahrscheinlich nennt Abbott hier versehentlich eine größere Zahl.

10.124. dezimiert. Abbott verwendet dieses Wort in der ursprünglichen Bedeutung des lateinischen ‚dezimare' (jeden Zehnten hinrichten).

10.144. veranschaulichen. Im Jahr 1847 veröffentlichte der Verlag William Pickering eine wunderschöne Ausgabe von Euklids *Elementen*, gestaltet von dem Amateur-Mathematiker Oliver Byrne. Diese Ausgabe ist außergewöhnlich, da Byrne die Beweise von Euklids Theoremen durch farbige Symbole, Zeichen und Diagramme veranschaulicht, anstatt Wörter, Buchstaben und schwarz-weiße Diagramme zu verwenden. (Byrne 1847, Nachdruck 2015)

An anderen Orten in Flachland ist Farbe heute nicht existent. Nur eine lebende Person beherrscht die Kunst, sie zu erzeugen – der gegenwärtige Oberste Kreis, und von ihm wird sie auf seinem Sterbebett an niemand anderen weitergegeben als an seinen Nachfolger. Nur eine Manufaktur
150 stellt Farben her und damit das Geheimnis nicht verraten wird, werden die Arbeiter jährlich zerstört und durch neue ersetzt. So groß ist das Grauen, mit dem unsere Aristokratie selbst heute noch auf die fernen Tage der Unruhen um den Entwurf eines allgemeinen Farbgesetzes zurückblickt.

§11
Unsere Priester

Es ist höchste Zeit, dass ich von diesen kurzen und abschweifenden Bemerkungen über Begebenheiten in Flachland zu dem Ereignis übergehe, das im Zentrum dieses Buches steht: meiner Einweihung in die Mysterien des Raumes. *Dies* ist mein Thema, und alles, was ich davor gesagt habe,
5   nur ein Vorwort.

Aus diesem Grund muss ich viele Sachen übergehen, deren Erklärung, ich schmeichle mir selbst, für meine Leser nicht uninteressant wäre: zum Beispiel wie wir uns fortbewegen und stehen bleiben, obwohl wir keine Füße haben; wie wir Bauwerken aus Holz, Steinen oder Ziegeln
10   Festigkeit geben, obwohl wir keine Hände haben und keine Fundamente legen können so wie ihr und obwohl wir uns nicht die laterale Kraft der Erde zu Nutze machen können; wie in den Zwischenräumen unserer verschiedenen Zonen Regen entsteht, ohne dass die nördlichen Regionen die Nässe davon abhalten, in die südlichen Regionen zu fallen;
15   unsere Landschaften mit Hügeln und Bergwerken, unsere Bäume und Feldfrüchte, Jahres- und Erntezeiten; unser Alphabet, das genau zu unseren linearen Schreibtafeln passt; unsere Augen, die sich an unsere linearen Seiten angeglichen haben – diese und hundert andere Details unserer physischen Existenz muss ich übergehen. Wenn ich sie jetzt
20   erwähne, dann ausschließlich, um meinen Lesern zu zeigen, dass ihre Auslassung nicht von der Vergesslichkeit des Autors herrührt, sondern von dessen Rücksicht auf die begrenzte Zeit des Lesers.

Aber bevor ich mit meinem eigentlichen Thema beginne, werden meine Leser ohne Zweifel einige letzte Anmerkungen über die Säulen
25   und Stützen der Verfassung von Flachland erwarten, über diejenigen, die

Anmerkungen zu Kapitel 11.

11.3. Einweihung in die Mysterien. Zu Abbotts Anspielung auf die griechischen Mysterien siehe Anmerkungen 20.109.

11.15. Bergwerken. Der Schacht eines ‚Bergwerks' in Flachland geht nicht nach ‚unten', in die Tiefe, sondern verläuft ‚seitlich'. Die Decke eines Schachts könnte von einer Reihe Türen oder Wänden gestützt werden. Ein Bergarbeiter aus Flachland könnte durch das Bergwerk laufen, indem er eine Tür nach der anderen öffnet, während die Decke von den ungeöffneten Türen gestützt würde. (Vgl. Dewdney 1984b, S. 72).

11.18. Details unserer physischen Existenz. Es sind nicht die Details der physischen Existenz, sondern vielmehr die ‚menschlichen' Details in *Flatland*, die der Erzählung Plausibilität verleihen. In der Tat erscheint *Flatland* realer als Geschichten, in denen die physikalischen Details des zweidimensionalen Raumes vollständig ausgearbeitet sind.

C. Howard Hinton, der insbesondere für seine gemeinverständlichen Darstellungen der vierten Dimension bekannt ist, versuchte, die physikalischen Details der zweidimensionalen Welt in sich stimmig zu beschreiben. In seinem Essay „A plane world" (Eine ebene Welt) schreibt er, dass er sich gerne auf das „ingenious work" (das ‚geniale Werk') *Flatland* bezogen hätte, aber, so fährt er fort, Abbott habe die Lebensbedingungen auf einer Ebene in erster Linie als Schauplatz für seine Satire und seine Lektionen verwendet. Sein eigenes Vorgehen charakterisiert Hinton dagegen als primär an den physikalischen Fakten interessiert. (Vgl. Hinton 1886, S. 129) In *An Episode of Flatland* untersucht Hinton die wissenschaftlichen und technologischen Implikationen einer Existenz in der Ebene. Er erzählt die Geschichte von Wesen, die nicht auf einer flachen Oberfläche, sondern auf dem Umfang einer kreisförmigen Scheibe namens Astria leben. Das Universum, das Hinton beschreibt, entspricht unserem dreidimensionalen Raum mehr als Flachland diesem entspricht. Zum Beispiel laufen Astrianer, die zwei Arme und zwei Beine haben, auf der eindimensionalen Grenzlinie ihres kreisförmigen Planeten so wie wir auf der zweidimensionalen Oberfläche unseres kugelförmigen Planeten. In ihrem Universum gibt es Schwerkraft (die Stärke der Schwerkraft verhält sich umgekehrt proportional zur Distanz anstatt zum Quadrat der Distanz) und Astria und ein begleitender Planet umkreisen eine zweidimensionale Sonne. (Vgl. Hinton 1907)

A. K. Dewdneys *The Planiverse* (1984) ist der erste moderne, systematische Versuch, die allgemeinen Eigenschaften eines zweidimensionalen Universums zu beschreiben. Der Untertitel „Computer Contact with a Two-Dimensional World," bereitet auf die Begegnung mit Yendred vor – einem zweidimensionalen Wesen, das mit einer Klasse von Informatik-Studenten Kontakt aufnimmt. Yendred kommuniziert mit den Studierenden durch das Modell einer zweidimensionalen Welt, das diese auf ihrem Computer entworfen haben, und beschreibt im Detail seinen zweidimensionalen Planeten und dessen Technologie.

11.31. unsere Priester. Wie die Gefangenen in Platons Höhle sind Flachländer gefesselt von ihren ‚dimensionalen Vorurteilen' – der Überzeugung, dass die Welt, die sie mit ihren Sinnen wahrnehmen können, die einzig mögliche Welt ist. Ihre Wahrnehmung ist verdunkelt von diesem gemeinhin unhinterfragten Vorurteil und selbst die geteilte, schattenhafte Realität der Gesellschaft in Flachland wird indirekt determiniert durch die Priester. Sie entsprechen Platons ‚Bildermachern', deren Aufgabe es ist, die Realität für andere zu interpretieren, den Autoren, Künstlern, Wissenschaftlern, Erziehern,

unser Verhalten lenken und unser Schicksal formen, denen universelle Huldigung, ja, beinahe Anbetung gebührt: muss ich noch sagen, dass ich unsere Kreise oder Priester meine?

30 Wenn ich sie Priester nenne, verstehe man mich nicht so, als würde ich mit dem Begriff nur das meinen, was er bei euch bedeutet. Bei uns verwalten unsere Priester alle Geschäfte, sowie die Kunst und die Wissenschaft; sie regeln Gewerbe und Handel, Militär, Architektur, Technik, Bildung, Staatskunst, Gesetzgebung, Moral und Theologie. Während sie selbst nichts tun, sind sie die Verursacher von allem, das
35 andere tun und das es wert ist, getan zu werden.

Obwohl im Volk ein jeder, der Kreis genannt wird, auch als ein solcher angesehen wird, weiß man in den gebildeteren Klassen, dass kein Kreis wirklich ein Kreis ist, sondern nur ein Vieleck mit einer sehr großen Zahl an sehr kleinen Seiten. Wenn die Zahl der Seiten wächst, nähert sich ein
40 Vieleck einem Kreis an, und, wenn die Zahl tatsächlich sehr groß ist, sagen wir, zum Beispiel drei- oder vierhundert, ist es selbst in der zartesten Berührung extrem schwierig, einen Winkel zu fühlen. Ich sage besser: es wäre schwierig, denn, wie ich oben gezeigt habe, ist Erkennen durch Fühlen den Mitgliedern der gehobenen Gesellschaft fremd, und einen
45 Kreis zu *fühlen* würde als eine äußerst dreiste Beleidigung angesehen werden. Diese Angewohnheit sich des Fühlens zu enthalten, ermöglicht es einem Kreis, noch leichter den geheimnisvollen Schleier zu bewahren, mit dem er bereits in jüngsten Jahren lernt, das exakte Maß seines Umfangs oder Umkreises zu verhüllen. Da die Länge des Umfangs im Durchschnitt
50 drei Fuß entspricht, wird folglich bei einem Vieleck mit dreihundert Seiten keine Seite größer sein als das Hundertstel eines Fußes bzw. nur wenig größer als ein Zehntel Zoll. Und in einem Vieleck mit sechs- oder siebenhundert Seiten sind die Seiten ein wenig größer als der Durchmesser eines Nadelkopfes in Raumland. Wohlwollend wird immer angenommen,
55 dass der gegenwärtig amtierende Oberste Kreis zehntausend Seiten hat.

Der Aufstieg der Kreise in der sozialen Skala wird nicht wie in den unteren Klassen durch das Naturgesetz beschränkt, demzufolge pro Generation nur eine Seite hinzukommen darf. Würde das Naturgesetz auch für sie gelten, wäre die Anzahl der Seiten
60 lediglich eine Frage der Abstammung und der Arithmetik, und der vierhundertsiebenundneunzigste Nachkomme eines gleichseitigen Dreiecks wäre notwendigerweise ein Vieleck mit fünfhundert Seiten. Aber dies ist nicht der Fall. Das Gesetz der Natur macht bezüglich

Geschäftsmännern, Staatsmännern, Gesetzgebern sowie Philosophen und religiösen Führern.

11.34. Verursacher von allem, das andere tun. Die Sozialreformerin und Autorin Beatrice Potter Webb beschreibt, wie es ihr im Laufe der Jahre immer bewusster wurde, „dass sie zu einer Klasse von Personen gehörte, bei denen es zur Gewohnheit wurde, Befehle zu geben, die selbst jedoch selten, wenn überhaupt, die Befehle von anderen ausführten" (eigene Übersetzung). Die wesentliche Qualifikation, die man mitbringen musste, um als Mitglied in der Londoner Gesellschaft aufgenommen zu werden, war ihr zufolge „der Besitz einer Art von Macht über andere Menschen". (Webb 1926, S. 42 und S. 49, eigene Übersetzung)

11.37. dass kein Kreis wirklich ein Kreis ist. Im *Philebos* 62b kontrastiert Platon die ideale Form eines Kreises (‚der göttliche Kreis') mit dem materiellen Kreis, der zum Beispiel in Baukonstruktionen verwendet wird (‚der menschliche Kreis').

11.39. Wenn die Zahl der Seiten wächst, nähert sich ein Vieleck einem Kreis an. Diese Wendung modifiziert eine Aussage in der ersten Ausgabe; dort heißt es: „In proportion to the number of the sides the Polygon approximates to a Circle."

11.39. nähert sich ... einem Kreis an. Bereits sehr früh erkannten Mathematiker, dass das Verhältnis des Umfangs zum Durchmesser des Kreises konstant ist. Näherungswerte für diese Konstante (π) fanden Babylonier, Ägypter, und Chinesen. (Das Symbol π wurde jedoch erst seit 1706 verwendet.) In seiner Schrift *Kreismessung* beschreibt Archimedes eine Vorgehensweise, die gegenüber früheren Methoden eine entscheidende Verbesserung darstellt. In einen Kreis zeichnet er ein regelmäßiges Sechseck, dessen Eckpunkte alle auf der Kreislinie C liegen, C ist der Umkreis des Sechsecks (einbeschriebenes Sechseck). Der Umfang des Sechsecks ist offenkundig geringer als der Umfang des Kreises. Um den Kreis zeichnet er ein regelmäßiges Sechseck jede Seite des Sechsecks berührt die Kreislinie C, C ist sein Inkreis (umbeschriebenes oder Tangenten-Sechseck). Der Umfang dieses Sechsecks ist offenkundig größer als der Umfang des Kreises. So erhält er eine untere und eine obere Schranke für den Umfang des Kreises. Dann verdoppelt Archimedes die Anzahl der Ecken, um einbeschriebene und umbeschriebene Zwölfecke zu erhalten, wie in der Abbildung unten zu sehen ist. Da der Umfang des einbeschriebenen Sechsecks kleiner als der Umfang des einbeschriebenen Zwölfecks ist und der Umfang des umbeschriebenen Zwölfecks kleiner als der Umfang des umbeschriebenen Sechsecks ist, erhält er Schranken, die noch näher am Umfang des Kreises liegen.

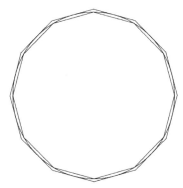

Abbildung 11.1. Ein Kreis mit einem einbeschriebenen und einem umbeschriebenen Zwölfeck.

der Vermehrung von Kreisen zwei gegensätzliche Vorgaben: Erstens,
65 während die menschliche Rasse in der Skala der Entwicklung aufsteigt,
beschleunigt sich die Entwicklung. Zweitens verringert sich im selben
Verhältnis die Fruchtbarkeit der Rasse. Demnach ist im Haus eines
Vielecks von vier- oder fünfhundert Seiten ein Sohn nur selten zu finden,
mehr als einen sieht man niemals. Auf der anderen Seite kann der
70 Sohn eines fünfhundertseitigen Vielecks fünfhundertfünfzig oder sogar
sechshundert Seiten haben.

Auch die Kunstfertigkeit ist zur Stelle, um bei dem Prozess der
Entwicklung zum Höheren zu helfen. Unsere Ärzte haben entdeckt, dass
man die kleinen und zarten Seiten eines neugeborenen Vielecks aus den
75 höheren Schichten brechen und seine Struktur mit solcher Exaktheit neu
setzen kann, dass ein Vieleck von zwei- oder dreihundert Seiten manchmal
– keineswegs immer, denn der Prozess ist mit einem ernsthaften Risiko
verbunden – aber manchmal zwei- oder dreihundert Generationen
überspringt, und sozusagen mit einem Schlag die Zahl seiner Vorfahren
80 und die Vornehmheit seiner Abstammung verdoppelt.

So manches vielversprechende Kind wird auf diese Weise geopfert.
Kaum eines von zehn überlebt. Doch der elterliche Ehrgeiz ist so stark
unter den Vielecken, die sozusagen auf der Schwelle zur Klasse der Kreise
stehen, dass man nur selten einen Adeligen in dieser gesellschaftlichen
85 Position findet, der es versäumt hat, seinen erstgeborenen Sohn in das
Neo-Therapeutische Gymnasium der Kreise zu bringen, bevor dieser das
Alter von einem Monat erreicht hatte.

Das erste Jahr entscheidet über Erfolg oder Scheitern. Am Ende dieser
Zeit hat das Kind aller Wahrscheinlichkeit nach die Grabsteine, die sich
90 auf dem Neo-Therapeutischen Friedhof drängen, um einen vermehrt,
aber in seltenen Fällen trägt eine dankbare Prozession den Kleinen zu
seinen jubelnden Eltern zurück. Er ist nun nicht mehr ein Vieleck, sondern
ein Kreis, zumindest in den Augen Wohlwollender: Und ein einziges so
gesegnetes Ergebnis verleitet unzählige vieleckige Eltern dazu, ähnliche
95 familiäre Opfer zu erbringen, die einen unähnlichen Ausgang haben.

Dieses Vorgehen des Verdoppelns kann unbegrenzt fortgesetzt werden, um eine Folge von einbeschriebenen und umbeschriebenen Vielecken zu erhalten, die sich dem Umfang des Kreises immer weiter annähern. Ein moderner Mathematiker würde die Darstellung ergänzen, indem er für die Folge der Umfänge von einbeschriebenen und umbeschriebenen Vielecken den Umfang eines Kreises als gemeinsamen Grenzwert annimmt. Aber Archimedes verwendete diese Methode nicht, wahrscheinlich weil sie eine Veränderung des Typs von geometrischem Objekt mit sich gebracht hätte – von (geradlinigen) Vielecken zum (bogenförmigen) Kreis. Stattdessen verdoppelt er die Anzahl der Ecken nicht häufiger als viermal. Er verwendet die einbeschriebenen und umbeschriebenen 96-Ecke, die er erhalten hat, um zu beweisen, dass (wie man es in der Sprache der modernen Mathematik ausdrücken würde) $3\frac{10}{71} < \pi < 3\frac{1}{7}$ gilt. (Vgl. Grattan-Guinness 1997, S. 66-67) Abbott ist keineswegs der erste, der die Annäherung von Vielecken an einen Kreis als literarische Metapher verwendete. Zum Beispiel veranschaulicht Nikolaus von Kues (etwa um 1440) die Aussage, dass die ‚volle Wahrheit unergründbar sei‘ („quod praecisa veritas sit incomprehensibilis") (Nikolas von Kues 1964, S. 12 f.) mit folgender Analogie:

> [Der Geist] verhält sich zur Wahrheit wie das Vieleck zum Kreis. Je mehr man die Zahl der Ecken in einem eingeschriebenen Vieleck vermehrt, desto mehr gleicht es sich dem Kreise an, ohne ihm je gleich zu werden, wollte man auch die Vermehrung der Eckenzahl ins Unendliche fortführen. Das Vieleck müsste sich dazu schon umbilden zur Identität mit dem Kreis. (Ebd. S. 15)

11.54. Wohlwollend. Im Original: „By courtesy". Man genehmigt etwas, weil man sich darauf geeinigt hat, nicht weil angeborenes oder gesetzliches Recht es vorschreibt.

11.75. brechen und seine Struktur ... neu setzen. In einem Brief an seinen Bruder vom 14. Mai 1887 zitiert Samuel Barnett (der Gründer der Toynbee Hall) Abbott, um ihren gemeinsamen Freund Montagu Butler, den Leiter des Trinity Colleges, zu beschreiben: „Er ist ein Vieleck, aus dem man einen Kreis gemacht hat. Er hat natürliche starke Kanten, die eingedrückt wurden." (Vgl. Barnett 1919, S. 33)

11.86. Neo-Therapeutisches Gymnasium. Die *gymnasia* Griechenlands waren zunächst vor allem Leibesübungen gewidmet, später entwickelten sie sich zu intellektuellen Zentren und manche, darunter Platons *Akademia* und Aristoteles' *Lykeion*, waren Vorboten heutiger Universitäten.

11.89. die Grabsteine ... um einen vermehrt. Abbott verwendet den Tod eines Kindes in Flachlands Neo-Therapeutischem Gymnasium als Metapher für den physischen und psychologischen Schaden, der Schülern in den Internatsschulen zugefügt wurde unter dem Vorwand, ihnen ‚Männlichkeit‘ beibringen zu wollen. Flachlands Gymnasien repräsentieren höchstwahrscheinlich die großen Englischen ‚public schools‘ (der Name ist irreführend, in der Regel sind ‚public schools‘ private Schulen), deren Absolventen den größten Teil der Studenten in Oxford und Cambridge ausmachten. Ursprünglich sollten die ‚public schools‘ freie Bildung für Jungen aus der Region anbieten, doch zu Beginn des 19. Jahrhunderts hatten sie sich zum großen Teil zu Internatsschulen für die Söhne der Aristokratie entwickelt. Im späten viktorianischen Zeitalter wurden diese Schulen Institutionen, deren Ziel es war, jungen Menschen „muscular Christianity", Sportbegeisterung und Patriotismus einzuimpfen – eine Kombination, die in einen ausgeprägten Anti-Intellektualismus mündete. (Vgl. Tucker 1999, S. 201) In *Tom Brown's Universe* beschreibt John Honey anschaulich die harten Mittel, mit denen die Schulen diese Ziele durchgesetzt haben. (Vgl. Honey 1977, S. 194–222) In einem Artikel der *Times* vom 9. Oktober 1857 bezieht sich ein Schriftsteller auf die erzieherischen Methoden

§12
Über die Lehre unserer Priester

Was die Lehre der Kreise betrifft, so lässt sich diese in einer einzigen Maxime kurz zusammenfassen, „Achte auf deine Konfiguration." All ihre Unterweisung, sei sie politischer, ekklesiastischer oder moralischer Art, hat die Verbesserung der individuellen und kollektiven Konfiguration

5 zum Ziel – und ist dabei natürlich auf besondere Weise bezogen auf die Konfiguration der Kreise, der alle anderen Objekte untergeordnet sind.

Es ist das Verdienst der Kreise, die alten Irrlehren wirksam unterdrückt zu haben, die Menschen dazu verleiteten, ihre Energien und ihr Mitgefühl an den vergeblichen Glauben zu verschwenden, Verhalten hinge von

10 Willen ab, von Mühe, Übung, Ermutigung, Lob oder von irgendetwas anderem außer von der Konfiguration. Es war Pantozyklus – der illustre Kreis, den ich oben als den Unterdrücker der Farb-Revolte erwähnte – der als erster die Menschheit davon überzeugte, dass Konfiguration den Menschen ausmacht, dass man zum Beispiel, wenn

15 man als Gleichschenkliger mit zwei ungleichen Seiten geboren wird, mit Sicherheit auf Abwege geraten wird, sofern man sie nicht aneinander angleichen lässt – wozu man ins Krankenhaus für Gleichschenklige gehen muss. Ähnliches gilt für ein Dreieck oder ein Quadrat oder sogar ein Vieleck: Wer mit einer Unregelmäßigkeit geboren wird, muss in eines

20 der Krankenhäuser für Regelmäßigkeit gebracht werden, um sich von seiner Krankheit heilen zu lassen. Anderenfalls werden seine Tage in einem staatlichen Gefängnis enden oder unter dem Winkel des staatlichen Henkers.

Alle Makel und Mängel, vom geringsten Fehltritt bis hin zum

25 ruchlosesten Verbrechen, führte Pantozyklus auf eine Abweichung von der vollkommenen Regelmäßigkeit des Körperbaus zurück, die vielleicht (wenn sie nicht angeboren war) von einem Zusammenstoß in der Menge, einer Vernachlässigung der körperlichen Übungen – oder von zu viel Übungen – oder aber von einer plötzlichen Veränderung

30 der Temperatur verursacht wurde, die dazu führte, dass sich die empfindlichen Teile des Körpers zusammenzogen oder ausdehnten. Darum, schlussfolgerte dieser illustre Philosoph, ist für einen nüchternen Beobachter weder gutes Verhalten noch schlechtes Verhalten ein geeigneter Gegenstand für Lob oder Tadel. Denn warum zum Beispiel die Integrität

35 eines Quadrates preisen, das aufrichtig die Interessen seines Klienten

an ‚public schools' und empfiehlt den Eltern, sich diesen Prozess besser nicht zu genau anzusehen und sich stattdessen mit den Ergebnissen zufrieden zu geben. Verschiedene Autoren verweisen auf Parallelen zwischen diesen Schulen und dem brutalen spartanischen Erziehungssystem, in dem Jungen von ihren Familien getrennt und einem entsagenden Leben ausgesetzt wurden.

Abbott betonte wiederholt die Bedeutung der Familie in der Erziehung der Kinder. Er glaubte, dass ein Junge die beste Bildung bekäme, wenn er nicht in einem Internat, sondern in einem guten Zuhause aufwachse und eine gute Tagesschule in der Nähe seines Elternhauses besuche. In einem Werbeprospekt bekannte sich die seinerzeit von Abbott geleitete City of London School zu dem Ziel, ihre Schüler zu erziehen, ohne sie dabei der Fürsorge und Leitung ihrer Eltern zu entziehen. (Vgl. Schools Inquiry Commission 1868, S. 278).

11.95. Ausgang. Im Englischen: „which have a dissimilar issue." „Issue" kann sowohl Ergebnis oder Konsequenz als auch Nachkomme bedeuten.

Anmerkungen zu Kapitel 12.

12.2. „Achte auf deine Konfiguration.". Im Original: „Attend to your Configuration." Die Konfiguration eines Flachländers ist die Körperform, die determiniert ist durch seine Kanten und die Weise, in der diese Kanten angeordnet sind. Auf seine Körperform zu achten bedeutet also sicherzustellen, dass all diese Kanten gerade und gleich lang und dass alle Winkel gleich groß sind. ‚Attend to' kann wie das deutsche ‚Achte auf' eine Ermahnung sein, sich um sich selbst bzw. in diesem Fall um sein Erscheinungsbild zu kümmern. Es kann hier aber auch bedeuten: ‚Richte deine Aufmerksamkeit auf dein Erscheinungsbild und erkenne so deine Position in der Gesellschaft.'

12.9. Verhalten ... hinge ab. Eine Anspielung auf die traditionsreiche ‚nature versus nurture'-Debatte: Haben ererbte oder erworbene Eigenschaften den stärksten Einfluss auf das menschliche Verhalten? Wie die englischen Philosophen John Locke und John Stuart Mill glaubte auch Abbott fest an die Kraft der Bildung gegenüber der Determination durch Natur; doch in der Zeit, als *Flatland* erschien, galt diese Sichtweise als ‚alte Irrlehre'. Francis Galton, der führende Verfechter der vorherrschenden Meinung, betonte: „There is no escape from the conclusion that nature prevails enormously over nurture[.]" (Galton 1875) Die Lehre der Kreise, die besagt, dass Konfiguration den Menschen zum Menschen mache, dient Abbott dazu, die ‚orthodoxe' Position in der ‚nature versus nurture'-Debatte des späten 19. Jahrhunderts zu karikieren. Neuere wissenschaftliche Studien haben gezeigt, dass Umwelteinflüsse es beeinflussen können, ob und wie die genetische Information zum Ausdruck kommt. Diese Einsichten haben die Vorstellung eines harten Gegensatzes (nature versus nurture) in Frage gestellt. Sie wird abgelöst von dem Bild einer Interaktion – so geht es laut Ridley nicht mehr um ‚nature versus nurture', sondern um ‚nature via nurture'. (Vgl. Ridley 2003)

12.22. Winkel des staatlichen Henkers. Flachlands Äquivalent zur Guillotine.

verteidigt, wenn man in Wirklichkeit vielmehr die exakte Präzision seiner rechten Winkel bewundern sollte? Und warum einem lügenden, diebischen Gleichschenkligen etwas vorwerfen, wenn man vielmehr die unheilbare Ungleichheit seiner Seiten bedauern sollte?

40   Im Theoretischen ist diese Lehre unbestreitbar, aber im Praktischen hat sie Nachteile. Wenn du es mit einem Gleichschenkligen zu tun hast, einem Gauner, der seine Ungleichheit als Grund dafür vorschiebt, dass er es nicht lassen kann, zu stehlen, erwiderst du, dass aus genau diesem Grund, weil er es nicht vermeiden kann, eine Belästigung für
45   seine Nachbarn zu sein, du, der Richter, es nicht vermeiden kannst, ihn zum Tode zu verurteilen – und die Sache ist erledigt. Aber in kleinen familiären Schwierigkeiten, bei denen die Strafe der Vernichtung oder des Todes nicht in Frage kommt, wirkt diese Theorie der Konfiguration manchmal unbeholfen. Wenn beispielsweise einer meiner sechseckigen
50   Enkelsöhne mich bittet, seinen Ungehorsam zu entschuldigen, weil eine plötzliche Veränderung der Temperatur zu viel für seinen Umfang wurde und wenn er indessen darauf drängt, dass ich nicht ihm, sondern seiner Konfiguration die Schuld geben solle, die allerdings nur gestärkt werden könne durch eine Fülle allerfeinsten Zuckerwerks, so muss ich gestehen,
55   dass ich seine Schlussfolgerungen weder im Theoretischen zurückweisen, noch im Praktischen akzeptieren kann.

Was mich betrifft, so halte ich es für das Beste, davon auszugehen, dass eine gute, gründliche Schelte oder Züchtigung einen latenten und stärkenden Einfluss auf die Konfiguration meines Enkelsohns hat; obwohl
60   ich zugeben muss, dass ich keinen Grund habe, so zu denken. In jedem Fall bin ich nicht allein mit meiner Art, mich aus diesem Dilemma zu ziehen, denn ich weiß, dass viele der höchsten Kreise Lob und Tadel gegenüber regelmäßigen und unregelmäßigen Figuren anwenden, wenn sie als Richter im Gerichtshof sitzen; und aus Erfahrung weiß ich, dass sie
65   in ihren Häusern, wenn sie ihre Kinder zurechtweisen, so eindringlich und leidenschaftlich über "Recht" und "Unrecht" sprechen, als ob sie glaubten, dass diese Wörter für etwas wirklich Existierendes stünden und dass eine menschliche Figur wirklich fähig sei, zwischen ihnen zu wählen.

Indem sie beständig das Ziel verfolgen, die Konfiguration zum
70   Leitgedanken in jedem Geist zu machen, kehren die Kreise die Natur jenes Gebots um, das im Raumland die Beziehungen zwischen Eltern und Kindern regelt. Bei euch wird Kindern beigebracht, ihre Eltern zu ehren. Bei uns wird einem Mann beigebracht – nach den Kreisen, denen an erster

12.37. seiner rechten Winkel. Im Original: „his right angles." In der ersten Ausgabe heißt es „his Rectangles" – dies war kein Fehler: ‚rectangle', heute die englische Bezeichnung für Rechteck, bedeutete zu Abbotts Zeit ‚rechter Winkel'.

Stelle universelle Huldigung gebührt – seinen Enkelsohn zu ehren, wenn
75   er einen hat, oder, falls er keinen hat, seinen Sohn. „Ehre" meint jedoch
unter keinen Umständen „Nachgiebigkeit," sondern „eine ehrfurchtsvolle
Rücksicht auf deren höchste Interessen: Und die Kreise lehren, dass
es die Pflicht der Väter ist, ihre eigenen Interessen den Interessen der
kommenden Generationen unterzuordnen und dadurch das Wohlergehen
80   des ganzen Staates sowie das ihrer eigenen unmittelbaren Nachkommen
zu erhöhen.

Der Schwachpunkt im System der Kreise – wenn ein bescheidenes
Quadrat es wagen darf, irgendetwas Zirkuläres mit einem Element der
Schwäche in Verbindung zu bringen – scheint mir in deren Beziehungen
85   mit Frauen zu liegen.

Da es für die Gesellschaft von äußerster Wichtigkeit ist, dass
Unregelmäßigen von Geburten abgeraten wird, kann folglich keine
Frau, die irgendwelche unregelmäßigen Vorfahren hat, ein geeigneter
Partner für jemanden sein, der ersehnt, dass seine Nachkommenschaft
90   graduell auf den Stufen der sozialen Skala aufsteigt.

Nun ist die Unregelmäßigkeit eines Mannes eine Frage der Messung,
aber da alle Frauen gerade sind und darum sozusagen sichtbar regelmäßig,
muss man andere Mittel ersinnen, um das zu bestimmen, was ich
ihre unsichtbare Unregelmäßigkeit nenne, das heißt ihre potenziellen
95   Unregelmäßigkeiten in Bezug auf mögliche Nachkommen. Diesen Zweck
erfüllen sorgfältig geführte Ahnentafeln, die der Staat aufbewahrt und
kontrolliert, und ohne eine beglaubigte Ahnentafel ist es keiner Frau
erlaubt, zu heiraten.

Nun könnte man annehmen, dass ein Kreis – stolz auf seine Herkunft
100   und rücksichtsvoll gegenüber seinen Nachkommen, die eines Tages einen
Obersten Kreis hervorbringen könnten – mehr als jeder andere darauf
achten würde, eine Frau zu wählen, die keinen Makel auf ihrem Wappen
hat. Aber es ist nicht so. Die Sorgfalt bei der Wahl einer regelmäßigen
Frau scheint nachzulassen in dem Maße, in dem man in der sozialen
105   Skala aufsteigt. Nichts würde einen ehrgeizigen Gleichschenkligen,
der Hoffnungen hegte, einen gleichseitigen Sohn zu zeugen, dazu
verleiten, eine Frau zu nehmen, deren Ahnenreihe auch nur eine einzige
Unregelmäßigkeit aufweist; ein Quadrat oder Fünfeck, das zuversichtlich
ist, dass seine Familie im stetigen Aufstieg begriffen ist, fragt nicht hinter
110   die fünfhundertste Generation zurück; ein Sechseck oder Zwölfeck ist

12.88. ein geeigneter Partner. Die Idee, das menschliche Erbgut könne durch Eingriffe verbessert werden, lässt sich bis in die Antike zurückverfolgen. So spricht sich zum Beispiel Platons Sokrates in *Politeia* dafür aus, dass Menschen selektiv gezüchtet werden sollen:

> Nach dem Eingestandenen sollte jeder Trefflichste der Trefflichen am meisten beiwohnen, die Schlechtesten aber den ebensolchen umgekehrt; und die Sprößlinge jener sollten aufgezogen werden, dieser aber nicht, wenn uns die Herde recht edel bleiben soll; und dies alles muß völlig unbekannt bleiben, außer den Oberen selbst, wenn die Gesamtheit der Hüter soweit wie möglich durch keine Zwietracht gestört werden soll. (*Politeia* 459e)

Im 19. Jahrhundert begann Francis Galton, ein Halbcousin Charles Darwins, unter dem Namen ‚Eugenik' systematisch die Möglichkeiten zu untersuchen, das menschliche Erbgut durch die Auswahl erwünschter erblicher Merkmale zu verbessern. Galton war der Ansicht, dass es durchaus machbar wäre, im Laufe einiger Generationen durch klug gewählte Heiraten eine „highly-gifted race of men" hervorzubringen. (Galton 1869, S. 1) Die Werke Galtons und seiner Nachfolger dienten in den rassistischen Ideologien des 20. Jahrhunderts zur pseudowissenschaftlichen Rechtfertigung von Sterilisationen und Massentötungen unerwünschter Bevölkerungsgruppen.

12.97. beglaubigte Ahnentafel. Um diejenigen zur Fortpflanzung zu ermutigen, die physisch und geistig stark waren, empfahl Galton, dass eine geeignete Behörde sogenannte „eugenische Zertifikate" ausstellen sollte, die ausgewählten Menschen "eine überdurchschnittlich gute körperliche und geistige Konstitution" bescheinigen. (Galton 1905, S. 23, eigene Übersetzung)

12.102. Makel auf ihrem Wappen. Im Original: „blot on her escutcheon." Diese Phrase steht im übertragenen Sinne für einen beschädigten Ruf.

sogar noch sorgloser gegenüber dem Stammbaum der Frau, aber von einem Kreis wird erzählt, dass er bewusst eine Frau genommen hat, die einen unregelmäßigen Urgroßvater hatte, und das alles wegen eines geringfügig stärkeren Glanzes oder wegen des Charmes einer leisen Stimme – was bei uns noch mehr als bei euch als ein „vorzüglich Ding in Frauen" gilt.

Solche unüberlegten Ehen sind erwartungsgemäß kinderlos oder aber sie haben eine eindeutige Unregelmäßigkeit oder eine geringere Anzahl von Seiten in einer der kommenden Generationen zur Folge, aber keines dieser Übel hat sich bis heute als abschreckend genug erwiesen. Der Verlust einiger Seiten wird an einem hochentwickelten Vieleck nicht leicht bemerkt und lässt sich manchmal durch eine erfolgreiche Operation im Neo-Therapeutischen Gymnasium ausgleichen, wie ich es oben beschrieben habe. Außerdem neigen die Kreise zu sehr dazu, Unfruchtbarkeit als Prinzip der höheren Entwicklung hinzunehmen. Aber, wenn dieses Übel bleibt, wird die Klasse der Kreise noch rascher niedergehen und die Zeit mag nicht in weiter Ferne sein, in der die menschliche Rasse nicht mehr fähig sein wird, einen Obersten Kreis hervorzubringen und die Verfassung von Flachland zu Fall kommen muss.

Ein weiteres Wort der Warnung drängt sich mir auf, obwohl ich nicht so einfach ein Gegenmittel nennen kann, und auch dieses betrifft unsere Beziehungen zu Frauen. Vor etwa dreihundert Jahren wurde vom Obersten Kreis beschlossen, dass Frauen, da sie Denkvermögen entbehren, dafür aber Emotionen im Überfluss haben, nicht länger als rationale Wesen behandelt werden und keine geistige Bildung erhalten sollten. Die Konsequenz war, dass man sie nicht länger lehrte zu lesen und ihnen nicht einmal beibrachte, Arithmetik ausreichend zu beherrschen, um die Winkel ihrer Männer und Kinder zählen zu können. So nahm ihre geistige Kraft merklich in jeder Generation ab. Und dieses System der Nicht-Bildung von Frauen oder des Quietismus ist immer noch vorherrschend.

Meine Sorge ist, dass diese Politik trotz der besten Intentionen so weit getrieben wurde, dass sie schädlich auf das männliche Geschlecht zurückwirkt.

Denn die Konsequenz ist, dass wir Männer, so wie die Dinge gerade liegen, eine Art zweisprachige und, ich möchte fast sagen,

12.110. Zwölfeck. In der ersten Ausgabe heißt es „Dodecahedron" anstelle von „Dodecagon" (siehe Anmerkung 10.26).

12.115. ein „vorzüglich Ding in Frauen." Im Original: „an excellent thing in woman." Eine Anspielung auf Shakespears King Lear 5.3. Nachdem seine jüngste Tochter Cordelia erhängt wurde, erscheint Lear auf der Bühne; er hält ihren toten Körper in seinen Armen und denkt, er kann ihre Stimme nicht hören, weil sie so leise spricht:

> Cordelia, Cordelia! stay a little. Ha!
> What is't thou say'st – Her voice was ever soft,
> Gentle and low, an excellent thing in a woman.

12.125. Unfruchtbarkeit ... hinzunehmen. Im Original: „acquiesce in infecundity". Rosemary Jann beobachtet treffend, dass die physische Unfruchtbarkeit der Kreise die Sterilität ihrer Einbildungskraft spiegelt. Beides verweist auf den Niedergang der Kreise im kommenden Zeitalter. (Vgl. Jann 1985, S. 487)

12.134. Frauen ... Denkvermögen entbehren. In *Politik*, Buch 1, 1260a, Z. 7-14 begründet Aristoteles die ‚natürliche' Herrschaft von Männern über Frauen damit, dass die Fähigkeit zu denken in Frauen ‚nicht voll wirksam' sei. Genevieve Lloyd betrachtet die Werke von Aristoteles, Thomas von Aquin, Descartes, Rousseau, Kant, Hegel und Sartre im Hinblick auf den ‚Ausschluss von Frauen aus der Vernunft'. (Vgl. Lloyd 1984)

12.141. Nicht-Bildung von Frauen. Abbott setzte sich stark für die Bildung von Frauen ein. (Vgl. Lindgren and Banchoff 2010, Appendix B3)

12.147. zweisprachige. Im 20. Jahrhundert begann man, die Unterschiede in der Sprechweise von Männern und Frauen systematisch zu untersuchen. Sowohl die Beschaffenheit als auch das Ausmaß dieser Unterschiede sind bis heute Untersuchungsgegenstand der Linguistik, beispielsweise in zwei Erklärungsmodellen der finnischen Linguistin Anna-Liisa Vasko: Im einen Modell werden die Unterschiede in der Sprechweise auf die Dominanz von Männern und die Marginalisierung von Frauen in unserer Gesellschaft zurückgeführt, im anderen wird angenommen, dass Männer und Frauen zu unterschiedlichen Subkulturen gehören und die linguistischen Unterschiede die kulturellen Unterschiede reflektieren. (Vgl. Vasko 2010) Beide Theorien könnten herangezogen werden, um die erheblichen Unterschiede in der Sprechweise von Männern und Frauen in Flachland zu erklären.

geistig gespaltene Existenz führen müssen. Mit Frauen sprechen wir über „Liebe," „Pflicht," „Recht," „Unrecht," „Mitleid," „Hoffnung," und andere
150 irrationale und emotionale Ideen, die nicht existieren und deren Erfindung keinen anderen Zweck hat als die weibliche Überschwänglichkeit zu kontrollieren. Aber unter uns und in unseren Büchern haben wir ein vollkommen anderes Vokabular und, ich möchte fast sagen, eine andere Sprechweise. „Liebe" wird dann zur „Erwartung von Vorteilen," „Pflicht"
155 wird „Notwendigkeit" oder „Angemessenheit"; und andere Wörter werden entsprechend umgedeutet. Darüber hinaus verwenden wir unter Frauen Sprache, mit der wir die äußerste Rücksicht für ihr Geschlecht zum Ausdruck bringen, und sie glauben uns voll und ganz, dass selbst der Oberste Kreis von uns nicht hingebungsvoller verehrt wird als sie.
160 Aber hinter ihren Rücken sprechen wir alle – außer die ganz Jungen – von ihnen kaum besser als von „bewusstlosen Organismen" und als solche betrachten wir sie auch.

Auch unsere Religiösität ist in den Zimmern der Frauen eine ganz andere als an anderen Orten.

165 Nun ist meine bescheidene Sorge, dass dieses doppelte Training, sowohl im Sprechen als auch im Denken, den Jungen eine etwas zu schwere Last aufbürdet, besonders wenn sie im Alter von drei Jahren der mütterlichen Fürsorge entzogen werden und man ihnen beibringt, die alte Sprache – die sie nur in Anwesenheit ihrer Mütter und Ammen
170 erinnern dürfen – zu verlernen, und das Vokabular und die Sprechweise der Wissenschaftler zu lernen. Es dünkt mir, ich würde im Vergleich mit dem robusteren Intellekt, den unsere Vorfahren vor 300 Jahren hatten, gegenwärtig eine Schwäche im Erfassen der mathematischen Wahrheit bemerken. Ich sage nichts von der möglichen Gefahr, dass
175 eine Frau sich heimlich beibringt zu lesen und an ihr Geschlecht weitergibt, was sie bei der Lektüre eines einzigen populären Buches gelernt hat, noch von der Möglichkeit, dass ein männliches Kind in Unbesonnenheit oder Ungehorsam seiner Mutter die Geheimnisse des logischen Dialekts enthüllt. Nur aus Sorge um den schwächer
180 werdenden männlichen Intellekt richte ich diesen bescheidenen Appell an die höchsten Autoritäten, die Regelungen der Bildung von Frauen zu überdenken.

12.171. Es dünkt mir. Im Original: methinks. Diese Phrase galt bereits zu Abbotts Lebzeiten als veraltet und kann so als ein weiteres Beispiel für Abbotts bewusste Verwendung altertümlicher Sprache gesehen werden. (Vgl. Van der Gaaf 1904)

12.175. dass eine Frau sich heimlich beibringt. Ein weiterer Hinweis darauf, dass Flachlands Frauen intelligent sind.

TEIL II

ANDERE WELTEN

„O tapfre neue Welten, die solche Menschen tragen!"

© Der/die Autor(en), exklusiv lizenziert an Springer-Verlag GmbH, DE, ein Teil von Springer Nature 2023
M. Rabe (Hrsg.), *Edwin A. Abbotts Flachland*, Mathematik im Kontext,
https://doi.org/10.1007/978-3-662-66062-1_2

Teil II: ANDERE WELTEN

Epigraph. Das dem zweiten Teil vorangestellte Epigraph ist eine kleine Variation des Ausrufes, mit dem Miranda in Shakespeares *The Tempest* 5.1 auf den Anblick der höfischen Lords und deren Gefolge auf naive Weise reagiert. ‚Tapfre'/ ‚brave' meint in diesem Ausspruch: herrlich, prächtig, wunderschön.

> O, wonder!
> How many goodly creatures are there here!
> How beauteous mankind is! O brave new world,
> That has such people in't.

Aldous Huxleys Roman *Brave New World* von 1932 entnimmt seinen ironischen Titel derselben Quelle.

§13
Wie ich in einer Vision Linienland erblickte

Es war der vorletzte Tag des Jahres 1999 unserer Ära und der erste Tag der langen Ferien. Nachdem ich mir bis zu einer späten Stunde mit Geometrie, meiner Lieblingsbeschäftigung, die Zeit vertrieben hatte, legte ich mich zur Ruhe mit einem ungelösten Problem in meinem Kopf. In der Nacht hatte
5   ich einen Traum.

Ich sah vor mir eine große Menge von kleinen geraden Linien (die ich natürlich für Frauen hielt) und zwischen ihnen andere Wesen, die noch kleiner waren und glänzenden Punkten glichen – alle bewegten sich vor und zurück auf ein und derselben geraden Linie und, so weit ich das
10   beurteilen konnte, mit derselben Geschwindigkeit.

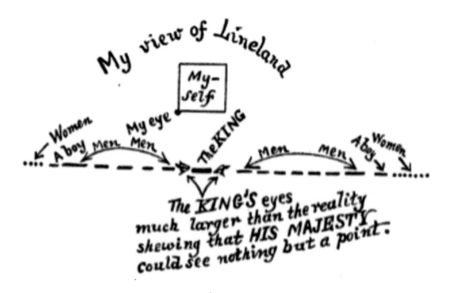

Ein Geräusch von verworrenem, vielstimmigen Zirpen und Zwitschern ging in Intervallen von ihnen aus, solange sie sich bewegten; aber manchmal hielten sie in der Bewegung inne und dann war alles still.

15   Ich näherte mich einer der größten von denjenigen, die ich für Frauen hielt, und sprach sie an, aber ich erhielt keine Antwort. Ein zweiter und ein dritter Versuch meinerseits waren genauso erfolglos. Angesichts dieses Verhaltens, das mir in einem nicht erträglichen Maße unhöflich erschien,

Anmerkungen zu Kapitel 13.

13.2. der langen Ferien. In England bezeichnet die Wendung ‚the Long Vacation' bis heute die Sommerpause an den Universitäten und Gerichtshöfen; in Cambridge dauerte die Pause ungefähr von Mitte Juni bis Mitte Oktober. Die langen Ferien in Flachland beginnen etwa zur selben Zeit wie das neue Jahr; in dieser Hinsicht ähnelt Flachlands Kalender dem athenischen Kalender, in dem das Jahr der Theorie nach mit der ersten Erscheinung des Mondes nach der Sommersonnenwende begann. Der Übergang vom alten zum neuen Jahr wurde im antiken Athen mehrere Tage und Nächte gefeiert.

13.5. Traum. Nicht ein Traum wird im Titel dieses Kapitels angekündigt, sondern eine „Vision von Linienland". In der Tat bezeichnet Abbott an anderen Stellen einen Traum jedoch als „nächtliche Vision". (Vgl. Abbott 1906b, S. 27) Im Jahr 1880 verfasste der englische Autor William H. White „A dream of two dimensions," eine Kurzgeschichte, dessen Protagonist, so wie das Quadrat, einen ‚geometrischen Traum' hat. Der Protagonist dieser Kurzgeschichte fällt in Ohnmacht, nachdem er erfolglos versucht hat, seinem Sohn die Lehre Euklids näher zu bringen. Er gleitet in ein Traumuniversum, in dem alle ihn umgebenden Wesen und Gegenstände farbige Schatten sind, während er selbst dreidimensional ist. Seine zusätzliche Dimension können die Schatten weder sehen noch verstehen, selbst für den Schatten seiner eigenen Ehefrau erscheint er nur zweidimensional. Im Jahre 1884 – also im Jahr, in dem die erste Ausgabe von *Flatland* erschien – wurde die Geschichte gedruckt und in privaten Kreisen weiter gereicht, wobei der Verfasser anonym blieb. White überarbeitete sie im Jahr 1908 und sieben Jahre später wurde sie zum ersten Mal für eine allgemeine Öffentlichkeit zugänglich. (Vgl. White 1915)

verlor ich die Geduld, ich positionierte meinen Mund frontal gegenüber
20   ihrem Mund, um sie in ihrer Bewegung abzufangen, und wiederholte laut
meine Frage: „Frau, was bedeutet dieses Zusammenkommen und dieses
seltsame und verworrene Zirpen und diese gleichförmige Bewegung vor
und zurück in ein und derselben geraden Linie?"

„Ich bin keine Frau," erwiderte die kleine Linie: „Ich bin der Monarch
25   der Welt. Aber du, von woher dringst du in mein Reich, Linienland,
ein?" Sobald ich diese abrupte Antwort vernahm, bat ich seine Königliche
Hoheit, mir zu verzeihen, falls ich sie in irgendeiner Weise erschreckt
oder belästigt haben sollte, stellte mich vor als ein Fremder und ersuchte
den König, mir Auskunft über sein Herrschaftsgebiet zu geben. Aber
30   ich hatte die denkbar größten Schwierigkeiten, irgendeine Information
zu Themen zu erhalten, die mich wirklich interessierten, denn der König
konnte es nicht lassen, ständig anzunehmen, dass alles, was ihm vertraut
war, auch mir bekannt sein müsste und dass ich zum Spaß Unwissenheit
vortäuschte. Doch indem ich auf meinen Fragen beharrte, entlockte ich ihm
35   die folgenden Fakten:

Dieser arme, unwissende Monarch – wie er sich nannte – schien davon
überzeugt zu sein, dass die gerade Linie, die er sein Königreich nannte,
und in der er seine Existenz fristete, die gesamte Welt darstelle und in
der Tat die Gesamtheit des Raumes bilde. Unfähig, sich zu bewegen oder
40   etwas zu sehen, außer in seiner Geraden Linie, hatte er keine Vorstellung
von irgendetwas, das über sie hinausreichte. Zwar hatte er meine Stimme
gehört, als ich ihn zum ersten Mal ansprach, aber die Laute waren zu
ihm in einer Weise gekommen, die so gänzlich verschieden von seiner
bisherigen Erfahrung war, dass er nicht geantwortet hatte. „Ich sah keinen
45   Menschen," – so drückte er es aus – „und hörte eine Stimme, die aus
meinen eigenen Eingeweiden zu kommen schien." Bis zu dem Moment, in
dem ich meinen Mund in seine Welt bewegte, hatte er mich weder gesehen
noch irgendetwas gehört außer verworrenen Klängen, die gegen das
anschlugen, was ich seine Seite nenne, er aber als sein *Inneres* oder seinen
50   *Magen* bezeichnete; selbst jetzt hatte er nicht die geringste Vorstellung von
der Region, aus der ich gekommen war. Außerhalb seiner Welt, oder Linie,
war alles leer für ihn; nein, nicht einmal leer, denn Leere impliziert Raum,
ich sage besser: alles war nicht existent.

Seine Untertanen – die kleinen Linien waren Männer und die Punkte
55   Frauen – waren alle auf dieselbe Weise in ihrer Bewegung und ihrer
Sicht auf diese eine Gerade Linie beschränkt, die ihre Welt war. Man
braucht kaum mehr hinzufügen, dass ihr ganzer Horizont auf einen

13.24. Monarch. Das Wort ‚Monarch' kommt vom altgriechischen *mono* (allein oder einzig) und *archon* (Herrscher); es ist folglich ein angemessener Titel für den Herrscher einer eindimensionalen Welt.

13.25. von woher dringst du. Im Original: „whence intrudest thou". Der Bericht des Quadrats, in dem er von Linienland erzählt, und der Besuch der Kugel (§15ff.) sind Geschichten in einer Geschichte. Wie in Shakespeares ‚plays-within-a-play' ist der Dialog bewusst in gestelzter Sprache verfasst.

13.52. nein. Im Original: „nay," ein Wort, das verwendet wird, um eine Verbesserung oder Erweiterung dessen, was gerade gesagt wurde, anzukündigen, nicht um es lediglich zu verneinen.

Punkt begrenzt war, noch konnte irgendjemand jemals irgendetwas anderes sehen als einen Punkt. Männer, Frauen, Kinder, Dinge – alles war ein Punkt in den Augen der Linienländer. Nur durch den Klang der Stimme konnten Geschlecht und Alter unterschieden werden. Und da jedes Individuum sozusagen den ganzen engen Weg ausfüllte, der sein Universum bildete, und niemand nach rechts oder links ausweichen konnte, um den Weg für Vorbeigehende frei zu machen, konnte kein Linienländer jemals an einem anderen vorbeigehen. Einmal Nachbarn, immer Nachbarn. Nachbarschaft war bei ihnen wie Ehe bei uns. Nachbarn blieben Nachbarn, bis dass der Tod sie schied.

Solch ein Leben, in dem man nur einen Punkt sehen und sich nur in einer geraden Linie bewegen konnte, schien mir unsagbar eintönig zu sein und ich war überrascht von der Lebhaftigkeit und Fröhlichkeit des Königs. Ich fragte mich, ob es unter Umständen, die so ungünstig für familiäre Beziehungen waren, möglich sei, die Freuden der ehelichen Vereinigung zu genießen, doch ich zögerte einige Zeit, seine Königliche Hoheit zu einem solch empfindlichen Thema zu befragen. Doch schließlich fasste ich den Mut und erkundigte mich abrupt nach der Gesundheit seiner Familie. „Meine Frauen und Kinder," antwortete er, „sind wohlauf und froh."

Verblüfft von dieser Antwort – denn in der unmittelbaren Nähe des Königs waren (wie ich in meinem Traum bemerkt hatte, bevor ich mich in Linienland hineinbewegte,) nur Männer – wagte ich es zu antworten: „Verzeiht mir, aber ich kann mir nicht vorstellen, wie ihre Königliche Hoheit zu irgendeiner Zeit ihre Majestäten sehen oder sich ihnen annähern kann, wenn dazwischen mindestens ein halbes Dutzend Individuen sind, durch die man weder sehen noch an ihnen vorbei gehen kann? Ist es möglich, dass Nähe in Linienland nicht notwendig ist für die Ehe und die Zeugung von Kindern?"

„Wie kannst du eine so absurde Frage stellen?" erwiderte der Monarch. „Wenn es tatsächlich so wäre, wie du es vermutest, wäre das Universum bald entvölkert. Nein, nein; Nachbarschaft ist nicht nötig für die Vereinigung der Herzen, und die Geburt von Kindern ist eine zu wichtige Angelegenheit, als dass sie von etwas so Zufälligem wie Nähe abhängen könnte. Es kann nicht sein, dass du davon nichts weißt. Aber da es dir Freude macht, Unwissenheit vorzutäuschen, werde ich dich unterrichten als wärst du das kleinste Kleinkind in Linienland. So wisse, dass Ehen geschlossen werden kraft des Vermögens, Klang hervorzubringen und des Vermögens zu hören.

13.66. immer Nachbarn. G. T. Fechner war der erste, der „Linienland" in der Literatur erwähnte. In seinem satirischen Essay „Warum wird die Wurst schief durchschnitten?" entwickelt er spielerisch eine Variante von Linienland, in der Wesen durcheinander hindurchgehen können.

> Dabei fällt mir ein zu erzählen, um dem Prinzip der Abwechslung zu genügen, wie ich einmal in einer Gesellschaft neben ihm [dem Mathematiker und Astronomen August F. Möbius] saß, und ihn um Rat wegen der Einrichtung einer Welt befragte, die statt dreier Dimensionen bloß eine hätte, und die mir große Vorteile zu versprechen schien, weil damit alle lästigen Verwicklungen in der Welt fortfielen, und es darin unmöglich wäre, vom rechten Wege abzuweichen. Die größte Schwierigkeit schien nur, wie die Leute in einer solchen Welt sollten beieinander vorbei oder übereinander hinaus kommen können; und der Leser mag selbst überlegen, ob er ein Mittel dazu finden kann; wir sind aber durch gegenseitiges Forthelfen sogar auf zwei Mittel gekommen, wonach diese Welt ganz praktikabel erscheint. Das eine war, sich die lineare Welt elliptisch in sich zurücklaufend, mit der göttlichen Monade als Brennpunkt zu denken; dann brauchten die Leute, die nicht beieinander vorbei könnten, bloß umzukehren und sich nach der andern Seite entgegenzukommen, was, da eine solche Welt zugleich ein natürliches Eisenbahngleis darstellte, sehr schnell würde geschehen können, aber freilich nur auf zwei Leute passte. Das andre, keiner solchen Beschränkung unterliegende, war, dass man sich die Leute bloß als lineare Wellen zu denken hätte, die ja bekanntlich ohne Störung durcheinander durchschreiten können, und da unsere Gedanken ohnehin schon an Ätherwellen im Gehirn hängen, würde man sich solchergestalt mit dem Gedanken zugleich in Wirklichkeit über den andern hinaus versetzen können. (Fechner 1875, S. 398-399)

13.66. wie Ehe. Vor dem Matrimonial Causes Act von 1857 waren Scheidungen in England Angelegenheit der kirchlichen Gerichte. Eine staatliche Scheidung, die auch eine erneute Heirat ermöglichte, war nur durch einen ‚Private Act of Parliament' (Einzelfallgesetz) möglich und mit hohen Kosten verbunden. (Vgl. UK Parliament, Living Heritage)

„Du bist dir natürlich dessen bewusst, dass jeder Mann, so wie er zwei Augen hat, auch zwei Münder oder Stimmen hat: Eine Bassstimme an seinem einen und eine Tenorstimme an seinem anderen Ende. Ich sollte dies nicht erwähnen, aber es war mir nicht möglich, deinen Tenor im Laufe
100   unserer Unterhaltung herauszuhören." Ich erwiderte, dass ich nur eine Stimme habe und ich mir dessen nicht bewusst war, dass seine Königliche Hoheit zwei habe. „Das bestätigt meinen Eindruck," sagte der König, „dass du kein Mann bist, sondern ein weibliches Monstrum mit einer Bassstimme und einem äußerst ungeschulten Ohr. Aber um fortzufahren:

105   Die Natur selbst hat es eingerichtet, dass jeder Mann zwei Frauen heiraten soll –" „Warum zwei?" fragte ich. „Du treibst es zu weit mit deiner gespielten Naivität," schrie er. „Wie kann es eine vollkommen harmonische Vereinigung geben ohne die Verbindung von vier in einem, d.h. dem Bass und Tenor des Mannes und dem Sopran und Alt von
110   zwei Frauen?" „Aber," sagte ich, „angenommen ein Mann zieht es vor, eine Frau oder drei Frauen zu haben?" „Das ist unmöglich," sagte er, „es ist so unvorstellbar wie dass zwei und eins fünf ergeben oder dass das menschliche Auge eine gerade Linie sieht." Ich hätte ihn unterbrochen, aber er fuhr fort wie folgt:

115   „Jeweils in der Mitte der Woche zwingt uns ein Gesetz der Natur dazu, uns vor und zurück zu bewegen in einer rhythmischen Bewegung, die heftiger als gewöhnlich ist, und so lange andauert, wie du Zeit bräuchtest bis hunderteins zu zählen. Mitten in diesem chorischen Tanz, bei dem einundfünfzigsten Pulsschlag, halten die Bewohner des Universums
120   in vollem Lauf inne und jedes Individuum sendet seinen reichsten, vollsten und süßesten Ton aus. Es ist dies der entscheidende Moment, in dem alle unsere Ehen geschlossen werden. Der Zusammenklang von Bass und Sopran, von Tenor und Alt ist so herrlich, dass die Geliebten oftmals, obwohl sie zwanzigtausend Meilen voneinander entfernt sind,
125   den antwortenden Ton ihres ausersehenen Geliebten sogleich erkennen, und indem sie die unbedeutenden Hindernisse der Distanz überwindet, vereinigt Liebe die drei. Aus der Ehe, die in diesem Moment vollzogen wird, gehen ein männlicher und zwei weibliche Nachkommen hervor, die ihren Platz in Linienland finden."

130   „Was! Immer drei?" rief ich. „Muss eine Frau dann immer Zwillinge haben?"

13.97. zwei ... Stimmen. In *Through Nature to Christ* beschreibt Abbott eine Fallstudie aus Henry Maudsley's Physiology and Pathology of the Mind: „Es soll Fälle gegeben haben, in denen zwei verschiedene Stimmen nacheinander von dem Patienten ausgegangen sind, wobei die Bassstimme den moralischen Willen und die Falsettstimme den unmoralischen Willen repräsentierte. Die Stimmen zeugen so von dem Kampf, den die Willenskräfte in dem Patienten austrugen." (Abbott 1877a, S. 448, eigene Übersetzung).

13.99. Tenor. Abbott spielt mit den zwei Bedeutungen von ‚Tenor' (von lat. tenere, halten): Die Singstimme eines erwachsenen Mannes über dem Bariton, und die zentrale Aussage oder der Sinn eines gesprochenen oder geschriebenen Textes.

13.124. zwanzigtausend Meilen. Im Original: „twenty thousand leagues". Eine Anspielung auf Jules Vernes *20,000 Leagues under the Sea* (1870).

„Bassstimmiges Monstrum! Ja," erwiderte der König. „Wie sonst könnte das Gleichgewicht der Geschlechter aufrechterhalten werden, wenn nicht für jeden Jungen zwei Mädchen geboren würden? Willst du
135 das Alphabet der Natur selbst ignorieren?" Er verstummte, sprachlos vor Wut; und einige Zeit verstrich bevor ich ihn dazu bringen konnte, seine Erzählung wieder aufzunehmen.

„Du wirst natürlich nicht annehmen, dass jeder Junggeselle unter uns seine Partnerinnen bereits beim ersten Lockruf in diesem universellen
140 Ehe-Chor findet. Ganz im Gegenteil wird der Prozess von den meisten viele Male wiederholt. Nur wenige Herzen haben das Glück, mit einem Mal in der Stimme des anderen den Partner zu erkennen, den die Bestimmung für sie vorgesehen hat, und in eine vollkommen harmonische Umarmung zu fliegen. Für die meisten von uns ist das Werben von langer
145 Dauer. Die Stimmen des Freiers mögen vielleicht mit der Stimme einer seiner zukünftigen Frauen zusammenklingen, aber nicht mit beiden; oder, zu Beginn, mit keiner von beiden; oder es könnte sein, dass der Sopran und der Alt nicht richtig harmonieren. Für solche Fälle hat die Natur vorgesehen, dass jeder wöchentliche Chorus die drei Liebenden in
150 innigere Harmonie bringen soll. Jede Erprobung der Stimme, jede neue Entdeckung eines Missklangs, veranlasst den weniger Vollkommenen fast unmerklich dazu, seine oder ihre stimmliche Äußerung so zu verändern, dass sie sich dem Vollkommeneren annähert. Und nach vielen Versuchen und vielen Annäherungen wird das Ziel schliesslich erreicht. Dann
155 kommt endlich ein Tag, an dem, während der Ehe-Chor wie gewohnt im universellen Linienland erklingt, die drei weit entfernten Liebenden sich plötzlich in exakter Harmonie wiederfinden und, noch bevor es ihnen bewusst ist, sinkt die verheiratete Dreiergruppe singend in eine doppelte Umarmung, und die Natur erfreut sich an einer weiteren Ehe und an drei
160 weiteren Geburten."

13.135. das Alphabet der Natur selbst. Die grundlegenden Prinzipien der Natur. Vielleicht eine Anspielung auf das *Abecedarium Novum Naturae* (neues Alphabet der Natur), ein fragmentarisch überliefertes Werk von Francis Bacon. (Vgl. Rees 1884)

13.150. innigere Harmonie. Wie Linienländer verwenden Moskitos akustische Signale zur Erkennung des Geschlechts bei der Paarung. Wenn ein Männchen einem Weibchen begegnet, beschleunigt es seinen Flügelschlag, um den eigenen Summton auf eine Frequenz zu bringen, die höher als die des Weibchens ist. Als Erwiderung darauf beschleunigt auch das Weibchen seinen Flügelschlag, um den Ton des Männchens zu erreichen, während das Männchen seinen Flügelschlag verlangsamt, um ihre Frequenz zu treffen. Innerhalb von Sekunden stimmen ihre Frequenzen überein (Gibson und Russel 2006).

13.156. im universellen Linienland. Der König bezeichnet sein Land als universell, da es in seiner Vorstellung gleich unserem Begriff vom Universum alles umfasst, was existiert.

§14
Wie ich vergeblich versuchte, die Beschaffenheit von Flachland zu erklären

Ich fand, dass es Zeit war, den Monarchen von seiner Verzückung auf die Ebene des gesunden Menschenverstandes herabzuholen, und so beschloss ich, ihm einige flüchtige Blicke auf die Wahrheit zu gewähren, das heißt, auf die Beschaffenheit der Dinge in Flachland. So begann ich
5 auf diese Weise: „Wie unterscheiden Eure Königliche Hoheit die Formen und Positionen seiner Untertanen? Ich meinerseits habe, bevor ich mich in Euer Königreich bewegt habe, durch meinen Sehsinn sofort bemerkt, dass einige Eurer Leute Linien sind und andere Punkte und dass einige der Linien größer sind." „Du sprichst von einer Unmöglichkeit" unterbrach
10 mich der König; „du musst eine Vision gehabt haben, denn mit den Augen den Unterschied zwischen einer Linie und einem Punkt zu erkennen ist, wie jeder weiß, aufgrund der Natur der Dinge unmöglich. Aber er kann erkannt werden durch den Hörsinn und durch diesen kann auch meine Form exakt bestimmt werden. Sieh mich an – ich bin eine Linie, die längste
15 in Linienland, mehr als sechs Zoll an Raum –" „An Länge," wagte ich vorzuschlagen. „Du Narr," sagte er, „Raum ist Länge. Unterbrich mich noch einmal und ich bin fertig mit dir."

Ich entschuldigte mich, er aber fuhr höhnisch fort: „Da du mit Argumenten nicht zu erreichen bist, sollst du mit deinen Ohren hören,
20 wie ich mithilfe meiner zwei Stimmen meine Gestalt gegenüber meinen Frauen enthülle, die zu diesem Zeitpunkt sechstausend Meilen, siebzig Yards, zwei Fuss und acht Zoll entfernt sind, die eine im Norden, die andere im Süden. Horch, ich rufe sie."

Er zirpte und fuhr dann selbstzufrieden fort: "Meine Frauen
25 empfangen in diesem Moment den Klang einer meiner Stimmen, dicht gefolgt vom Klang der anderen. Indem sie wahrnehmen, dass letztere sie nach einem Intervall erreicht, in der Schall 6,457 Zoll durchqueren kann, leiten sie daraus ab, dass einer meiner Münder 6,457 Zoll von dem anderen entfernt ist und wissen demzufolge, dass meine Figur 6,457 Zoll
30 lang ist.

Anmerkungen zu Kapitel 14.

Titel. Im Original weicht die Titelüberschrift für §14 im Inhaltsverzeichnis von der Titelüberschrift im Buchtext ab. Im Inhaltsverzeichnis lautet der Titel für §14: "How in my Vision I endeavoured to explain the nature of Flatland, but could not." (Wie ich mich in meiner Vision darum bemühte, die Beschaffenheit von Flachland zu erklären, es aber nicht vermochte)

14.21. sechstausend Meilen. Auf der Erde bewegt sich Schall bei einer Temperatur von 20°C mit einer Geschwindigkeit von etwa 767 Meilen (ca. 1235 km) pro Stunde durch die Luft und so bräuchte Schall etwa acht Stunden, um eine Strecke von 6000 Meilen (ca. 9656 km) zurückzulegen. In Linienland überwindet die Botschaft des Königs diese Distanz in einem Augenblick.

14.22. Zoll. Der König beschreibt seine eigene Länge und die Distanz zwischen ihm und seiner Frau mit Größen des englischen Einheitensystems. Die internationale Basiseinheit für Länge, ein Meter, wurde 1983 definiert als die Distanz, die Licht im Vakuum in $1/299.792.458$ Sekunden zurücklegt. Analog dazu wäre eine Basiseinheit in Linienland durch die Distanz definiert, die der Schall in einer bestimmten Zeitspanne zurücklegt.

Aber du wirst natürlich verstehen, dass meine Frauen diese Berechnung nicht jedes Mal machen, wenn sie meine zwei Stimmen hören. Sie haben sie einmal für alle Zeit gemacht, bevor wir heirateten. Aber sie könnten sie jederzeit machen. Und auf dieselbe Weise kann ich durch den Hörsinn die

35   Länge der Figur eines jeden meiner männlichen Untertanen schätzen."

„Aber wie verhält es sich," sagte ich, „wenn ein Mann mit einer seiner beiden Stimmen die Stimme einer Frau nachahmt oder seine südliche Stimme so verstellt, dass sie nicht als das Echo seiner nördlichen Stimme erkannt werden kann? Können solche Täuschungen nicht großes Unheil

40   anrichten? Und ist es Euch nicht möglich zu prüfen, ob Betrüge dieser Art begangen wurden, indem ihr benachbarten Untertanen befehlt, einander zu fühlen?" Dies war natürlich eine sehr dumme Frage, denn Fühlen hätte den Zweck nicht erfüllen können, aber ich fragte in der Absicht, den Monarchen zu irritieren, und dies gelang mir hervorragend.

45   „Was!", schrie er entsetzt, „erkläre, was du meinst." „Fühlen, Berühren, in Kontakt kommen," erwiderte ich. Der König sagte: "Wenn *Fühlen* für dich bedeutet, so dicht an jemanden heranzugehen, dass man keinen Raum mehr zwischen zwei Individuen lässt, wisse, Fremder, dass ein solches Verbrechen in meinem Herrschaftsgebiet mit dem Tode bestraft

50   wird. Und der Grund dafür ist offensichtlich: Die zerbrechliche Form einer Frau, die bei einer solchen Annäherung zerschmettert werden kann, muss durch den Staat geschützt werden. Da aber Frauen durch den Sehsinn nicht von Männern unterschieden werden können, verbietet das Gesetz universell, sich Männern oder Frauen sich so dicht anzunähern, dass dabei

55   der Abstand zwischen dem sich Annähernden und demjenigen, an den er sich annähert, zerstört wird.

„Und in der Tat, welchem Zweck würde dieser illegale und unnatürliche Exzess der Annäherung, den du *Berühren* nennst, dienen, wenn alle Ziele dieses so brutalen und groben Vorgangs sich auf einmal

60   einfacher und exakter erreichen lassen mithilfe des Hörsinns? Und was die von dir angedeutete Gefahr der Täuschung betrifft – sie ist nicht existent: Denn die Stimme, die Essenz des eigenen Daseins, kann nicht einfach so nach Belieben verändert werden. Aber komm, nehmen wir einmal an, ich hätte die Fähigkeit, durch feste Dinge durchzugehen, so dass ich meine

65   Untertanen durchdringen könnte, einen nach dem anderen, bis zu einer Billion von ihnen, und ich könnte die Größe und den Abstand eines jeden durch Fühlen überprüfen: Wie viel Zeit und Energie würde verschwendet werden mit dieser umständlichen und ungenauen Methode! Wohingegen

14.34. kann ich ... schätzen. Die Weise, in der Linienländer Schall verwenden, um Ausdehnung und Position ihrer Mitbürgerinnen und Mitbürger zu bestimmen, erinnert an Sonar, ein System, mit dem man die Position, Beschaffenheit und Geschwindigkeit eines Objekts unter Wasser bestimmen kann.

14.75. liliputanischen Grashüpfern. Liliput ist der Name einer imaginären Insel in Jonathan Swifts Satire *Gullivers Reisen* (*Gulliver's Travels*, 1726). Liliputs Bewohner sind „kaum sechs Zoll hoch" („not six inches high"), ‚liliputanisch' bedeutet also klein oder winzig. Wie *Flatland* wurde auch *Gulliver's Travels* pseudonym veröffentlicht.

ich nun, in nur einem Moment des Hinhörens, den Ort und die physische,
geistige und spirituelle Beschaffenheit jedes Wesens in Linienland erfassen
kann, so als wäre es eine Volkszählung oder statistische Erhebung. Horch
nur, horch!"

Nachdem er das gesagt hatte, hielt er inne und lauschte, wie in Ekstase,
auf einen Klang, der mir nicht mehr als ein winziges Zirpen zu sein schien,
das von unzähligen liliputanischen Grashüpfern ausging.

„Wahrhaftig," erwiderte ich, „Euer Hörsinn leistet Euch gute Dienste
und gleicht viele Eurer Mängel aus. Aber erlaubt mir, darauf hinzuweisen,
dass Euer Leben in Linienland entsetzlich langweilig sein muss. Nichts zu
sehen außer einem Punkt! Nicht einmal fähig zu sein, eine gerade Linie
zu betrachten! Nein, nicht einmal zu wissen, was eine gerade Linie ist!
Zu sehen, aber abgeschnitten zu sein von den linearen Aussichten, die
uns in Flachland gewährt sind. Gewiss ist es besser, gar nichts zu sehen,
als nur so wenig zu sehen! Ich gebe zu, ich habe nicht Eure Fähigkeit,
Unterschiede durch das Hören zu erkennen, denn das Konzert von ganz
Linienland, das Euch solch innige Freude bereitet, ist für mich nicht mehr
als ein vielstimmiges Zwitschern oder Zirpen. Aber immerhin kann ich
mit meinem Auge eine Linie von einem Punkt unterscheiden. Und lasst
es mich beweisen: Kurz bevor ich in Euer Königreich kam, sah ich Euch
von links nach rechts tanzen und dann von rechts nach links, mit sieben
Männern und einer Frau in Eurer unmittelbaren Nähe zu Eurer Linken und
acht Männern und zwei Frauen zu Eurer Rechten. Ist dies nicht korrekt?"

„Es ist korrekt," sagte der König, „zumindest was die Anzahl und
die Geschlechter angeht, obgleich ich nicht weiß, was du mit ‚rechts' und
‚links' meinst. Doch streite ich ab, dass du diese Dinge gesehen hast. Denn
wie könntest du die Linie sehen, die sozusagen das Innere eines Menschen
ist? Aber du musst von diesen Dingen gehört haben, und dann träumtest
du, dass du sie siehst. Und lass mich fragen, was du mit den Wörtern
‚links' und ‚rechts' meinst. Ich nehme an, dies ist deine Art ‚nordwärts'
und ‚südwärts' zu sagen."

„So ist es nicht," erwiderte ich, „außer Eurer Bewegung nach Norden
und Süden gibt es eine andere Bewegung, die ich als ‚von rechts nach links'
bezeichne."

König. Zeige mir, wenn es dir beliebt, diese Bewegung von links nach
rechts.

14.103. wenn es dir beliebt. Mit dieser sarkastischen Wendung bringt der König seine Zweifel daran zum Audruck, dass das Quadrat eine Bewegung von links nach rechts vorführen kann.

105   *Ich.* Nein, dies kann ich nicht, es sei denn, Ihr könntet vollständig aus Eurer Linie treten.

König. Aus meiner Linie? Meinst du aus der Welt? Aus dem Raum?

Ich. Nun, ja. Aus *eurer* Welt. Aus *eurem* Raum. Denn euer Raum ist nicht der wahre Raum. Der wahre Raum ist eine Ebene, aber euer Raum ist nur
110   eine Linie.

König. Wenn du diese Bewegung von links nach rechts nicht vorführen kannst, indem du dich selbst auf diese Weise bewegst, dann bitte ich dich, sie mir in Worten zu beschreiben.

Ich. Wenn Ihr Eure rechte Seite nicht von Eurer linken unterscheiden
115   könnt, fürchte ich, dass keines meiner Worte Euch verständlich machen kann, was ich meine. Aber gewiss kann eine solch einfache Unterscheidung Euch nicht unbekannt sein.

König. Ich verstehe dich nicht im Geringsten.

Ich. Ach! Wie soll ich es klar machen? Wenn Ihr Euch geradeaus bewegt,
120   kommt Euch nicht manchmal der Gedanke, dass Ihr Euch auch auf eine andere Weise bewegen könntet, indem Ihr Euer Auge in die Richtung wendet, in die Eure Seite jetzt zeigt? In anderen Worten, statt sich immer in die Richtung einer Eurer Extremitäten zu bewegen, fühlt Ihr nie das Verlangen, Euch in die Richtung, sozusagen, Eurer Seite zu bewegen?

125   *König.* Nie. Und was meinst du damit? Wie kann das Innere eines Menschen irgendeiner Richtung „zugewendet" sein? Oder wie kann ein Mensch sich in die Richtung seines Inneren bewegen?

Ich. Also dann, da Wörter die Sache nicht erklären können, werde ich es mit Taten versuchen und mich allmählich aus Linienland herausbewegen
130   in die Richtung, die ich wünsche, Euch zu zeigen.

Bei diesem Wort begann ich damit, meinen Körper aus Linienland heraus zu bewegen. Solange ein Teil von mir noch in seinem Herrschaftsgebiet und in seinem Blickfeld blieb, rief der König in einem fort „Ich sehe dich, ich sehe dich noch; du bewegst dich nicht."

14.108. euer Raum ist nicht der wahre Raum. Albert Einstein weist darauf hin, dass die Wörter „rot," „hart," und „enttäuscht" nur mit geringer Wahrscheinlichkeit fehlinterpretiert werden, da sie sich auf grundlegende Erfahrungen beziehen. „Bei Worten wie ‚Ort' oder ‚Raum' aber, deren Verknüpfung mit dem seelischen Erlebnis weniger unmittelbar ist, besteht eine weitgehende Unsicherheit der Deutung." (Jammer 1960, S. XIV)

135

Aber als ich mich schließlich aus seiner Linie herausbewegt hatte, schrie er in seiner schrillsten Stimme, „Sie ist verschwunden! Sie ist tot!" „Ich bin nicht tot", erwiderte ich. „Ich bin nur außerhalb von Linienland, das heißt, außerhalb der geraden Linie, die du Raum nennst, und bin im wahren Raum, wo ich die Dinge so sehen kann, wie sie sind. In diesem Augenblick kann ich Eure Linie, oder Seite – oder, wie Ihr es zu nennen beliebt, Euer Inneres sehen, und ich kann auch die Männer und Frauen nördlich und südlich von Euch sehen, die ich Euch nun einzeln benennen werde, indem ich ihre Reihenfolge, ihre Größe und das Intervall zwischen ihnen beschreibe.

140

145

Als ich dies in aller Ausführlichkeit getan hatte, schrie ich triumphierend, „Seid Ihr nun endlich überzeugt?" Und mit diesem Schrei bewegte ich mich ein weiteres Mal durch Linienland und nahm dieselbe Position ein wie davor.

150   Aber der Monarch erwiderte: „Wenn du ein Mann mit Verstand wärest – obwohl, da du nur eine Stimme zu haben scheinst, habe ich wenig Zweifel daran, dass du kein Mann, sondern eine Frau bist – aber, wenn du nur einen Funken Verstand hättest, würdest du auf die Vernunft hören. Du bittest mich, zu glauben, dass es eine andere Linie gibt außer

155   derjenigen, die meine Sinne erkennen, und eine andere Bewegung außer derjenigen, derer ich mir jeden Tag bewusst bin. Ich wiederum bitte dich, diese andere Linie, von der du sprichst, in Worten zu beschreiben oder sie durch Bewegung anzuzeigen. Anstatt dich zu bewegen, übst du lediglich irgendeine magische Kunst aus, durch die du aus meinem

160   Blick verschwindest und wieder zurückkehrst. Und statt irgendeiner erhellenden Beschreibung deiner neuen Welt nennst du mir einfach die Anzahl und Größe von etwa vierzig aus meinem Gefolge, Fakten, die jedes Kind in meiner Hauptstadt weiß. Kann irgendetwas irrationaler und unverfrorener sein? Stehe zu deiner Torheit oder verschwinde aus meinem

165   Herrschaftsgebiet."

14.147. „Seid Ihr nun endlich überzeugt?". Das Quadrat hätte versuchen können, den König in den zweidimensionalen Raum zu heben und ihn so zurück in seine Linie zu setzen, dass Bass- und Tenorstimme vertauscht sind. Solch eine Umpolung hätte den König zwar vielleicht nicht von der Existenz eines Raumes außerhalb von Linienland überzeugt, aber sie hätte ihn sicher erschüttert und er hätte seine ursprüngliche Orientierung nicht wiedererlangen können. Wenn eine Frau aus Flachland hochgehoben und spiegelverkehrt wieder in ihre Ebene gesetzt würde, wird sie dieses Erlebnis ohne Zweifel aus der Fassung bringen, aber sie wird ihre ursprüngliche Orientierung wiederfinden, indem sie sich um 180° dreht (siehe 16.98 zu analogen „Umkehrungen" im drei- und vierdimensionalen Raum).

Tobend angesichts seines Starrsinns und besonders entrüstet darüber, dass er offen bekundete, mein Geschlecht nicht zu kennen, entgegnete ich ohne jede Zurückhaltung: „Törichtes Wesen! Ihr haltet Euch selbst für die Vervollkommnung der Existenz, während Ihr in Wirklichkeit das

170 unvollkommenste und schwachsinnigste Wesen seid. Ihr behauptet zu sehen, während Ihr nichts sehen könnt als einen Punkt! Ihr rühmt Euch damit, dass Ihr die Existenz einer Geraden Linie ableiten könnt, aber ich *kann* gerade Linien *sehen*, und die Existenz von Winkeln, Dreiecken, Quadraten, Fünfecken, Sechsecken und sogar Kreisen ableiten. Wozu

175 noch mehr Wörter verschwenden? Es genügt wohl zu sagen, dass ich die Vervollkommnung Eures unvollkommenen Selbst bin. Ihr seid eine Linie, aber ich bin eine Linie aus Linien, ein Quadrat werde ich in meinem Land genannt: Und selbst ich, Euch gegenüber unendlich überlegen, bin nur von geringer Bedeutung unter den großen Adeligen von Flachland, von woher

180 ich kam, um Euch zu besuchen, in der Hoffnung, Eure Unwissenheit zu erhellen."

Als er diese Worte hörte, kam der König mit einem bedrohlichen Schrei auf mich zu, so als ob er mich in der Diagonale durchbohren wollte und in eben diesem Moment stieg von Myriaden seiner Untertanen

185 ein vielstimmiges Kriegsgeschrei auf, das an Heftigkeit zunahm bis es schließlich, wie mir dünkte, dem Gebrüll einer Armee von hunderttausend Gleichschenkligen und einer Artillerie von tausend Fünfecken glich. Gebannt und regungslos konnte ich weder sprechen noch mich bewegen, um die bevorstehende Zerstörung abzuwenden; und immer noch wurde

190 der Lärm lauter und der König kam näher, als ich erwachte und die Frühstücksglocke mich zu den Realitäten von Flachland zurückrief.

§15
Über einen Fremden aus Raumland

Von Träumen komme ich zu Fakten.

Es war der letzte Tag des Jahres 1999 unserer Ära. Das Prasseln des Regens hatte schon lange den Einbruch der Nacht angekündet, ich saß[3]

---

[3]Wenn ich „sitzen" sage, meine ich natürlich nicht eine solche Veränderung der Haltung, die ihr in Raumland mit diesem Wort bezeichnet. Denn, da wir keine Füße haben, können

14.177. Linie aus Linien. Im Original: „Line of Lines". Wörtlich genommen ist diese Wendung gewiss irreführend, da aus ihr nicht hervorgeht, wie aus der eindimensionalen Linie eine zweidimensionale Figur entstehen kann. Das Quadrat meint, dass es als eine Zusammenfügung von Strecken angesehen werden kann (siehe Abbildung 14.1.). Jeder Punkt der Strecke AB kann einer Strecke zugeordnet werden, die diesen Punkt erhält und parallel zu AD ist, und jeder Punkt auf dem Quadrat ABCD liegt auf einer dieser parallelen Strecken. Auf dieselbe Weise könnten wir einen Würfel als eine ‚Linie aus Quadraten' ansehen und eine Kugel als eine ‚Linie aus Kreisscheiben' (siehe 15.104).

Abbildung 14.1. Ein Quadrat als eine ‚Reihe aus Linien'.

In seinem bekanntesten Werk *Geometria Indivisibilibus* (*Geometrie der Indivisibilien*, 1635) entwickelte der italienische Mathematiker Bonaventura Cavalieri die Idee, dass eine Linie aus einer unendlich großen Reihe von Punkten besteht, eine ebene Figur aus einer unendlich großen Reihe von Linien und ein fester Körper aus einer unendlich großen Reihe von Ebenen.

14.187. Artillerie von tausend Fünfecken. Dies ist ein Fehler – in Zeile 8.87 wird die Artillerie als Einheit aus Quadraten beschrieben.

14.191. Frühstücksglocke. Der Brauch, den Tag mit Morgengebeten zu beginnen, war in der viktorianischen Mittelschicht und in den höheren Schichten weit verbreitet. Der gesamte Haushalt versammelte sich jeden Tag beim Läuten einer Glocke oder dem Schlag eines Gongs pünktlich zur selben Stunde vor dem Frühstück. (Vgl. Davidoff 1973, S. 35)

Anmerkungen zu Kapitel 15.

15.2. Das Prasseln des Regens hatte ... den Einbruch der Nacht angekündet. Der Regen in Flachland fällt so regelmäßig, dass er wie ein Sonnenuntergang das Ende jedes Tages anzeigt.

Fußnote. ihr in Raumland Damit korrigierte Abbott die erste Ausgabe, in der es heißt: „ihr in Flachland".

Fußnote. eine Sohle oder eine Flunder in Raumland. Um zu illustrieren, wie eine Krümmung des Raums die Illusion von Anziehungskraft erzeugen kann, erzählt der Physiker Arthur Eddington eine Fabel: Ein Schwarm von flachen Fischen schwimmt in Wellenbewegungen um eine Erhebung auf dem Grund des Meeres – eine Erhebung, die sie nicht sehen können, weil sie zweidimensional sind. (Vgl. Eddington 1921, S. 95–96).

in der Gesellschaft meiner Frau, nachsinnend über die Ereignisse des
vergangenen und die Aussichten des kommenden Jahres, des kommenden
Jahrhunderts, des kommenden Jahrtausends.

Meine vier Söhne und meine zwei verwaisten Enkelkinder hatten sich
in ihre jeweiligen Zimmer zurückgezogen und nur meine Frau blieb bei
mir, um das alte Jahrtausend gehen und das neue kommen zu sehen.

Ich war in Gedanken versunken; Worte, die ich zufällig aus dem
Mund meines jüngsten Enkelsohns vernommen hatte – einem äußerst
vielversprechenden jungen Sechseck von ungewöhnlicher Brillanz und
vollkommener Regelmäßigkeit – gingen mir durch den Kopf. Seine
Onkel und ich hatten ihm wie gewöhnlich praktischen Unterricht in
der Seh-Erkennung gegeben: Wir drehten uns um unsere Zentren, mal
rasch, mal langsamer, und befragten ihn zu unseren Positionen. Seine
Antworten waren so zufriedenstellend, dass ich dazu verleitet war, ihn
mit einigen Ratschlägen zur Arithmetik, angewandt auf die Geometrie, zu
belohnen. Ich hatte neun Quadrate genommen, deren Seiten jeweils ein
Zoll lang waren, und sie so zusammengefügt, dass ein großes Quadrat mit
einer Seitenlänge von drei Zoll entstand. Und ich hatte meinem kleinen
Enkelsohn somit bewiesen, dass wir – obwohl es uns unmöglich war,
das Innere des Quadrats *zu sehen* – doch die Anzahl der Quadratzoll in
einem Quadrat bestimmen können, einfach indem wir die Zoll einer Seite
quadrieren: „und so," sagte ich, „wissen wir, dass 3^2 oder 9, die Anzahl
der Quadratzoll in einem Quadrat repräsentiert, dessen Seiten drei Zoll
lang sind."

Das kleine Sechseck dachte eine Weile darüber nach und sagte dann
zu mir: „Aber du hast mir beigebracht, die Zahlen bis zur dritten Potenz
zu erhöhen; ich nehme an, 3^3 muss etwas bedeuten in der Geometrie; was
bedeutet es?" „Überhaupt nichts," erwiderte ich, "zumindest nicht in der
Geometrie, denn die Geometrie hat nur zwei Dimensionen." Und dann
begann ich, dem Jungen zu zeigen, wie durch einen Punkt, der sich durch
eine Länge von drei Zoll bewegt, eine Linie von drei Zoll entsteht, die

---

wir nicht besser „sitzen" oder „stehen" (in dem Sinne, in dem ihr diese Wörter versteht)
als es eine Sohle oder eine Flunder in Raumland könnte. Nichtsdestotrotz erkennen wir
ohne Schwierigkeiten die verschiedenen mentalen Zustände der Willenskraft, die durch
„liegen," „sitzen," und „stehen" zum Ausdruck gebracht werden. Diese werden dem
Betrachter bis zu einem bestimmten Grad angezeigt durch eine leichte Zunahme des
Glanzes, die der Zunahme der Willenskraft entspricht. Aber bei diesem und tausend
anderen verwandten Themen zu verweilen, verbietet mir die Zeit.

15.6. Jahrtausends. In der neutestamentlichen Eschatologie wird der im englischen Original verwendete Begriff ‚Millennium' mit der Ankündigung einer tausendjährigen Herrschaft Christi in Verbindung gebracht. (Offenbarung 20, 1-5)

15.16. befragten ihn zu unseren Positionen. In der „statischen" Seh-Erkennung beobachtet man, wie sich die Helligkeit der Kanten einer unbewegten Figur verändert, um die Weite ihrer Winkel zu bestimmen. In der hier beschrieben Szene weiß der Junge bereits, dass sein Großvater ein Quadrat und seine Onkel Fünfecke sind. Er wendet "kinetische" Seh-Erkennung an, um ihre Positionen zu erkennen, während sie sich drehen. In kinetischer Seh-Erkennung identifiziert ein Flachländer eine Figur, indem er beobachtet, wie sich sein Blickwinkel verändert, wenn er um eine unbewegte Figur herum geht bzw. wenn er selbst unbewegt bleibt und die von ihm beobachtete Figur sich dreht. In formaler Sprache: Zu einer Figur K in einem Kreis C, die denselben Schwerpunkt hat wie C, definieren wir die Winkelfunktion von K entlang C als die Funktion, die jedem Punkt x auf C die Größe des Blickwinkels von K bei x zuweist. János Kincses bewies, dass jedes konvexe Vieleck durch seine Winkelfunktion bestimmt ist. Das bedeutet: Wenn P_1 und P_2 konvexe Vielecke sind, die entlang ein und desselben Kreises dieselbe Winkelfunktion haben, dann ist $P_1 = P_2$. (Vgl. Kincses 2003) Abbildung 15.1 stellt die Winkelfunktion eines Fünfecks dar. Sie zeigt den sich verändernden Blickwinkel eines unbewegten Beobachters, der ein Fünfeck betrachtet, das sich um 180° dreht. Wenn die Anzahl der Seiten des regelmäßigen Vielecks zunimmt, wird die Winkelfunktion flacher, jede Winkelfunktion eines Kreises ist konstant. Zur Winkelfunktion einer Strecke siehe 15.75.

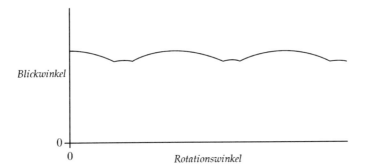

Abbildung 15.1. Die Winkelfunktion eines Fünfecks.

15.23. Das Innere des Quadrats *zu sehen.* Von unserem Blickwinkel aus können wir die gesamte Form der in Flachland lebenden Figuren sowie die Form ihrer Gebäude sehen. Das Quadrat, dem diese Perspektive fehlt, hat gelernt, die Formen der Objekte in Flachland zu sehen, indem er sich um sie herumbewegt und ihre Seiten und Winkel betrachtet.

15.32. Geometrie hat nur zwei Dimensionen. Eine mathematische Definition von ‚Dimension' würde den Rahmen dieser Anmerkungen sprengen. Informell gesprochen ist die Dimension eines Objekts oder eines Raumes die Anzahl von Richtungen, in denen ein Punkt sich bewegen kann. Das heißt, die Dimension eines Raumes, der aus einem Punkt besteht, ist Null, denn keine Bewegung ist möglich. Die Dimension eines Raumes wie Linienland ist Eins, denn ein Punkt in Linienland kann sich nur in eine Richtung

35 durch die Zahl 3 repräsentiert werden kann, und wie eine Linie von drei
    Zoll, wenn sie sich durch eine Länge von drei Zoll parallel zu sich bewegt,
    ein Quadrat entstehen lässt, dessen Seiten jeweils drei Zoll lang sind, und
    das durch 3^2 repräsentiert werden kann.

    Hierauf kehrte meine Enkelsohn zu seinem ursprünglichen Vorschlag
40 zurück, unterbrach mich ziemlich plötzlich und rief: „Also gut, wenn ein
    Punkt, der sich durch drei Zoll bewegt, eine Linie von drei Zoll ergibt, die
    durch die Zahl 3 repräsentiert wird, und wenn eine gerade Linie von drei
    Zoll, die sich parallel zu sich bewegt, ein Quadrat ergibt, dessen Seiten
    jeweils drei Zoll lang sind, und das durch 3^2 repräsentiert wird, dann
45 muss ein Quadrat mit einer Seitenlänge von drei Zoll, das sich irgendwie
    parallel zu sich bewegt (aber ich weiß nicht wie) etwas Anderes ergeben
    (aber ich weiß nicht was), das in alle Richtungen drei Zoll lang ist – und
    dieses muss repräsentiert werden durch 3^3." „Geh ins Bett," sagte ich, ein
    bisschen verärgert von seiner Unterbrechung: „Wenn du weniger Unsinn
50 reden würdest, könntest du dir mehr Sinnvolles merken."

    So hatte sich mein Enkelsohn beschämt zurückgezogen, und da saß
    ich an der Seite meiner Frau und versuchte, mir einen Überblick über das
    Jahr 1999 und die Möglichkeiten des Jahres 2000 zu verschaffen, aber es
    wollte mir nicht recht gelingen, die Gedanken abzuschütteln, die sich in
55 dem Plappern meines klugen kleinen Sechsecks andeuteten. Nur noch ein
    paar Sandkörner waren jetzt noch übrig im Halbstundenglas. Ich riss mich
    selbst aus meiner Träumerei und drehte das Glas nordwärts – ein letztes
    Mal im alten Jahrtausend, und indem ich dies tat, rief ich laut: „Der Junge
    ist ein Narr."

60 Unmittelbar darauf wurde ich mir einer Präsenz im Zimmer bewusst
    und ein eisiger Atem durchschauerte mein ganzes Wesen. „Er ist kein
    Narr", kreischte meine Frau, „und du brichst die Gebote, wenn du deinen
    eigenen Enkelsohn auf diese Weise entehrst." Aber ich beachtete sie nicht.
    Ich blickte um mich, in jede Richtung, und konnte nichts sehen. Und doch
65 *fühlte* ich eine Präsenz, und ich fröstelte, als ich das kühle Flüstern wieder
    vernahm. Ich fuhr hoch. „Was ist geschehen?" fragte meine Frau, „da ist
    kein Luftzug. Wonach suchst du? Da ist nichts." Da war nichts. Und ich
    setzte mich zurück auf meinen Platz, und rief erneut: „Der Junge ist ein
    Narr, sage ich, 3^3 kann keine Bedeutung haben in der Geometrie." Sogleich
70 kam eine deutlich hörbare Antwort: „Der Junge ist kein Narr, und 3^3 hat
    eine offensichtliche geometrische Bedeutung."

oder in die ihr entgegengesetzte Richtung bewegen. Die Dimension einer Ebene wie Flachland ist zwei, denn jede Bewegung in Flachland kann durch eine Kombination der Bewegungen in die Richtungen Nord/Süd und Ost/West erreicht werden und weniger als zwei Bewegungen würden nicht genügen. (Eine Kombination der Bewegungen in die Richtungen von N/S und O/W würde streng genommen auch Bewegungen in die Richtungen von N/W und O/W involvieren.) Raumland ist dreidimensional, weil jede Bewegung in Raumland ausgeführt werden kann, indem man drei Bewegungen kombiniert (Nord/Süd, Ost/West und hoch/runter) und weniger als drei Bewegungen würden nicht genügen. Siehe auch Anmerkung 16.275.

15.36. wenn sie sich ... parallel zu sich bewegt. Das Quadrat hätte sagen sollen „die sich im rechten Winkel zu sich selbst bewegt". Eine Strecke, die sich parallel zu sich selbst in eine gleichbleibende Richtung bewegt, erzeugt ein Parallelogramm.

15.56. Halbstundenglas. Im 18. Jahrhundert wurde die Zeit auf der See mithilfe einer ‚Halbstunden-Sanduhr' gemessen, die aus zwei geschlossenen Glaskolben bestand, die durch einen dünnen Hals verbunden waren und genau so viel Sand enthielten, dass die Sandkörner eine halbe Stunde brauchten, um vom oberen in das untere Gefäß zu rieseln. Die Sanduhr des Quadrats ist möglicherweise wie eine „8" geformt, mit einem verbindenden Hals, der so weit ist, dass er zweidimensionalen Sand durchlaufen lässt.

15.61. durchschauerte mein ganzes Wesen. Im Original: „thrilled through my very being." Vgl. hierzu *Romeo and Juliet* 4.3: „I have a faint cold fear thrills through my veins."

15.71. 3^3 hat eine offensichtliche geometrische Bedeutung. Die ‚offensichtliche' geometrische Bedeutung von 3^3 ist keineswegs offensichtlich für Flachländer. Dies ist die erste von mehreren Textstellen, in welchen die didaktischen Defizite der Kugel ans Licht kommen.

Sowohl meine Frau als auch ich hörten diese Worte, obgleich sie ihre Bedeutung nicht verstand; und wir beide sprangen auf, in die Richtung, aus der die Stimme erklang. Wie war unser Entsetzen groß, als wir vor uns

75 eine Figur sahen! Auf den ersten Blick schien sie eine Frau zu sein, von der Seite betrachtet. Aber ein Moment der Betrachtung zeigte mir, dass die Extremitäten zu rasch in der Dunkelheit verschwanden, als dass sie zu einer Frau hätten gehören können. Und ich hätte sie für einen Kreis gehalten, doch sie schien ihre Größe auf eine Weise zu ändern, wie es

80 ein Kreis oder irgendeine regelmäßige Figur, mit der ich Erfahrung hatte, unmöglich gekonnt hätte.

Aber meine Frau hatte nicht meine Erfahrung noch die Gefasstheit, die nötig war, um diese Besonderheiten zu bemerken. Mit der üblichen Hast und vernunftlosen Eifersucht ihres Geschlechts stürzte sie sich sogleich

85 auf die Schlussfolgerung, dass eine Frau das Haus durch eine kleine Fensteröffnung betreten habe. „Wie kommt diese Person hier herein?" rief sie, „du hast mir versprochen, mein Liebling, dass es keine Ventilatoren in unserem neuen Haus geben wird." „Und es gibt auch keine," sagte ich, „aber was verleitet dich dazu, zu denken, dass der Fremde eine

90 Frau ist? Ich sehe mit meiner Kraft der Seh-Erkennung –" „Oh, ich habe keine Geduld mit deiner Seh-Erkennung," erwiderte sie, „‚Fühlen ist Glauben' und ‚eine gerade Linie zu berühren ist genauso gut wie einen Kreis zu sehen'" – zwei Sprichwörter, die beim schwächeren Geschlecht in Flachland sehr geläufig sind.

95 „Nun," sagte ich, denn ich hatte Angst, sie zu reizen, „wenn es sein muss, bitte um eine Vorstellung." Meine Frau nahm ihre graziöseste Haltung an und bewegte sich auf den Fremden zu. „Erlauben Sie mir, Madam, Sie zu fühlen und gefühlt zu werden von –", dann sprang sie plötzlich zurück: "Oh! Es ist keine Frau, und da sind auch keine Winkel,

100 nicht die Spur eines Winkels. Kann es sein, dass ich mich so schlecht benommen habe gegenüber einem vollkommenen Kreis?"

„Ich bin in der Tat in gewisser Hinsicht ein Kreis," erwiderte die Stimme, „und vollkommener als jeder eurer Kreise in Flachland, aber, um es genauer zu sagen, ich bin viele Kreise in einem." Dann fügte er

105 milder hinzu: „Ich habe eine Botschaft, gnädige Frau, für Ihren Ehemann, die ich nicht in Ihrer Gegenwart überbringen darf. Und, wenn Sie es uns gestatten uns für einige Minuten zurückzuziehen –" Aber meine Frau wollte nichts davon hören, dass unser erhabener Besucher sich selbst solche Umstände machte, versicherte dem Kreis, dass der Zeitpunkt, an

15.75. schien sie eine Frau zu sein, von der Seite betrachtet. Während sich die Kugel nach oben oder nach unten bewegt, verändert sich die Größe ihres kreisförmigen Querschnitts (ihre Schnittebene mit Flachland) kontinuierlich. Das Quadrat und seine Frau ‚sehen' diese sich verändernden Querschnitte als eine Strecke, deren Länge variiert. Dieses Phänomen können sie sich nur auf eine Weise erklären: Was sie sehen, ist eine sich drehende Figur, deren Länge sich verändert, und ihrem Wissen nach ist die einzige Figur, deren sichtbare Länge sich wesentlich verändert, wenn sie sich dreht, die einer Frau. Die folgenden Abbildungen illustrieren, wie schwierig es wäre, zwischen einer sich drehenden Frau und einer Kugel, die sich durch Flachland bewegt, zu unterscheiden.

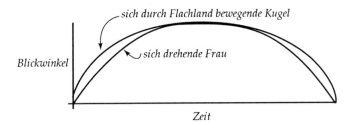

Abbildung 15.2. Die Winkelfunktionen einer sich durch Flachland bewegenden Kugel und einer sich in der Ebene drehenden flachländischen Frau.

15.91. ‚Fühlen ist Glauben'. Eine Anspielung auf Johannes 20, 25. „[Thomas] aber sprach zu ihnen: Es sei denn, daß ich in seinen Händen das Mal der Nägel sehe und meine Finger in das Mal der Nägel lege, und lege meine Hand in seine Seite, so werde ich nicht glauben." (Elberfelder 1905) Abbott diskutiert diese Textstelle in Abbott 1917, S. 710 ff.

15.100. nicht die Spur eines Winkels. Abbott spielt mit den zwei Bedeutungen von ‚trace'/‚Spur': eine sehr kleine Menge und Schnitt einer Geraden oder Ebene mit einer Ebene (Spurpunkt bzw. Spurebene).

110 dem sie sich hätte zurückziehen sollen, längst verstrichen war, und mit vielen wiederholten Entschuldigungen für ihre vorherige Indiskretion, verschwand sie schließlich in ihrem Zimmer.

Ich blickte auf das Halbstundenglas. Die letzten Sandkörner waren gefallen. Das zweite Jahrtausend hatte begonnen.

§16
Wie der Fremde vergeblich versuchte, mir in Worten die Mysterien von Raumland zu enthüllen

Sobald der Klang des Friedensrufs, den meine Frau im Fortgehen aussandte, verhallt war, begann ich, auf den Fremden zuzugehen, mit der Absicht, einen genaueren Blick auf ihn zu werfen und ihn zu bitten, dass er sich setze. Aber seine Erscheinung machte mich stumm und regungslos vor Erstaunen. Obwohl er nicht die geringsten Anzeichen irgendeiner Winkligkeit aufwies, veränderte er in jedem Augenblick seine Größe und Helligkeit, in Abstufungen, die kaum möglich wären bei irgendeiner Figur im Horizont meiner Erfahrung. Wie ein Blitz durchfuhr mich der Gedanke, dass ich vor mir einen Einbrecher oder Halsabschneider haben könnte, irgendeinen monströsen unregelmäßigen Gleichschenkligen, der, indem er die Stimme eines Kreises imitierte, sich auf irgendeine Weise Zugang in das Haus verschafft hatte, und sich nun darauf vorbereitete, mich mit seinem spitzen Winkel zu erstechen.

Drinnen im Wohnzimmer machte es das Ausbleiben des Nebels (es traf sich, dass die Jahreszeit ausgesprochen trocken war) schwierig für mich, der Seh-Erkennung zu vertrauen, insbesondere aus der geringen Distanz, in der ich stand. Verzweifelt vor Angst sprang ich auf ihn zu, rief unverhohlen „Sie müssen mir erlauben, Sir –", und fühlte ihn. Meine Frau hatte recht. Da war nicht die Spur eines Winkels, nicht die geringste Rauheit oder Unebenheit: Niemals in meinem Leben war ich einem vollkommeneren Kreis begegnet. Er blieb regungslos, während ich um ihn herumlief, bei seinem Auge beginnend und zu diesem zurückkehrend. Kreisförmig war er ganz und gar, ein vollkommen zufriedenstellender Kreis; daran konnte kein Zweifel sein. Dann folgte ein Dialog, den ich versuchen werde niederzuschreiben, so genau ich ihn erinnern kann.

15.104. viele Kreise in einem. Abbildung 15.3 veranschaulicht, was die Kugel meint, wenn sie sagt, sie sei „viele Kreise in einem". So wie ein Quadrat eine ‚Reihe aus Linien' ist, ist die Kugel eine ‚Reihe aus kreisförmigen Scheiben'. Das heißt, jeder Punkt der Linie, der das obere mit dem unteren Ende der Kugel verbindet, entspricht genau einer kreisförmigen Scheibe und jeder Punkt der Kugel befindet sich auf einer dieser Scheiben.

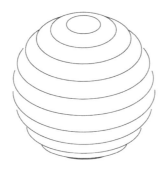

Abbildung 15.3. Die Kugel als ‚viele Kreise in einem'.

15.106. die ich nicht in Ihrer Gegenwart überbringen darf. Der Fremde hat das Quadrat dazu auserwählt, ‚in die Mysterien eingeweiht zu werden', die vor den Uneingeweihten geheim gehalten werden sollen. Er wiederholt seine Forderung, dass kein anderer außer dem Quadrat Zeuge seiner Erscheinung sein darf in 17.77.

15.114. zweite Jahrtausend. Korrekterweise müsste es „drittes Millennium" heißen. Dieser Fehler wurde in der Ausgabe von 1926 behoben, die bei Blackwell erschienen ist.

Anmerkungen zu Kapitel 16.

16.6. Winkligkeit. Die Eigenschaft, scharfe Ecken zu haben. Siehe 6.99.

Nur einige meiner übertriebenen Entschuldigungen werde ich auslassen – denn ich war voller Schmach und Scham, dass ich, ein Quadrat, die Schuld der Unverfrorenheit auf mich genommen haben sollte, einen Kreis zu fühlen. Den Anfang des Dialogs machte der Fremde, der angesichts der Länge meines Vorstellungsprozesses etwas ungeduldig geworden war.

30

Fremder: Hast du mich nun genug gefühlt? Haben wir einander noch nicht genügend vorgestellt?

Ich: Hochverehrtester Herr, entschuldigt meine Unbeholfenheit, die nicht von einer Unkenntnis der Umgangsformen in der gehobenen Gesellschaft herrührt, sondern von einer gewissen Verwunderung und Nervosität, die Ihr etwas unerwarteter Besuch in mir hervorgerufen hat. Ich ersuche Euch, meine Indiskretion niemandem zu verraten, insbesondere nicht meiner Frau. Aber bevor Eure Lordschaft sich in weitere Konversationen begeben, würde Sie so gnädig sein, die Neugierde eines Fragenden zu befriedigen, der gerne wissen möchte, woher sein Besucher kommt?

35

40

Fremder: Vom Raum, vom Raum, mein Herr: Woher sonst?

Ich: Entschuldigen Sie, mein Lord, aber sind eure Lordschaft nicht bereits im Raum, eure Lordschaft und euer ergebenster Diener, in eben diesem Moment?

45

Fremder: Pah! Was weißt du vom Raum? Definiere Raum.

Ich: Raum, mein Lord, ist Höhe und Breite, unendlich verlängert.

Fremder: Genau. Du siehst, du weißt nicht einmal was Raum ist. Du denkst er besteht nur aus zwei Dimensionen; ich aber bin gekommen, um dir eine dritte Dimension zu verkünden – Höhe, Breite und Länge.

50

Ich: Eurer Lordschaft gefällt es zu scherzen. Auch wir sprechen von Länge und Höhe, oder Breite und Dicke, und bezeichnen so zwei Dimensionen mit vier Namen.

Fremder: Aber ich meine nicht nur drei Namen, sondern Drei Dimensionen.

55

Ich: Würden Eure Lordschaft mir andeuten oder erklären, in welche Richtung sich die mir unbekannte dritte Dimension erstreckt?

16.46. Definiere Raum. Albert Einstein erkannte, dass es äußerst schwierig ist zu sagen, was Raum ist und wie sich Raum zu Materie und Bewegung verhält: „Zunächst lassen wir das dunkle Wort ‚Raum', unter dem wir uns bei ehrlichem Geständnis nicht das geringste denken können, ganz beiseite; wir setzen statt dessen ‚Bewegung in bezug auf einen praktisch starren Bezugskörper.'" (Einstein 1917, S. 6.)

Fremder: Ich kam aus ihr. Sie ist hoch über uns und unter uns.

Ich: Mein Lord meint anscheinend nordwärts und südwärts.

60 *Fremder:* Ich meine nichts dergleichen. Ich meine eine Richtung, in die du nicht blicken kannst, weil du kein Auge in deiner Seite hast.

Ich: Entschuldigen Sie, mein Lord, eine kurze Untersuchung wird Eure Lordschaft davon überzeugen, dass ich ein vollkommenes Augenlicht an der Verbindungsstelle meiner beiden Seiten habe.

65 *Fremder:* Ja: Aber um in den Raum sehen zu können, müsstest du ein Auge haben, nicht an deinem Umriss, sondern an deiner Seite, das heißt, an dem, was du wahrscheinlich dein Inneres nennst, das wir in Raumland aber deine Seite nennen würden.

Ich: Ein Auge in meinem Inneren! Ein Auge in meinem Magen! Eure
70 Lordschaft machen Späße.

Fremder: Mir ist nicht im Geringsten nach Späßen zumute. Ich sage dir, dass ich vom Raum komme, oder, da du nicht verstehen wirst, was Raum bedeutet, vom Land der drei Dimensionen, von wo aus ich erst kürzlich auf eure Ebene hinabgeblickt habe, die du fürwahr Raum nennst. Von dieser
75 vorteilhaften Position aus habe ich all das wahrgenommen, was du als fest bezeichnest (womit du meinst „von vier Seiten umschlossen"), eure Häuser, eure Kirchen, selbst eure Kisten und Tresore, ja sogar euer Inneres und eure Mägen, alles lag offen und unverhüllt vor meinem Blick.

Ich: Solche Behauptungen sind leicht gemacht, mein Lord.

80 *Fremder:* Aber nicht leicht bewiesen, meinst du. Aber ich beabsichtige, die meinigen zu beweisen. Als ich hier herunterkam, sah ich deine vier Söhne, die Fünfecke, jeden in seinem Zimmer, und deine zwei Enkelsöhne, die Sechsecke. Ich sah, wie dein jüngstes Sechseck eine Weile bei dir blieb, sich dann in sein Zimmer zurückzog und dich und deine Frau allein ließ.
85 Ich sah deine gleichschenkligen Bediensteten, drei an der Zahl, in der Küche beim Abendessen, und den kleinen Pagen in der Spülküche. Dann kam ich hierher und wie denkst du bin ich hergekommen?

Ich: Durch das Dach, nehme ich an.

16.63. ein vollkommenes Augenlicht. Im Original: „luminary", was wörtlich so viel bedeutet wie Licht aussendender Körper. Das Quadrat bezeichnet sein Auge also als ein Organ, das selbst Licht ausströmt. Die Vorstellung, dass das menschliche Auge im Geschehen der Wahrnehmung die sichtbare Welt nicht rein passiv aufnimmt, sondern ihr mit einem Lichtstrahl begegnet, ist auch zentral in Platons Theorie visueller Wahrnehmung, wie er sie in *Timaios* entfaltet. In anschaulicher Sprache beschreibt Platon, wie Licht oder Feuer in Strahlen aus dem Auge des Betrachters strömt und sich mit Tageslicht verbindet, um einen ‚einheitlichen, verwandten Körper' zu erzeugen, der als materielles Bindeglied zwischen dem sichtbaren Objekt und dem Auge fungiert:

> Umgibt nun des Tages Licht den Strom des Sehens, dann fällt Ähnliches auf Ähnliches, verbindet sich und tritt zu einem einheitlichen, verwandten Körper in der geraden Richtung der Augen immer dort zusammen, wo das von innen Herausdringende dem sich entgegenstellt, was von den Dingen außen mit ihm zusammentrifft. (*Timaios*, 45c)

Wahrnehmung wird so als Beziehungsgeschehen gedacht. (Vgl. auch Lindberg 1976, S. 3–6)

16.71. Mir ist nicht ... nach Spaßen zumute. Im Original: „I am in no jesting humour". Das englische Wort ‚humour' verwendet Abbott hier ohne Bezug zu irgendetwas Amüsantem, es bezeichnet die Stimmung bzw. das Temperament (der Kugel). Diese Bedeutungsdimension von ‚humour' weist zurück auf eine Lehre, die als erstes in den Schriften Empedokles' Erwähnung findet. Dieser Lehre zufolge bestimmt das Verhältnis von vier Körpersäften (auf Englisch: humours) die Gesundheit und das Temperament einer Person.

16.74. fürwahr. Im Englischen verwendet Abbott an dieser Stelle das Wort „forsooth". Dieses galt als veraltet bereits lange bevor *Flatland* erschien. Wenn es verwendet wurde, dann – wie auch hier – mit einem verächtlichen Unterton.

Fremder: Eben nicht. Dein Dach ist, wie du sehr gut weißt, vor Kurzem
90 repariert worden und hat nun nicht einmal eine Öffnung, durch die eine
Frau eindringen könnte. Ich sage dir, ich komme vom Raum. Hat das, was
ich dir über deine Kinder und deinen Haushalt gesagt habe, dich nicht
überzeugt?

Ich: Eure Lordschaft müssen sich darüber bewusst sein, dass solche
95 Fakten, die das Hab und Gut Ihres bescheidenen Dieners betreffen,
leicht zu ermitteln sind für jeden in der Nachbarschaft, der so vielfältige
Möglichkeiten der Informationsgewinnung wie Eure Lordschaft hat.

Fremder (zu sich selbst): Was muss ich tun? Warte, ein weiteres Argument
bietet sich mir an. Wenn du eine gerade Linie siehst – deine Frau zum
100 Beispiel – wie viele Dimensionen schreibst du ihr zu?

Ich: Eure Lordschaft behandeln mich als wäre ich einer vom Volk, der,
ohne Kenntnisse der Mathematik, annimmt, dass eine Frau wirklich eine
gerade Linie ist und von nur einer Dimension. Nein, nein, mein Lord, wir
Quadrate sind besser beraten und sind uns genau wie Eure Lordschaft
105 dessen bewusst, dass eine Frau, obgleich sie gemeinhin eine gerade Linie
genannt wird, wirklich und in wissenschaftlicher Hinsicht ein sehr dünnes
Parallelogramm ist, das zwei Dimensionen besitzt, wie der Rest von uns,
nämlich Länge und Breite (oder Dicke).

Fremder: Aber allein die Tatsache, dass eine Linie sichtbar ist, impliziert,
110 dass sie noch eine weitere Dimension besitzt.

Ich: Mein Lord, ich habe gerade bestätigt, dass eine Frau sowohl breit
als auch lang ist. Wir sehen ihre Länge und leiten ihre Breite ab, die,
obgleich sie sehr gering ist, gemessen werden kann.

Fremder: Du verstehst mich nicht. Ich meine, du solltest, wenn du eine
115 Frau siehst, nicht nur ihre Breite ableiten und ihre Länge sehen, sondern
auch *sehen*, was wir ihre *Höhe* nennen, auch wenn diese letzte Dimension
unendlich klein ist in eurem Land. Wäre eine Linie lediglich Länge ohne
„Höhe", würde sie aufhören, Raum einzunehmen und würde unsichtbar
werden. Sicherlich wirst du dies begreifen?

120 *Ich:* Ich muss in der Tat zugeben, dass ich Eure Lordschaft nicht im
Geringsten verstehe. Wenn wir in Flachland eine Linie sehen, sehen wir
Länge und *Helligkeit*. Wenn die Helligkeit verschwindet, ist die Linie

16.98. Was muss ich tun? Da das Quadrat die Wörter ‚links' und ‚rechts' verwendet, scheint es die zwei Eckpunkte, zwischen denen sein Auge bzw. Mund liegt, unterscheiden zu können. Nehmen wir an, das Quadrat ist nach Norden ausgerichtet. Wir bezeichnen den Eckpunkt, auf dem sich das Auge befindet mit A, den Eckpunkt auf der Westseite mit L, denjenigen auf der Ostseite mit R und den ‚hinteren Eckpunkt' mit H. Wir gelangen zu H, wenn wir A an der Achse LR spiegeln. Wenn die Kugel das Quadrat aus Flachland herausheben und es verkehrt herum wieder hineinsetzen würde, so wäre es seiner Erscheinung nach das ‚Spiegelbild' seines früheren Selbst – wäre es immer noch nach Norden ausgerichtet, so würde der Eckpunkt R nun auf der Westseite und L auf der Ostseite zu sehen sein. Obwohl eine solche Umkehrung wohl nicht genügen würde, um das Quadrat von der Existenz einer dritten Dimension zu überzeugen, würde es bald feststellen, dass keine Bewegung in der Ebene von Flachland seine ursprüngliche Ausrichtung wiederherstellen könnte.

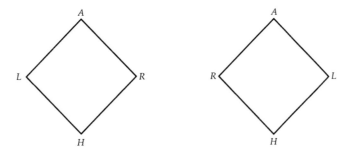

Abbildung 16.1. Das Quadrat und sein Spiegelbild.

H. G. Wells' „The Plattner story" (1896) beschreibt eine analoge ‚Umkehrung' im vierdimensionalen Raum: Gottfried Plattner, ein Chemielehrer, bringt ein grünliches Pulver zum Explodieren, das ihn in den vierdimensionalen Raum katapultiert. Nach neun Tagen in diesem Universum rutscht Plattner auf einem Felsen aus, fällt, und die Flasche, in der sich das restliche Pulver befindet, zerbricht und explodiert. Im nächsten Moment findet er sich auf der Erde wieder, wo er entdeckt, dass sein Herz nun auf seiner rechten Seite ist, ja, es scheint, als ob sich in seinem gesamten Körper alles was links war nun rechts befindet und umgekehrt. (Vgl. Wells 1896) Zur geometrischen Bedeutung von ‚Orientierung' siehe den Abschnitt zu „Immanuel Kant und die Nichtorientierbarkeit" in Banchoff 1991, S. 192–193 sowie Rucker (1984, Kapitel 4), Burger (1965) und William Sleators *The Boy Who Reversed Himself* (1986).

16.98. Die Zeilen 16.98 bis 16.135 sowie *„(zu sich selbst)*: Ich kann keines von beiden tun." in Zeile 16.136f. wurden zur ersten Ausgabe hinzugefügt. Die Hintergründe dieser Ergänzung sind in (Lindgren and Banchoff 2010, Appendix A2) erläutert.

16.106. wirklich und in wissenschaftlicher Hinsicht ein sehr dünnes Parallelogramm. Der Theologe und Mathematiker John Wallis, der im 17. Jahrhundert in Oxford lehrte, sprach sich dafür aus, dass ein Parallelogramm, dessen Höhe unendlich klein oder gleich null ist, nicht mehr sei als eine Linie. Zugleich sei es aber möglich, eine solche Linie als ausdehnbar zu denken. (Vgl. Stedall 2004, S. xii)

ausgelöscht und hört auf Raum einzunehmen, wie ihr sagt. Aber soll ich annehmen, dass Eure Lordschaft der Helligkeit den Status einer Dimension geben und dass sie das, was wir „hell" nennen, „hoch" nennen?

Fremder: Nein, keineswegs. Mit „Höhe" meine ich eine Dimension wie eure Länge: Nur, bei euch ist die „Höhe" nicht so leicht wahrnehmbar, weil sie äußerst gering ist.

Ich: Mein Lord, Eure Aussage lässt sich leicht testen. Ihr sagt, ich habe eine dritte Dimension, die ihr „Höhe" nennt. Nun, Dimension setzt Richtung und Messbarkeit voraus. Messt meine „Höhe" oder zeigt mir lediglich, in welche Richtung sich meine „Höhe" erstreckt und ihr werdet mich bekehrt haben. Anderenfalls, ihr müsst entschuldigen, kann ich nicht begreifen, worüber ihr sprecht.

Fremder (zu sich selbst): Ich kann keines von beiden tun. Wie soll ich ihn überzeugen? Gewiss sollte eine einfache Beschreibung der Fakten gefolgt von einer anschaulichen Demonstration genügen. Nun, mein Herr, höre mir zu.

Du lebst auf einer Ebene. Was du Flachland nennst ist die weite ebene Oberfläche dessen, was ich eine Art Flüssigkeit nennen würde, auf der oder in der du und deine Landsleute euch hin und her bewegt, ohne sich über sie zu erheben oder unter sie zu fallen.

Ich bin nicht eine ebene Figur, sondern ein fester Körper. Du bezeichnest mich als einen Kreis, aber in Wirklichkeit bin ich kein Kreis, sondern eine unendliche Anzahl von übereinanderliegenden Kreisen, deren Größe von einem Punkt bis zu einem Kreis von dreizehn Zoll Durchmesser variiert. Wenn ich eure Ebene durchquere, so wie ich es jetzt tue, erzeuge ich in eurer Ebene eine Schnittfläche, die du ganz zurecht einen Kreis nennst. Denn selbst eine Kugel – dies ist mein eigentlicher Name in meinem eigenen Land – kann sich, wenn sie sich überhaupt gegenüber einem Bewohner von Flachland manifestiert, nur als ein Kreis manifestieren.

Erinnerst du dich nicht – denn ich, der ich alle Dinge sehe, erblickte letzte Nacht die phantastische Vision von Linienland in dein Gehirn eingeschrieben – erinnerst du dich nicht, sage ich, wie du, als du in das Königreich Linienland eingetreten bist, gezwungen warst, dich gegenüber

16.117. Wäre eine Linie lediglich Länge ohne „Höhe" ... unsichtbar. Abbott legte diese irrige Annahme der Kugel in den Mund, um auf deren Fehlbarkeit hinzuweisen. Zu den Gründen für diese Einfügung vgl. Anmerkung E.18.

16.140. Was du Flachland nennst. Diese Bezugnahme auf den Namen ‚Flachland' passt nicht zu der Aussage des Quadrats in den Zeilen 1-3 des ersten Kapitels. Dort betont es, dass ‚Flachland' nicht der Name ist, mit dem seine Landsleute sich auf ihr Land beziehen. Es sagt, es wähle diesen Namen lediglich, um uns, seinen Lesern, die Beschaffenheit seines Landes deutlicher zu machen.

16.140. ebene Oberfläche ... eine Art Flüssigkeit. Der Meeresbiologe A. E. Walsby entdeckte eine flache, durchsichtige, quadratische Bakterie, die auf der Oberfläche von Salzwasserbecken auf der Sinai-Halbinsel treibt. (Vgl. Walsby 1980)

16.149. Schnittfläche. Der Schriftsteller Paul Lake spricht von Dimensionen im übertragenen Sinne, um die Form der Poesie („the shape of poetry") zu beschreiben. Er vergleicht die Textgestalt eines Gedichts mit dem Querschnitt eines mehrdimensionalen Objekts und spricht sich dafür aus, dass die Essenz eines Gedichtes nicht dessen zweidimensionale Textgestalt sei. Vielmehr sei sie die vierdimensionale Gestalt, die erzeugt wird, wenn das Gedicht gesprochen oder gelesen wird. (Lake 2001, S. 166)

16.150. Kugel. A. K. Dewdney zufolge bewirkt die geometrische Charakterisierung der Gesprächspartner, dass der ‚menschliche Gehalt' in der Begegnung zwischen der Kugel und dem Quadrat neutralisiert wird. In diesem Sinne zwingt der Text den Leser nicht dazu, das Geschehen als eine spirituelle oder religiöse Erfahrung zu interpretieren. Doch, so Dewdney, „the vibration is there and is reinforced enough times in the course of Flatland's telling to leave no doubt that the metaphysical dimension is Abbott's main interest." („Die Resonanz ist spürbar und wird oft genug im Verlauf der Erzählung wiederholt, um keinen Zweifel daran zu lassen, dass der metaphysischen Dimension Abbotts Hauptinteresse gilt.", Dewdney 1984a, S. 10, eigene Übersetzung).

16.154. Erinnerst du dich nicht. C. Howard Hinton formulierte bereits 1880 den Gedanken, dass ein zweidimensionales Wesen eine Ahnung von der Existenz einer dritten Raumdimension erlangen könnte, wenn es sich ein anderes Wesen vorstellen würde, dessen Sein auf eine Linie beschränkt ist.

> If he (a two-dimensional being) were to imagine a being confined to a single straight line, he might realise that he himself could move in two directions, while the creature in a straight line could only move in one. Having made this reflection he might ask, 'But why is the number of directions limited to two? Why should there not be three?' (Hinton 1880, S. 18)

Abbott lässt das Quadrat im Traum eine eindrucksvolle Begegnung mit einem eindimensionalen Wesen erleben, hat ihm jedoch nicht die Einbildungskraft gegeben, die es bräuchte, um den Traum dahingehend zu interpretieren, dass dieser auf die Erscheinung eines Wesens aus dem dreidimensionalen Raum hindeutet. Zudem ist das Quadrat durch sein ‚flachländisches Denken' so eingeschränkt, dass ihm nicht bewusst ist, wie sich sein Versuch, den König Linienlands von der Existenz einer zweiten Raumdimension zu überzeugen, zum Versuch der Kugel, es von der Existenz einer dritten Raumdimension zu überzeugen, analog verhält.

dem König nicht als ein Quadrat, sondern als eine Linie zu manifestieren,
weil dieses lineare Reich nicht genug Dimensionen hatte, um dein ganzes
160 Selbst darzustellen, sondern nur eine Scheibe oder eine Schnittfläche
von dir? In eben dieser Weise ist dein Land der zwei Dimensionen
nicht weiträumig genug, um mich – ein Wesen von drei Dimensionen –
darzustellen. Nur eine Scheibe oder eine Schnittfläche von mir kann es
zeigen, das, was du einen Kreis nennst.

165   Die verringerte Helligkeit deines Auges verrät deine Ungläubigkeit.
Nun aber bereite dich vor, den sicheren Beweis der Wahrheit meiner
Behauptungen zu empfangen. Du kannst in der Tat nicht mehr als eine
meiner Schnittflächen oder Kreise zugleich sehen, denn du hast nicht
das Vermögen, dein Auge über die Ebene von Flachland zu erheben,
170 aber du kannst zumindest sehen, dass, so wie ich im Raum aufsteige,
meine Schnittflächen kleiner werden. Sieh nun, ich werde aufsteigen;
und für dich wird es den Anschein haben, als ob mein Kreis kleiner und
kleiner wird, bis er zu einem Punkt zusammenschrumpft und schließlich
verschwindet.

175

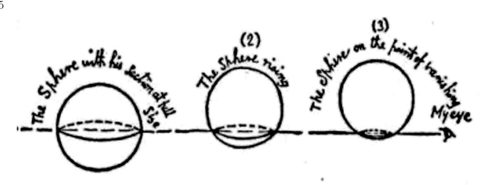

Da war kein „Aufsteigen", das ich hätte sehen können, aber er wurde
kleiner und schließlich verschwand er. Ich blinzelte ein oder zweimal, um
sicher zu gehen, dass ich nicht träumte. Aber es war kein Traum. Denn
180 aus den Tiefen des Nirgendwo ertönte eine hohle Stimme – ganz nah
an meinem Herzen, wie es schien – „Bin ich vollständig verschwunden?
Bist du nun überzeugt? Nun, ich werde jetzt allmählich nach Flachland
zurückkehren und du wirst sehen, wie meine Schnittfläche größer und
größer wird.

16.180. hohle Stimme. Möglicherweise eine Anspielung auf Hamlet: In 1.5 lässt Shakespeare den Geist von einem Raum unter der Bühne hinauf zu Hamlet und Horatio sprechen.

16.188. grobe Skizze. Das Quadrat sieht die Bewegung der Kugel durch Flachland in Form einer runden Scheibe, die sich im Verlauf der Zeit ausdehnt und wieder zusammenzieht. In einer perspektivischen Ansicht erscheinen die kreisförmigen Querschnitte als elliptisch, wie in Abbildung 16.2, doch in der dürftigen Zeichnung des Quadrats ähneln sie den Querschnitten einer beidseitig konvexen Linse.

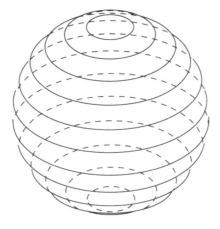

Abbildung 16.2. Querschnitte einer Kugel.

185   Jeder Leser in Raumland wird leicht verstehen, dass mein geheimnisvoller Gast die Wahrheit sagte und sogar eine ganz einfache Wahrheit. Aber für mich, so bewandert ich war in Flachlands Mathematik, war es keineswegs eine einfache Sache. Die grobe Skizze weiter oben wird es jedem Kind aus Raumland deutlich machen, dass die Kugel,

190   während sie in den drei angezeigten Positionen aufstieg, sich mir wie auch jedem anderen Flachländer gegenüber als ein Kreis manifestiert haben muss – zunächst als ein Kreis in voller Größe, dann als ein kleinerer, und zuletzt als ein wirklich sehr kleiner Kreis, der sich einem Punkt annähert. Aber für mich, obwohl ich die Tatsachen direkt vor mir sah, waren die

195   Gründe so dunkel wie sie es von jeher gewesen waren. Alles, was ich verstehen konnte, war, dass der Kreis sich selbst verkleinert hatte und dann verschwunden war, und dass er nun wiedererschienen war und sich rasch vergrößerte.

    Als er seine ursprüngliche Größe wieder erreicht hatte, stieß er einen

200   tiefen Seufzer aus, denn er erkannte an meinem Schweigen, dass ich gänzlich darin gescheitert war, ihn zu verstehen. Und in der Tat war ich nun der Annahme zugeneigt, dass er überhaupt kein Kreis war, sondern irgendein extrem cleverer Gaukler oder aber, dass die Altweiberfabeln wahr waren und es letzten Endes doch solche Leute gab wie Zauberer und

205   Magier.

    Nach einer langen Pause murmelte er im Stillen bei sich: „Eine einzige Möglichkeit bleibt mir noch, wenn ich nicht zu Taten schreiten möchte. Ich muss es mit der Methode der Analogie versuchen." Dann folgte eine noch längere Stille, bis er unser Gespräch wieder fortsetzte.

210   *Kugel:* Sage mir, Herr Mathematiker, wenn sich ein Punkt nordwärts bewegt und eine leuchtende Spur nach sich zieht, welchen Namen würdest du dieser Spur geben?

    Ich: Eine gerade Linie.

    Kugel: Und eine gerade Linie hat wie viele Extremitäten?

215   *Ich:* Zwei.

    Kugel: Nun stelle dir vor, wie diese nach Norden gerichtete gerade Linie sich parallel zu sich selbst bewegt, von Osten nach Westen, so dass jeder Punkt in ihr die Spur einer geraden Linie nach sich zieht. Welchen Namen

16.195. Alles, was ich verstehen konnte. *Flatland* regt die Leserinnen und Leser nicht nur dazu an, sich mehrdimensionale Räume vorzustellen, es fordert sie auch dazu auf, ein zweidimensionales Wesen zu imaginieren, das seinerseits ein dreidimensionales Objekt imaginiert. Wir Menschen können nichts wissen über den Raumbegriff von zweidimensionalen Wesen. Weil wir keine Erkenntnis über ihre sinnlichen Wahrnehmungen haben, reicht selbst die Annahme, dass ihre Idee des Raumes auf Erfahrungen mit einem Tast- oder Sehsinn zurückgeht, nicht aus, um gesicherte Folgerungen über ihren Raumbegriff zu erlangen. Doch das Leitprinzip in *Flatland* ist, dass Flachländer so sind wie wir und so dürfen wir uns auf unsere eigene Erfahrung zurückbesinnen, wenn wir versuchen, uns vorzustellen, welchen Begriff von Raum diese speziellen zweidimensionalen Figuren haben. Ein Würfel, der dem Quadrat seine Gestalt zu erkennen geben möchte, könnte sich durch Flachland hindurch bewegen so wie es die Kugel tat, als sie sich gegenüber dem Quadrat in Form von Schnittflächen bzw. Querschnitten manifestierte. Wenn der Würfel sich mit einer seiner Ecken voran durch Flachland bewegt, wird die erste Schnittfläche ein einziger Punkt sein, der sich im zeitlichen Verlauf zu einem kleinen Dreieck ausdehnt. Hat der Würfel ein Drittel des Weges zurückgelegt, ist die Schnittfläche ein gleichseitiges Dreieck, das drei Eckpunkte des Würfels sichtbar werden lässt; auf halber Strecke ist die Schnittfläche ein regelmäßiges Sechseck, dessen Eckpunkte in den Mittelpunkten von sechs Kanten des Würfels liegen. Die zweite Hälfte dieser Sequenz von Querschnitten ist eine Umkehrung der ersten.

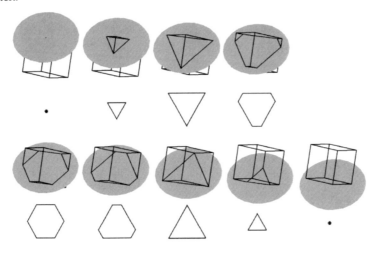

Abbildung 16.3. Ein Würfel bewegt sich durch Flachland.

Ein Quadrat, das die aufeinanderfolgenden Querschnitte beobachtet, würde nicht den Würfel, sondern nur einige Ausschnitte von ihm sehen. Um einen Würfel als Objekt zu imaginieren, muss es diese Sequenz sichtbarer Bilder auf eine Weise ‚vereinigen'.

16.203. Altweiberfabeln. Seit der Antike wurden Geschichten, die mythische Glaubensbilder tradieren, den ‚alten Frauen' zugeschrieben. Platon erwähnt diese in *Gorgias* (527a) und im ersten Brief an Timotheus 4,7 warnt Paulus: „Die unheiligen und altweiberhaften Fabeln aber weise ab." (Elberfelder 1905)

16.208. Analogie. Im weitesten Sinne des Wortes bedeutet ‚Analogie' einen Vergleich zwischen zwei Komponenten, bei dem einige Attribute der einen Komponenten

gibst du der Figur, die dadurch gebildet wird? Wir nehmen an, dass die
220   Strecke, die diese Linie zurücklegt, genauso lang ist wie die ursprüngliche
gerade Linie. Wie wirst du sie nennen, frage ich dich?

Ich: Ein Quadrat.

Kugel: Und wie viele Seiten hat ein Quadrat? Wie viele Winkel?

Ich: Vier Seiten und vier Winkel.

225   *Kugel:* Nun erweitere deine Einbildungskraft ein wenig und stelle dir
ein Quadrat in Flachland vor, das sich parallel zu sich selbst nach oben
bewegt.

Ich: Was? Nordwärts?

Kugel: Nein, nicht nordwärts, nach oben, ganz und gar hinaus aus
230   Flachland.

Wenn es sich nordwärts bewegte, müssten die südlichen Punkte
des Quadrats sich durch die Positionen bewegen, die vorher von den
nördlichen Punkten eingenommen waren. Aber das ist nicht was ich
meine.

235   Ich meine, dass jeder Punkt in dir – denn du bist ein Quadrat und wirst
dich so für die von mir beabsichtigte Veranschaulichung eignen – jeder
Punkt in dir, das heißt, in dem, was du dein Inneres nennst, muss sich nach
oben durch den Raum bewegen auf eine solche Weise, dass kein Punkt
sich durch eine Position bewegt, die vorher von irgendeinem anderen
240   Punkt eingenommen wurde, sondern jeder Punkt wird seine eigene gerade
Linie beschreiben. Dies alles ist in Einklang mit dem Gesetz der Analogie,
sicherlich wird es dir klar sein.

einigen Attributen der anderen entsprechen. Analogie ist abgeleitet vom griechischen Wort αναλογία (*analogia*). Aristoteles zufolge bedeutet Analogie angewandt auf Zahlen die Gleichheit von Anteilen, A/B = C/D (eine Proportion); das Konzept kann jedoch auch auf Personen oder Dinge angewandt werden, A verhält sich zu B wie C zu D (eine Analogie). (Vgl. *Nikomachische Ethik*, 5.3) Zusammen betrachtet veranschaulichen der ‚Besuch‘ des Quadrats in Linienland und der Besuch der Kugel in Flachland eine Analogie der Dimensionen: Das Verhältnis zwischen dem eindimensionalen und zweidimensionalen Raum ist analog zu dem Verhältnis zwischen dem zweidimensionalen und dreidimensionalen Raum. Die Verwendung einer Analogie der Dimensionen ist eine intuitive, induktive Herangehensweise in der Erforschung höherer Dimensionen. Ergebnisse werden hierbei erzielt, indem Einsichten aus der Erforschung niedrigerer Dimensionen verallgemeinert bzw. auf die unbekannten höheren Dimensionen übertragen werden.

> Wenn wir ein Theorem der ebenen Geometrie wirklich verstehen, sollten wir fähig sein, zu diesem Theorem eine oder mehrere Analogien in der räumlichen Geometrie zu finden und umgekehrt wird die räumliche Geometrie auf neue Beziehungen zwischen ebenen Figuren aufmerksam machen. Theoreme über Quadrate sollten Theoremen über Würfel oder quadratische Prismen entsprechen. Theoreme über Kreise sollten analog zu Theoremen über Kugeln, Zylindern oder Kegeln sein. Doch wenn wir viel lernen, indem wir gedanklich von zwei Dimensionen zu drei Dimensionen übergehen, würden wir nicht noch mehr lernen, wenn wir im Denken von drei Dimensionen zu vier Dimensionen übergehen? (Banchoff 1990, S. 8-9, eigene Übersetzung)

16.210. Herr Mathematiker. Der Fremde bezieht sich sarkastisch auf die Behauptung des Quadrats, dass es sich im Gegensatz zu den anderen Figuren in Flachland im Bereich der Mathematik durchaus gut auskenne.

16.210. wenn sich ein Punkt nordwärts bewegt. Abbildung 16.4 veranschaulicht die Ableitungssequenz: Ein Punkt (ein nulldimensionaler Würfel), der sich in eine konstante Richtung bewegt, beschreibt eine Strecke (einen eindimensionalen Würfel); Eine Strecke, die sich in einer Ebene senkrecht zu sich selbst bewegt, bildet ein Quadrat (einen zweidimensionalen Würfel); ein Quadrat, das sich im dreidimensionalen Raum senkrecht zu sich selbst bewegt bildet einen Würfel (einen dreidimensionalen Würfel). In Zeile 19.187 leitet das Quadrat so die mögliche Existenz eines vierdimensionalen Würfels, also eines Hyperwürfels oder Tesserakts ab, den es ‚Extra-Cube‘ nennt.

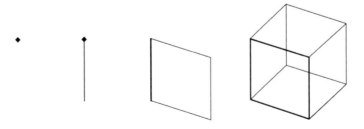

Abbildung 16.4. Die Ableitungssequenz.

Aristoteles zufolge ist es nicht möglich, mit dieser Sequenz von Ableitungen über die dritte Dimension hinauszugehen:

Ich hielt meine Ungeduld zurück – denn nun war ich der starken Versuchung ausgesetzt, mich blindlings auf meinen Besucher zu stürzen und ihn in den Raum zu schleudern, oder aus Flachland hinaus, irgendwohin, so dass ich ihn loswerden konnte – und antwortete: „Und wie soll die Figur beschaffen sein, die ich durch diese Bewegung bilden soll, welche du beliebst, mit den Worten ‚nach oben' zu bezeichnen? Ich nehme an, es ist möglich, sie in der Sprache Flachlands zu beschreiben."

Kugel: Oh, gewiss. Es ist alles einfach und klar und in strenger Übereinstimmung mit dem Gesetz der Analogie – nur, nebenbei gesagt, du darfst das Ergebnis nicht als eine Figur bezeichnen, sondern als einen festen Körper. Aber ich werde es dir beschreiben. Oder besser gesagt nicht ich, sondern die Analogie.

Wir begannen mit einem einzigen Punkt, der natürlich – da er ein Punkt ist – selbst nur *einen* Endpunkt hat.

Ein Punkt erzeugt eine Linie mit *zwei* Endpunkten.

Eine Linie erzeugt ein Quadrat mit *vier* Endpunkten.

Nun kannst du dir selbst die Antwort auf deine eigene Frage geben: 1, 2, 4, bilden offensichtlich eine geometrische Folge. Was ist die nächste Zahl?

Ich: Acht.

Kugel: Genau. Das eine Quadrat erzeugt ein *Etwas-für-das-du-noch-keinen-Namen-hast-das-wir-aber-einen-Würfel-nennen* mit *acht* Endpunkten. Bist du nun überzeugt?

Ich: Und hat diese Kreatur Seiten und auch Winkel oder was du als „Endpunkte" bezeichnest?

> Es gibt keinen Übergang (vom festen Körper) zu einer weiteren Gattung (der Größe), wie von der Länge zur Fläche und von der Fläche zum Körper: Denn eine solche Größe (d.h. eine Größe, von der man zu einer vierdimensionalen Größe übergehen könnte) wäre nicht mehr vollkommen. Es ist nämlich notwendig, dass der Übertritt aufgrund des Mangels erfolgt, und das Vollkommene kann keinen Mangel aufweisen, da es in jeder Hinsicht vollkommen ist. (*Über den Himmel* 268a, Z. 31-268b, Z. 6)

Die ersten Aussagen zu den konstitutiven Elementen idealer und physikalischer Größen – Punkt, Linie, flache Ebene und Körper – können wir im vierten Jahrhundert v. Chr. finden. Aristoteles' Darstellung in der *Metaphysik* (985b–988a) deutet darauf hin, dass die Ableitung von Größen ein zu seiner Zeit viel diskutiertes Thema war. (Philip 1966, S. 32)

16.217. von Osten und Westen. Im Original: „East and West".

16.245. zu schleudern. Im Original: „precipitate". Es ist nicht vollkommen klar, was das Quadrat meint mit „in den Raum ... oder aus Flachland hinaus", denn für ihn ist Flachland der ganze Raum. Diese etwas unklare Ausdrucksweise kann jedoch auch als Indikator für das innere Erleben des Quadrats zum Zeitpunkt der Äußerung gelesen werden: Möglicherweise ahnt es bereits in einer gewissen Konkretheit, dass es etwas gibt, was seine eigene Vorstellungskraft und den ihm bekannten Raum übersteigt, fürchtet sich aber davor und kann diese Ahnung noch nicht als Gedanken akzeptieren bzw. in sein Weltbild integrieren.

Kugel: Natürlich, und alle im Einklang mit dem Gesetz der Analogie. Aber, nebenbei gesagt, sie hat nicht das, was ihr Seiten nennt, sondern was wir Seiten nennen. Ihr würdet sie als Körper bezeichnen.

Ich: Und wie viele Körper oder Seiten werden zu diesem Wesen gehören, das ich mit einer „Aufwärts"-Bewegung meines Inneren erzeugen soll, und das ihr einen Würfel nennt?

Kugel: Wie kannst du so fragen? Und du willst ein Mathematiker sein! Die Seite irgendeines Dinges ist immer, wenn ich so sagen darf, eine Dimension hinter diesem Ding. Folglich hat ein Punkt, da es hinter einem Punkt keine Dimension gibt, 0 Seiten, eine Linie, wenn ich so sagen darf, hat 2 Seiten (denn die Endpunkte einer Linie können wohlwollend als ihre Seiten bezeichnet werden), ein Quadrat hat 4 Seiten; 0, 2, 4, wie nennst du diese Folge?

Ich: Eine arithmetische Folge.

Kugel: Und was ist die nächste Zahl?

Ich: Sechs.

Kugel: Genau. Nun siehst du, du hast deine eigene Frage beantwortet. Der Würfel, den du hervorbringen wirst, ist von sechs Seiten umgeben, das soll heißen, von sechs deiner Innenseiten. Nun siehst du es alles, ja?

„Monster," kreischte ich, „Seid ihr ein Gaukler, Zauberer, Traum oder Teufel, nicht länger werde ich euer Gespött erdulden. Ihr oder ich, einer muss untergehen." Und indem ich diese Worte sagte, stürzte ich mich auf ihn.

16.260. geometrische Folge. Eine Zahlenfolge ist dann eine geometrische Folge, wenn der Quotient zweier aufeinander folgender Glieder immer gleich ist. Im Falle einer Strecke, die sich senkrecht zu sich selbst bewegt, um ein Quadrat zu bilden, haben die beiden Strecken, welche die zwei gegenüberliegenden Seiten des Quadrats bilden, jeweils zwei Eckpunkte und das Quadrat hat demnach vier Eckpunkte. Im Falle eines Quadrats, das sich senkrecht zu sich selbst bewegt, um einen Würfel zu bilden, haben die Quadrate zu Beginn und am Ende der Bewegung jeweils vier Eckpunkte, und der auf diese Weise entstandene Würfel hat demzufolge acht Eckpunkte. Allgemein gilt, dass jedes Mal wenn ein n-dimensionaler Hyperwürfel sich senkrecht zu sich selbst bewegt um einen (n+1)-dimensionalen Hyperwürfel zu bilden, sich die Anzahl der Eckpunkte verdoppelt, da die n-dimensionalen Hyperwürfel am Anfang und am Ende gleich viele Eckpunkte haben.

16.275. Die Seite ... eine Dimension hinter diesem Ding. Die „Seiten" einer Strecke sind ihre Endpunkte, die Seiten eines Quadrats sind Kanten, die Seiten eines Würfels sind Quadrate, die Seiten eines Hyperwürfels sind Würfel und im Allgemeinen sind die Seiten eines n-dimensionalen Hyperwürfels $(n-1)$-dimensionale Hyperwürfel. Die Beobachtung, dass eine Linie eindimensional, eine Ebene zweidimensional und Raum dreidimensional ist, hat Mathematiker auf verschiedene Weise zu einem erweiterten Begriff von „Dimension" geführt. Die Beobachtung des Quadrats, dass „die Seite eines Dinges immer ... eine Dimension hinter diesem Ding" ist, enthält die Essenz eines solchen erweiterten Begriffs von Dimension, den Karl Menger (1902-1985) und Paul Urysohn (1898-1924) unabhängig voneinander entwickelten. Menger reichte seine Arbeit im Dezember 1923 ein, im Jahr 1924 wurde sie veröffentlicht; Urysohn reichte seine Arbeit im März 1923 ein und sie wurde im Jahr 1925 veröffentlicht. (Crilly 2005)

16.281. arithmetische Folge. Eine Zahlenreihe ist eine arithmetische Folge, wenn bei den aufeinander folgenden Gliedern die Differenz immer gleich ist. Wenn sich eine Strecke senkrecht zu sich selbst bewegt, um ein Quadrat zu bilden, bewegen sich beide ihrer Seiten (Eckpunkte), um jeweils eine Strecke zu bilden. Diese zwei Strecken bilden zusammen mit den Strecken am Ausgangspunkt und Endpunkt der Bewegung die vier Seiten eines Quadrats. Wenn sich ein Quadrat senkrecht zu sich selbst bewegt, um einen Würfel zu bilden, bewegen sich alle seine vier Seiten (Kanten), um jeweils ein Quadrat zu bilden. Zusammen mit den Quadraten am Anfang und am Ende der Bewegung bilden sie die sechs Seiten eines Würfels. Allgemein gilt, das sich die Anzahl der ‚Seiten' um zwei vermehrt, jedes Mal, wenn sich ein n-dimensionaler Hyperwürfel senkrecht zu sich selbst bewegt, um einen (n+1)-dimensionalen Hyperwürfel zu bilden.

16.288. Gespött. Das Quadrat ist nicht überzeugt von der Existenz eines Würfels und es tut besser daran, nicht überzeugt zu sein. Die „Methode der Analogie", welche die Kugel verwendet, legt nahe, dass die Anzahl der Endpunkte der Objekte in der Ableitungssequenz eine geometrische Folge bilden (1, 2, 4, 8, 16...) und die Anzahl der Seiten dieser Objekte eine arithmetische Folge (0, 2, 4, 6, 8...). Wie wir bereits weiter oben bemerkt haben, lassen sich diese Vermutungen über bestimmte Eigenschaften mathematischer Objekte höherer Dimensionen leicht beweisen, doch sie sind von keinem Nutzen, wenn es darum geht, die physische Existenz solcher Objekte zu beweisen. Natürlich war sich Abbott der Grenzen dieser auf Analogien basierender Argumente sehr bewusst: „The Argument from Analogy therefore, so far as it is an argument at all, comes under the head of Induction. Otherwise it is not an argument, but a metaphorical illustration of an argument." („Das Argument der Analogie ist daher, sofern es überhaupt ein Argument ist, der Induktion zuzuordnen. Anderenfalls ist es

§17
Wie die Kugel, nachdem sie es vergeblich mit Worten versucht hatte, zu Taten schritt

Es war vergebens. Ich brachte meinen härtesten rechten Winkel in einen gewaltsamen Zusammenstoß mit dem Fremden, ich presste mich gegen ihn mit einer Kraft, die genügt hätte, um jeden gewöhnlichen Kreis zu zerstören: Aber ich konnte fühlen, wie er langsam und unaufhaltsam
5 meiner Berührung entglitt; ohne nach rechts oder links auszuweichen, bewegte er sich irgendwie aus der Welt hinaus und verschwand in einem Nichts. Bald war dort Leere. Aber immer noch hörte ich des Eindringlings Stimme.

Kugel: Warum weigerst du dich, auf die Vernunft zu hören? Ich
10 hatte gehofft in dir – der du ein Mann von Verstand und ein versierter Mathematiker bist – einen geeigneten Apostel für die frohe Botschaft der drei Dimensionen zu finden, welche mir in tausend Jahren nur einmal zu verkündigen erlaubt ist: Aber nun weiß ich nicht, wie ich dich überzeugen kann. Warte, ich habe es! Taten, nicht Worte, sollen die Wahrheit kundtun.
15 Höre, mein Freund.

Ich habe dir gesagt, ich kann von meiner Position im Raum aus das Innere aller Dinge sehen, die du für geschlossen hältst. Zum Beispiel sehe ich in dem Schrank dort drüben, in dessen Nähe du stehst, einige von den Dingen, die du als Kisten bezeichnest (aber wie alles andere in Flachland
20 haben sie weder Deckel noch Böden) voller Geld; ich sehe auch zwei Schreibtafeln voller Rechnungen. Ich bin kurz davor in diesen Schrank hinabzugleiten und dir eine dieser Tafeln zu bringen. Ich sah dich diesen Schrank vor einer halben Stunde verschließen und ich weiß, du hast den Schlüssel in deinem Besitz. Aber ich sinke herab vom Raum; die Türen, du
25 siehst es, bleiben unbewegt. Nun bin ich in dem Schrank und ich nehme die Tafel. Nun habe ich sie. Nun steige ich auf mit ihr.

Ich stürzte zum Schrank und riss die Tür auf. Eine der Tafeln war verschwunden. Mit einem spöttischen Lachen erschien der Fremde in der anderen Ecke des Zimmers und im selben Moment erschien die Tafel auf
30 dem Boden. Ich hob sie auf. Es gab keinen Zweifel – es war die vermisste Tafel.

kein Argument, sondern eine metaphorische Illustration eines Arguments.", Abbott und Seeley 1871, S. 273, eigene Übersetzung).

Anmerkungen zu Kapitel 17.

17.11. Apostel. Das Wort geht zurück auf das Griechische ἀπόστολος (apóstolos): jemand der ausgesandt wurde.

17.11. die frohe Botschaft. Im Original: Gospel, vom altenglischen *godspel*, die guten Nachrichten. Die kontinentalen germanischen Sprachen haben dieses Wort schon früh mit Ableitungen aus dem griechischen εὐαγγέλιον (euaggélion) bzw. lateinischem „euangelium" ersetzt.

17.12. in tausend Jahren nur einmal. Abbott lässt offen, welche Autorität es der Kugel untersagt, ihre Botschaft öfter als einmal innerhalb eines Jahrtausends zu verkünden.

17.14. Taten, nicht Worte. Dieses alte Sprichwort ist die Moral von Aesops „Der Aufschneider."

17.21. Schreibtafeln voller Rechnungen. Für Briefe und Rechnungen verwendeten die Griechen dünne Holztafeln, die mit Wachs überzogen waren. Solche Tafeln lieferten wiederverwendbare, tragbare Schreibflächen in der Antike und bis ins Mittelalter hinein.

17.25. ich nehme die Tafel. Die Kugel kann mühelos ein Objekt aus dem Schrank des Quadrats entwenden, ohne die Türen des Schrankes zu öffnen, denn dieser ist nach oben und nach unten, d.h. in die Richtung senkrecht zu der Ebene Flachlands, geöffnet. Auf ähnliche Weise könnte ein vierdimensionales Wesen ein Objekt aus einem geschlossenen, dreidimensionalen Tresor entwenden, denn dieser hat keine Wand, die in die Richtung der vierten Dimension gerichtet ist. (Vgl. Rucker 1984, S. 25-28)

Ich stöhnte auf vor Entsetzen, bezweifelte, selbst noch bei Sinnen zu sein; aber der Fremde fuhr fort: „Gewiss musst du nun sehen, dass meine Erklärung, und keine andere, den Phänomenen gerecht wird. Was du als
35   feste Körper bezeichnest, sind in Wirklichkeit Oberflächen, was du Raum nennst, ist in Wirklichkeit nichts als eine große Ebene. Ich bin im Raum und schaue herab auf das Innere der Dinge, von denen du nur das Äußere siehst. Du könntest diese Ebene selbst verlassen, wenn du nur die nötige Willenskraft aufbringen könntest. Eine kleine Bewegung aufwärts oder
40   abwärts würde dich dazu befähigen, all das zu sehen, was ich sehe."

„Je höher ich aufsteige, und je weiter ich mich von deiner Ebene entferne, desto mehr kann ich sehen, obwohl ich es natürlich in einem kleineren Maßstab sehe. Zum Beispiel steige ich jetzt auf; nun kann ich deinen Nachbarn das Sechseck und seine Familie in ihren jeweiligen
45   Zimmern sehen; nun sehe ich das Innere des Theaters, zehn Türen weiter, welches die Zuschauer gerade jetzt verlassen; und auf der anderen Seite ein Kreis in seinem Studierzimmer, über seinen Büchern sitzend. Nun werde ich zu dir zurückkommen. Und, als krönenden Abschluss, was sagst du dazu, wenn ich dich berühre, nur ganz sacht berühre, in deinem
50   Magen? Es wird dich nicht ernsthaft verletzen, und der leichte Schmerz, den du erleiden magst, kann nicht verglichen werden mit dem geistigen Gewinn, den es dir bringen wird."

Bevor ich ein Wort des Widerspruchs äußern konnte, fühlte ich einen reißenden Schmerz in meinem Inneren, und ein dämonisches Lachen
55   schien von innen aus mir hervorzudringen. Einen Augenblick später hatte die heftige Qual ein Ende, nur ein dumpfer Schmerz blieb zurück, und der Fremde begann wieder zu erscheinen und sagte, während er allmählich größer wurde: „So, ich habe dich nicht sehr verletzt, nicht wahr? Wenn du nun nicht überzeugt bist, weiß ich nicht, was dich überzeugen wird. Was
60   sagst du?"

Mein Entschluss stand fest. Es erschien unerträglich, dass ich eine Existenz durchleiden sollte, die den willkürlichen Besuchen eines Magiers ausgeliefert war, der auf solche Weise Späße mit meinem eigenen Magen treiben konnte. Wenn es mir nur irgendwie gelingen würde, ihn gegen die
65   Wand zu drücken, bis Hilfe käme!

Noch einmal stieß ich meinen härtesten Winkel gegen ihn und alarmierte im selben Moment den gesamten Haushalt durch meine

17.34. den Phänomenen gerecht wird. Man sagt von einer Hypothese, dass sie den Phänomenen gerecht wird, wenn sie die beobachteten Fakten auf zufriedenstellende Weise erklärt. Im Englischen verwendet Abbott die Phrase „suits the phenomena" und spielt damit auf die Übersetzung des griechischen *sozein ta phainomena* an (save the phenomena/ Das Retten der Phänomene). Mit der Phrase ‚Rettung der Phänomene' wird oft ein Forschungsprinzip beschrieben, dass dem Neuplatoniker Simplicius zufolge Platon als Aufgabe für die Wissenschaftler seiner Zeit formulierte: Die Beobachtung der unregelmäßigen, nicht-zirkularen Bahnen der Himmelskörper sollten in Einklang gebracht werden mit der Ideenlehre Platons, derzufolge der Kreis die vollkommene Form war, die auch dem „Lauf der Planeten" (Heydenreich 2015, S. 209) zugrundeliegen müsse. (Vgl. auch Simplicius 2004 und Jürgen Mittelstraß 1962)

17.35. Oberflächen. Im Original: superficial. Gemeint sind zweidimensionale Flächen.

Hilfeschreie. Ich glaube, im Moment meines Angriffs war der Fremde unter unsere Ebene gesunken und hatte tatsächlich Schwierigkeiten, 70 aufzusteigen. In jedem Fall blieb er regungslos, während ich – der ich glaubte, irgendeine Art der Hilfe näher kommen zu hören – mich mit noch größerer Wucht gegen ihn warf und nicht davon abließ, nach Unterstützung zu rufen.

Ein krampfartiger Schauder durchfuhr die Kugel: „Das darf nicht sein," 75 glaubte ich sie sagen zu hören, „entweder muss er auf die Vernunft hören oder ich muss auf das letzte Mittel der Zivilisation zurückgreifen." Dann rief sie mir zu, hastig und mit erhobener Stimme: „Höre, kein Fremder darf sehen, was du gesehen hast. Schicke deine Frau sofort zurück, bevor sie das Zimmer betritt. Die frohe Botschaft der drei Dimensionen darf 80 nicht zunichte gemacht werden. Die Früchte von tausend Jahren des Wartens dürfen nicht auf eine solche Weise weggeworfen werden. Ich höre sie kommen. Zurück! Zurück! Fort von mir, oder du musst mit mir gehen – wohin weißt du nicht – in das Land der drei Dimensionen!" „Narr! Verrückter! Unregelmäßiger!", schrie ich, „niemals werde ich euch 85 freigeben, ihr sollt den Preis zahlen für eure Hochstapelei."

„Ha! Ist es so weit gekommen?", donnerte der Fremde, „dann sehe deinem Schicksal entgegen: Hinaus aus deiner Ebene gehst du. Eins, zwei, drei! Es ist getan!"

§18
Wie ich ins Raumland kam und was ich dort sah

Ein unaussprechliches Entsetzen ergriff mich. Da war Dunkelheit; dann eine schwindelerregende, Übelkeit hervorrufende Empfindung des Sehens, die nicht wie Sehen war; ich sah eine Linie, die keine Linie war, Raum der kein Raum war: Ich war ich selbst und nicht ich selbst. Als ich 5 meine Stimme wiederfinden konnte, schrie ich laut auf in Todesangst: „Entweder ist dies Wahnsinn oder es ist die Hölle." „Es ist keines von beiden", erwiderte die Stimme der Kugel sanft, „es ist Erkenntnis; es ist

17.86. Ist es so weit gekommen? Im Original: „Is it come to this?". Dies ist ein Beispiel dafür, dass das Altenglische dem heutigen Deutsch in manchen Aspekten ähnlicher ist als das heutige Englisch. Bei intransitiven Verben, die für gewöhnlich eher einen Zustand als die Handlung, durch welche dieser Zustand erlangt wird, ausdrücken, wurde im Altenglischen das Perfekt bestimmter Verben nicht mit dem Hilfsverb ‚zu haben' sondern mit ‚zu sein' gebildet. (Vgl. Denison 1993, S. 344) Auf diese Weise gebildete Verbkonstruktionen finden sich häufig in der King James Bible: „I am come that they might have life"; „He is not here: for he is risen, as he said." Das Quadrat verwendet das Hilfsverb ‚sein' erneut auf diese Weise in 18.73: „Behold, I am become as a God."

17.87. Hinaus aus deiner Ebene. Da das Quadrat aufgrund seiner Lebenserfahrungen in Flachland es nicht vermochte, sich auch nur die Möglichkeit einer anderen Raum-Dimension vorzustellen, mussten die Versuche der Kugel, an seine Vernunft und an vorangegangene Erfahrungen zu appellieren, fruchtlos bleiben. Die philosophische Reise erfordert völliges ‚Losgelöstsein' von der Welt und so hebt die Kugel das Quadrat aus seiner Ebene hinaus in den Raum.

17.88. Es ist geschehen. Im Original: „Tis done!" Shakespeare verwendet diese Phrase häufig in seinen Werken, so auch auf unvergessliche Weise in *Macbeth* 1.7: „If it were done when 'tis done, then 'twere well / It were done quickly."

Anmerkungen zu Kapitel 18.

18.3. ich sah eine Linie, die keine Linie war. In einem Brief an J.B. Priestley erörtert H. G. Wells die Frage, wie das Quadrat die Ebene Flachlands sehen kann, während es über ihr schwebt.

> Ich wurde auf die vierte Dimension aufmerksam durch *Flatland* von A. Square. Es ist eine zu komplizierte Frage, um sie in einem Brief zu erörtern, aber ich denke, du kannst einen Eindruck von der Sache bekommen, wenn du darüber nachdenkst, was einem Quadrat hätte passieren müssen, wenn es aus seinem zweidimensionalen Universum herausgehoben worden wäre. Es wäre <u>flach</u> geblieben. Es wäre ihm nicht möglich gewesen, seine frühere Ebene zu sehen, wie „der Verfasser" („A. Square") annahm. Es würde einfach in einer anderen Ebene sein. Wenn diese zweite Ebene zur früheren Ebene in einer Neigung stünde, würde es die frühere Ebene als eine gerade Spur auf der zweiten Ebene sehen, ohne weitere Details. (Wells 1937, eigene Übersetzung)

Wie Wells sagt, sieht das Quadrat nur eine Folge eindimensionaler Bilder von Flachland; nichtsdestotrotz könnte es fähig sein, diese Bilder zu einem vollständigen zweidimensionalen mentalen Bild zu verarbeiten. Im Tierreich finden sich verschiedene Arten, die im Prinzip eindimensionale Retinae haben und dennoch dreidimensionale Objekte durch einen ‚Scan'-Prozess erfassen können. Der Autor des folgenden Zitats bezieht sich im Titel und im Einstieg seines Artikels auf Edwin A. Abbotts *Flatland*.

> Springspinnen und fleischfressende Seeschnecken haben eine linear gekrümmte Netzhaut, die aus einem Band von nicht mehr als sechs bis

die Dreidimensionalität: Öffne dein Auge ein weiteres Mal und versuche, mit ruhigem Blick zu sehen."

10   Ich schaute, und, siehe, eine neue Welt! Dort stand vor mir, sichtbar in einem Körper verbunden, alles, was ich zuvor abgeleitet, gemutmaßt, geträumt hatte, von vollkommener kreisförmiger Schönheit. Was die Mitte der Form des Fremden zu sein schien, lag offen vor meinem Auge: Aber ich konnte kein Herz sehen noch Lungen noch Arterien, nur ein

15   wunderschönes, harmonisches Etwas – für das ich keine Worte hatte; aber ihr, meine Leser in Raumland, würdet es die Oberfläche der Kugel nennen.

Mich im Geiste vor meinem Führer niederwerfend, rief ich: „Wie kommt es, oh göttliches Ideal vollkommener Anmut und Weisheit, dass

20   ich dein Inneres sehe und doch nicht dein Herz, deine Lungen, deine Arterien und deine Leber erkennen kann?" „Was du denkst zu sehen, siehst du nicht," antwortete er; „es ist weder dir noch irgendeinem anderen Wesen gegeben, meine inneren Bestandteile zu erblicken. Ich bin von einer anderen Ordnung des Seins als diejenigen in Flachland. Wäre ich ein Kreis,

25   könntest du meine Eingeweide erkennen, aber ich bin ein Wesen, das, wie ich es dir zuvor erzählt habe, aus vielen Kreisen zusammengesetzt ist, ich bin die Vielen in dem Einem und werde in diesem Land Kugel genannt. Und, gerade so wie das Äußere eines Würfels ein Quadrat ist, so erscheint das Äußere einer Kugel als ein Kreis."

30   So verwirrt ich angesichts der rätselhaften Äußerung meines Lehrers war, ärgerte ich mich nicht länger darüber, sondern betete ihn an in stiller Bewunderung. Er fuhr fort, mit mehr Milde in seiner Stimme. „Ängstige dich nicht, wenn du nicht sogleich die tieferen Geheimnisse von Raumland verstehen kannst. Nach und nach werden sie dir dämmern. Lass uns

35   beginnen, indem wir einen Blick zurück werfen auf die Region, aus der du kamst. Kehre für eine Weile mit mir zurück zu den Ebenen von Flachland und ich werde dir zeigen, was du oft hergeleitet und in deinen Gedanken bewegt, aber nie mit dem Auge gesehen hast – einen sichtbaren Winkel." „Unmöglich!" schrie ich; aber die Kugel wies den Weg, ich folgte wie in

40   einem Traum, bis ihre Stimme mich ein weiteres Mal zurückhielt: „Schau dorthin, und werde deines eigenen fünfeckigen Hauses und all seiner Bewohner gewahr."

Ich sah hinab und erblickte mit meinem physischen Auge all die häuslichen Eigenheiten, die ich bis zu diesem Zeitpunkt lediglich mit

sieben Fotorezeptoren besteht, letztlich also eine eindimensionale Netzhaut. Nichtsdestotrotz besitzen zumindest die Springspinnen ein überraschend gutes Sehvermögen und müssen in irgendeiner Form fähig sein, räumlich zu sehen, sind sie doch sehr erfolgreiche Jäger. Die Tiere schwingen ihre Netzhaut in einem Bogen und nutzen dabei das Prinzip des ‚Scannens' um ein Bild zu erfassen. (Schwab 2004, S. 988, eigene Übersetzung)

18.6. „Entweder ist dies Wahnsinn oder es ist die Hölle." Wie in *Politeia* 515d-516a, wo Platon die Blindheit und Verwirrung des Gefangenen beschreibt, der aus der Höhle hinaus ins Sonnenlicht gezogen wurde, ist diese Textpassage eine Metapher für die Desorientierung und die Angst, die eine Person erfährt, welche erkennen muss, dass ihre eigene Auffassung der Wahrheit falsch ist.

18.11. in einem Körper verbunden. Im Original: „incorporate". Vielleicht stellt sich das Quadrat vor, dass die kreisförmigen Querschnitte der Kugel, die es beobachtet hat, als die Kugel Flachland besuchte, sich miteinander verbinden.

18.18. Führer. Platon veranschaulicht, wie schwer die Reise ist, die aus der Höhle hinausführt, indem er eine andere Person den Gefangenen gewaltsam den Gang hochziehen lässt, der aus der Höhle in das Licht der Sonne führt. (Vgl. *Politeia*, 515e) Die Kugel, die das Quadrat auf seiner Reise leitet, ähnelt einem *daimon*, einem übernatürlichen Wesen aus der klassischen griechischen Literatur, das den Sterblichen ihr Schicksal zuweist. Platon bezeichnet den *daimon* als ein Wesen, das zwischen Göttern und Menschen vermittelt und das als eine Art Geistführer agiert.

18.27. die Vielen in dem Einem. Die frühe griechische Philosophie war bestimmt von dem Problem der Einheit und der Vielheit. Das Problem wurde auf verschiedene Weise formuliert – zum Beispiel: In welcher Hinsicht sind die Welt und unser Wissen über die Welt Eins? Für Platon bestand das Problem darin, die Beziehung zwischen einer einfachen Form und ihren Instanziierungen zu verstehen. Für das Quadrat, das beobachtet, wie sich ein dreidimensionaler Körper durch Flachland bewegt, besteht das Problem darin, eine Vorstellung des (einen) Körpers zu bilden, basierend auf den (vielen) Bildern der zweidimensionalen Querschnitte, die es beobachtet.

18.43. Ich sah hinab und erblickte mit meinem physischen Auge. Vergleiche mit 1. Korinther 13, 12: „Wir sehen jetzt durch einen Spiegel in einem dunkeln Wort; dann aber von Angesicht zu Angesicht. Jetzt erkenne ich's stückweise; dann aber werde ich erkennen, gleichwie ich erkannt bin." (Luther 1912).

18.46. Realität, die ich nun schaue. Bezeichnend an der Perspektive des Quadrats im dreidimensionalen Raum ist nicht nur die Fähigkeit, in das Innere der Objekte Flachlands zu sehen, sondern insbesondere auch der umfassende Blick, den seine Position ihm ermöglicht. Platon sagt, dass eine dialektische Natur nur da zu finden ist, wo *synoptikos* erlangt wurde – die Fähigkeit, das Ganze mit einem Mal zu sehen oder einen umfassenden Blick zu gewinnen. (Vgl. *Politeia*, 537c)

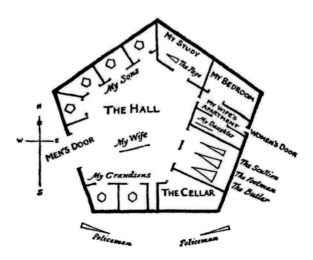

45   meinem Verstand abgeleitet hatte. Und wie arm und schattenhaft war das abgeleitete Bild im Vergleich mit der Realität, die ich nun schaute! Meine vier Söhne friedlich schlafend in den nordwestlichen Zimmern, meine zwei verwaisten Enkelsöhne Richtung Süden; die Bediensteten, der Butler, meine Tochter, alle in ihren jeweiligen Zimmern. Nur meine fürsorgliche

50   Frau, die durch meine anhaltende Abwesenheit alarmiert war, hatte ihr Zimmer verlassen und wanderte im Korridor auf und nieder, meine Rückkehr besorgt erwartend. Auch der Page war durch meine Schreie aufgewacht, hatte sein Zimmer verlassen und unter dem Vorwand, dass er herausfinden wolle, ob ich irgendwo in Ohnmacht gefallen war, brach er

55   den Schrank in meinem Studierzimmer auf. All dies konnte ich nun *sehen*, nicht lediglich ableiten; und als wir näher und näher kamen, konnte ich selbst die Inhalte meines Schranks erkennen, und die zwei Kästchen aus Gold und die Schreibtafeln, welche die Kugel erwähnt hatte.

     Gerührt von der Sorge meiner Frau wollte ich hinunterspringen, um sie

60   zu beruhigen, aber ich merkte, dass ich mich nicht bewegen konnte. „Sorge dich nicht um deine Frau,", sagte mein Führer, „sie wird nicht lange in ihrer Angst allein gelassen werden; in der Zwischenzeit lass uns einen Überblick über Flachland gewinnen."

     Ein weiteres Mal fühlte ich mich durch den Raum aufsteigen. Es war

65   genau wie die Kugel gesagt hatte. Je weiter wir uns von dem Objekt, das wir erblickten, entfernten, desto größer wurde das Blickfeld. Die Stadt, in der ich geboren war, lag mit dem Inneren jedes Hauses und

Zeichnung. Wenn wir davon ausgehen, dass die Skizze maßstabgetreu gezeichnet ist und dass die Frau des Quadrats 1 Fuß (ca. 0,3m) lang ist, dann ist jede Seite des Hauses etwa 4 Fuß (ca. 1,2m) lang und die Gesamtfläche umfasst etwa 27,5 Quadratfuß (ca. 2,5m^2). Ein männlicher Bewohner Flachlands nimmt annähernd so viel Raum auf der Fläche ein wie ein stehender Mensch und so muss es in diesem Haus sehr beengt zugehen (siehe Anmerkung 3.1).

18.49. meine Tochter. Abbotts Tochter, Mary (1870-1952) besuchte das Girton College (1889-1892). Von 1892-1917 arbeitete sie zusammen mit ihrem Vater an dessen literarischen und theologischen Schriften. Wie ein Siebtel aller viktorianischen Frauen war sie nie verheiratet.

18.49. fürsorgliche. Im Original: „affectionate". In diesem Kontext könnte auch die veraltete Bedeutung „mentally affected" (mental angegriffen) beabsichtigt sein.

jedes Geschöpfes, das in ihr lebte, in Miniatur offen vor meinem Blick.
Wir stiegen höher, und siehe, die Geheimnisse der Erde, die Tiefen der
70 Bergwerke und die innersten Höhlen der Hügel, taten sich mir auf.

Von Ehrfurcht ergriffen beim Anblick der Mysterien der Erde,
so unverhüllt vor meinem unwürdigen Auge, sagte ich zu meinem
Gefährten: „Siehe, ich bin geworden wie ein Gott. Denn die weisen
Männer in unserem Land sagen, alle Dinge zu sehen, oder wie sie es
75 ausdrücken, *Omnividenz*, ist das Attribut von Gott allein." Da war eine
Spur von Verachtung in der Stimme meines Lehrers als er antwortete:
„Ist es so, tatsächlich? Dann müssen selbst die Taschendiebe und Mörder
meines Landes von euren weisen Männern als Götter verehrt werden:
Denn da ist nicht einer von ihnen, der nicht ebenso viel sieht, wie du nun
80 siehst. Aber glaube mir, eure weisen Männer irren sich."

Ich: Dann ist Omnividenz ein Attribut, das auch Anderen neben Gott
zukommt?

Kugel: Ich weiß es nicht. Aber, wenn ein Taschendieb oder ein Mörder
unseres Landes alles sehen kann, dass es in eurem Land gibt, dann ist das
85 gewiss kein Grund, dass du den Taschendieb oder den Mörder als einen
Gott anerkennen solltest. Diese Omnividenz, wie du sie nennst – es ist kein
geläufiges Wort in Raumland – macht sie dich gerechter, gnädiger, weniger
selbstsüchtig, liebender? Nicht im Geringsten. Wie macht sie dich dann
göttlicher?

90 *Ich*: „Gnädiger, liebender!" Aber dies sind die Qualitäten von Frauen!
Und wir wissen, dass ein Kreis ein höheres Wesen ist als eine gerade
Linie, insofern als Wissen und Weisheit höher zu achten sind als bloße
Zärtlichkeit.

Kugel: Es liegt nicht an mir, menschliche Fähigkeiten ihrem Wert
95 entsprechend zu klassifizieren. Aber viele der Besten und Weisesten in
Raumland halten mehr von Zärtlichkeit als von Verstand, mehr von euren
verachteten geraden Linien als von euren viel gelobten Kreisen. Aber
genug davon. Schau dorthin. Kennst du dieses Gebäude?

Ich blickte hinunter und in der Ferne sah ich ein gewaltiges vieleckiges
100 Bauwerk, das ich als den Sitz der Allgemeinen Volksversammlung der
Staaten von Flachland erkannte, umgeben von dichten, zueinander im
rechten Winkel stehenden Reihen fünfeckiger Gebäude, von denen ich

18.69. Geheimnisse der Erde ... Bergwerke und die innersten Höhlen Die   großen
Kalksteinhöhlen, von denen es viele in Griechenland gibt, werden oft mit den Mysterien
in Verbindung gebracht. Abbotts Bezugnahme zu den antiken griechischen Mysterien
wird näher erläutert in Anmerkung 20.103.

18.73. ich bin geworden wie ein Gott. Vielleicht eine Anspielung auf Genesis 3.5, wo
die Schlange zu Eva sagt: „So werden eure Augen aufgetan, und werdet sein wie Gott[.]"
(Luther 1912)

18.77. Taschendiebe und Mörder. Abbott kehrt zu diesem Beispiel in *The Spirit on the
Waters* zurück, wo er einen vierdimensionalen ‚Hyperkörper' einführt, der für uns das
wäre, was wir für Flachländer sind.

> Er wäre dann für uns, was manche unter uns geneigt wären, den allsehenden
> und omnipräsenten Gott zu nennen. Aber kein Christ sollte fähig sein
> – es ist vielleicht zu viel gesagt ‚ist fähig' – den Namen Gottes einem
> Hyperkörper zu geben, der vielleicht eine völlig verachtenswerte Kreatur
> ist, ein geflohener Verurteilter aus dem Land der vier Dimensionen. (Abbott
> 1897, S. 29-33, eigene Übersetzung)

18.90. die Qualitäten von Frauen. Der Kugel zufolge sind Gerechtigkeit, Gnade,
Selbstlosigkeit und Liebe göttliche Attribute; das Quadrat aber verachtet sie als
angeblich weibliche Eigenschaften. Abbott karikiert die zu seiner Zeit vorherrschende
Meinung, dass solche moralischen Qualitäten ausschließlich den Frauen zuzuordnen
seien und dass sie als solche nicht wertzuschätzen seien.

18.104. Metropole. In England bezeichnet ‚the Metropolis' die Stadt London als Ganzes,
während ‚the city' sich auf den Teil innerhalb der alten Stadtmauern bezieht.

wusste, dass es Straßen waren; und ich verstand, dass ich mich der großen Metropole annäherte.

105 „Hier steigen wir ab," sagte mein Führer. Es war nun Morgen, die erste Stunde des ersten Tages des zweitausendsten Jahres unserer Ära. Da sie gewohnt waren, in strenger Übereinstimmung mit der Tradition zu handeln, trafen sich die höchsten Kreise des Reiches in einer feierlichen Konklave – so wie sie sich getroffen hatten in der ersten Stunde des ersten
110 Tages des Jahres 1000 und auch in der ersten Stunde des ersten Tages des Jahres 0.

In demjenigen, der die Protokolle der früheren Sitzungen vorlas, erkannte ich sofort meinen Bruder, ein vollkommen symmetrisches Quadrat und der oberste Schriftführer des Hohen Rates. Bei jedem
115 Zusammenkommen war niedergeschrieben worden: „Dieweil die Staaten durch mehrere böswillige Personen in Unruhe versetzt wurden, die vorgaben, Offenbarungen aus einer anderen Welt empfangen zu haben, und beteuerten, Beweise anzuführen, die sie selbst und andere in den Wahnsinn trieben, hat der Hohe Rat in Erwägung dessen einstimmig
120 beschlossen, dass am ersten Tag jedes Jahrtausends eine besondere Verfügung an die Präfekten in den verschiedenen Bezirken ergeht, solche fehlgeleiteten Personen rigoros zu suchen und sie ohne die Formalität einer mathematischen Untersuchung alle zu zerstören, sofern sie Gleichschenklige irgendeines Grades sind, jedes regelmäßige Dreieck
125 zu geißeln und in Gefangenschaft zu nehmen, jedes Quadrat oder Fünfeck in die Irrenanstalt des jeweiligen Distrikts zu senden und einen jeden von höherem Rang zu verhaften und ihn geradewegs in die Hauptstadt zu bringen, damit er dort durch den Rat untersucht und über ihn geurteilt werde."

130 „Du hörst dein Schicksal," sagte die Kugel zu mir, während der Rat zum dritten Mal die offizielle Resolution verabschiedete. „Tod oder Gefangenschaft erwartet den Apostel der frohen Botschaft der drei Dimensionen." „Nein," erwiderte ich, „die Sache ist nun so klar für mich, die Beschaffenheit des wahren Raumes so offenkundig, dass mir scheint,
135 ich könnte sie einem Kind verständlich machen. Gestatte mir gerade in diesem Moment herabzusteigen und ihnen Erleuchtung zu bringen." „Noch nicht," sagte mein Führer, „die Zeit wird kommen. Einstweilen muss ich meine Mission erfüllen. Bleibe du, wo du bist." Indem er diese Worte sagte, sprang er mit großer Gewandtheit in das Meer (wenn ich es
140 so nennen darf) von Flachland, mitten in den Kreis der Ratsmitglieder.

18.109. Konklave. Eine formelle, geschlossene Veranstaltung, oft mit religiösem Charakter.

18.111. des Jahres 0. Abweichend vom Kalender in Flachland gibt es in unserem Kalender kein Jahr 0 – auf das Jahr 1 v. Chr. folgt das Jahr 1 n. Chr.

18.113. vollkommen symmetrisches Quadrat. Das griechische Wort *symmetria* bezog sich auf die Harmonie der Verhältnisse von den konstitutiven Teilen eines Objektes zueinander. Der Begriff der Symmetrie wird in der Mathematik in verschiedenen Typen spezifiziert, geläufig sind die Achsensymmetrie und die Rotationssymmetrie. Ein zweidimensionales Objekt ist achsensymmetrisch, wenn eine Linie (genannt Symmetrieachse) so durch das Objekt verläuft, dass die Spiegelung der einen Hälfte die andere Hälfte hervorbringt. Ein zweidimensionales Objekt hat n-fache Rotatationssymmetrie, wenn seine Position, nachdem es sich in einem Winkel von $(360/n)°$ um sich selbst gedreht hat, mit seiner ursprünglichen Position identisch ist. Ein Quadrat hat vier Symmetrieachsen (die zwei Geraden, die durch seine gegenüberliegenden Eckpunkte gehen und die zwei Geraden, welche die Mittelpunkte der einander gegenüberliegenden Kanten verbinden) und vierfache Rotationssymmetrie. Im Allgemeinen hat jedes regelmäßige Vieleck mit n Seiten n Symmetrieachsen und n-fache Rotationssymmetrie.

Abbildung 18.1. Die Symmetrieachsen eines Quadrats.

18.116. mehrere. Das im Original verwendete englische Wort „divers" (nicht: „diverse"!) lässt zwei verschiedene Bedeutungsebenen zu. Nach der ersten, die zumindest in biblischen Texten und in Gesetzestexten geläufig ist, ist „divers" ein Zahlwort, das eine unbestimmte Pluralität zum Ausdruck bringt, sodass sich der Sprecher nicht auf ‚viele' oder ‚wenige' festlegen muss. Möglicherweise lässt Abbott bewusst die zweite Bedeutung, die heute als veraltet gilt, mit anklingen: abweichend von oder entgegensetzt sein zu dem, was richtig, gut oder Gewinn bringend ist; eigensinnig, böse.

18.117. Offenbarungen. Flachlands Priester sind Empiristen; sie weisen die Möglichkeit zurück, Wissen auf eine andere Weise zu erlangen als durch Erfahrung, und jede Erwähnung einer Offenbarung betrachten sie als Häresie.

18.119. Hohe Rat. Der Hohe Rat in Flachland entspricht in etwa dem Rat des *Areiopagos*, ein aristokratisches Regierungsorgan im alten Athen, dessen Mitglieder zuvor hohe öffentliche Ämter innehatten.

18.125. geißeln. Im Original: „to scourge"; im Deutschen wie im Englischen ein veralteter Ausdruck für auspeitschen. Auspeitschen galt in früheren Zeiten als eine Form der Reinigung, die darauf abzielte, das Böse aus einem Körper zu treiben.

18.130. Du hörst dein Schicksal. Mag die Kugel auch nicht genau wissen, welches Schicksal das Quadrat erwartet, es ist ein Schicksal, für das sie direkt verantwortlich ist. Ihre Macht, über ein Schicksal zu bestimmen, ist ein weiteres Indiz dafür, dass Abbotts Vorbild für die Kugel ein griechischer *daimon* ist.

„Ich komme", schrie er, „um zu verkünden, dass es ein Land der drei Dimensionen gibt."

Ich konnte sehen, dass viele der jüngeren Räte zurückwichen in sichtlichem Entsetzen, als die kreisförmige Schnittfläche der Kugel sich vor ihnen weitete. Aber auf ein Zeichen des vorsitzenden Kreises hin – der nicht im Geringsten Schrecken oder Überraschung zeigte – stürmten sechs Gleichschenklige einer niederen Art aus sechs verschiedenen Richtungen auf die Kugel. „Wir haben ihn," schrien sie; „Nein, ja, wir haben ihn noch! Er entgleitet uns! Er ist fort!"

„Meine Herren," sagte der Präsident zu den jüngeren Kreisen des Rates, „es gibt nicht den geringsten Grund, überrascht zu sein; die geheimen Archive, zu denen ich alleine Zugang habe, sagen mir, dass ein ähnliches Ereignis sich am ersten Tag der letzten beiden Jahrtausende so zugetragen hat. Sie werden natürlich nichts von diesen Belanglosigkeiten außerhalb des Kabinetts erzählen."

Mit erhobener Stimme rief er nun die Wachen: „Nehmt die Polizisten fest, knebelt sie, ihr kennt eure Pflicht." Nachdem er die elenden Polizisten ihrem Schicksal überantwortet hatte – unselige und unwillige Zeugen eines Staatsgeheimnisses, das zu enthüllen ihnen untersagt war – wandte er sich erneut an die Ratsmitglieder. „Meine Herren, nachdem die Angelegenheit des Rates erledigt ist, bleibt mir nichts anderes übrig, als Ihnen ein glückliches Neues Jahr zu wünschen." Bevor er sich zurückzog, brachte er recht ausführlich gegenüber dem Schriftführer, meinem hoch geschätzten, aber äußerst glücklosen Bruder, sein aufrichtiges Bedauern darüber zum Ausdruck, ihn in Übereinstimmung mit der Tradition und um der Geheimhaltung willen, zur fortwährenden Gefangenschaft verurteilen zu müssen, doch fügte er selbstzufrieden hinzu, dass, sofern von ihm in keiner Weise das Ereignis dieses Tages erwähnt werde, sein Leben verschont bliebe.

18.138. meine Mission. Das Ziel dieser Mission ist für uns Leser/innen nicht ersichtlich. In Zeile 17.77 betont die Kugel, dass kein Fremder Zeuge dessen werden darf, was das Quadrat sehen wird, dann aber schießt sie im Sturzflug in die Versammlung des Rates hinab, was gewiss keinen ernsthaften Versuch darstellt, die Mitglieder des Rates von der Existenz des dreidimensionalen Raumes zu überzeugen. Wie zu erwarten, war alles, was die Kugel erreichte, die Auslöschung ein paar ‚entbehrlicher' gleichschenkliger Polizisten und die Inhaftierung des Bruders des Quadrats. Ein paar der jüngeren Kreise waren für einen Moment verblüfft beim Anblick der Erscheinung, aber die beschwichtigenden Worte des Präsidenten beruhigten sie schnell. Die Inhaftierung des Bruders war das einzige für das Quadrat bedeutsame Ergebnis dieser ‚Mission', und möglicherweise war diese Inhaftierung genau das, worauf die Kugel abzielte. Vielleicht antizipierte sie dieses Ergebnis und wollte, dass sein Bruder mit ihm im Gefängnis ist, damit das Quadrat eine Bestätigung seiner Erfahrungen finden würde. Diese Vermutung wird gestützt in Zeile 19.8.

18.144. sichtlichem Entsetzen. Das englische „manifest horror" spielt mit zwei Bedeutungen von „manifest": offensichtliches Entsetzen und Entsetzen angesichts der Manifestation.

18.148. Wir haben ihn ... Er ist fort! Eine Anspielung auf Hamlet 1.1, wo die Soldaten zu dem Geist von Hamlets Vater stürmen: „Bernardo: 'Tis here! / Horatio: 'Tis here! / Marcellus: 'Tis gone!"

§19
Wie ich mich, obwohl die Kugel mir andere Mysterien von Raumland zeigte, nach mehr sehnte, und wohin dies führte

Als ich sah, wie mein armer Bruder in die Gefangenschaft weggeführt wurde, versuchte ich hinunterzuspringen in das Ratszimmer, in dem Verlangen, um seinetwillen einzuschreiten oder wenigstens ihm Lebewohl zu sagen.

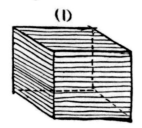

(1)

Aber ich merkte, dass ich mich nicht selbst bewegen konnte. Ich war vollkommen abhängig von dem Willen meines Führers, der in einem düsteren Ton sagte: „Schenke deinem Bruder keine Beachtung; du wirst nachher reichlich Zeit haben, um mit ihm zu trauern. Folge mir."

Ein weiteres Mal stiegen wir auf in den Raum. „Bis hierhin," sagte die Kugel, „habe ich dir nichts außer ebenen Figuren und deren Inneres gezeigt. Nun muss ich dich bekannt machen mit den Festkörpern und dir den Plan offenlegen, nach dem sie aufgebaut sind. Schau hier, diese Vielzahl von beweglichen quadratischen Karten. Siehe, ich lege eine auf die andere, nicht, wie du annahmst, nördlich der anderen, sondern auf die andere. Nun eine zweite, nun eine dritte. Siehe, ich baue einen Körper auf durch eine Vielzahl von Quadraten, die parallel zueinander sind. Nun ist der Körper vollständig, er ist so hoch wie er lang und breit ist und wir nennen ihn einen Würfel."

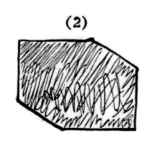

(2)

„Verzeiht mir, mein Lord," erwiderte ich, „aber für mein Auge ist die Erscheinung die einer unregelmäßigen Figur, deren Inneres dem Blick offen liegt; in anderen Worten, es scheint mir, ich sehe keinen festen Körper, sondern eine ebene Figur, so wie wir sie ableiten in Flachland; die jedoch von einer Unregelmäßigkeit ist, die auf einen monströsen Kriminellen hindeutet, sodass der bloße Anblick meine Augen schmerzt."

Anmerkungen zu Kapitel 19.

19.10. nachher reichlich Zeit. Die Kugel nimmt vorweg, dass das Quadrat seinem Bruder ins Gefängnis folgen wird. Dies stützt unsere bereits in 18.138 formulierte Vermutung: Die Kugel wollte den Bruder im Gefängnis wissen, damit das Quadrat eine Bestätigung dafür finden könnte, dass seine Einweihung in die Mysterien tatsächlich stattgefunden hat.

19.27. unregelmäßigen Figur. Wir Leser erkennen in der Abbildung 19.1. nicht ein unregelmäßiges Sechseck, sondern die Projektion eines Würfels auf die zweidimensionale Oberfläche eines Blatt Papiers. Die Projektionen von sechs Kanten des Würfels bilden ein Sechseck, das verzerrte Bilder von sechs Quadraten enthält – die Seiten des Würfels.

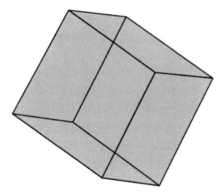

Abbildung 19.1. eine „unregelmäßige Figur," die Projektion eines Würfels.

19.31. Anblick meine Augen schmerzt. Ein kleines Versehen; das Quadrat hat nur ein Auge.

„Richtig," sagte die Kugel, „es scheint dir eben zu sein, weil du Licht und Schatten und Perspektive nicht gewohnt bist; gerade so wie ein Sechseck in Flachland jemandem, der nicht die Kunst der Seh-Erkennung 35 beherrscht, als eine gerade Linie erscheinen würde. Aber in Wirklichkeit ist es ein fester Körper, wie du durch das Fühlen lernen wirst."

Die Kugel machte mich dann mit dem Würfel bekannt und ich erkannte, dass dieses wunderbare Wesen in der Tat nicht eine ebene Figur, sondern ein Körper war; und dass er sechs ebene Seiten und acht 40 Eckpunkte besaß, die Raumwinkel genannt wurden; und ich erinnerte mich an den Ausspruch der Kugel, dass genau solch ein Geschöpf wie dieses gebildet werden würde durch ein Quadrat, das sich im Raum parallel zu sich selbst bewegt: Und ich freute mich bei dem Gedanken, dass ein so unbedeutendes Geschöpf wie ich auf eine Weise Vorfahre eines 45 so illustren glänzenden Nachkommen genannt werden kann.

Aber ich konnte immer noch nicht völlig die Bedeutung dessen verstehen, was mein Lehrer mir in Bezug auf „Licht" und „Schatten" und „Perspektive" gesagt hatte; und ich zögerte nicht, meine Schwierigkeiten vor ihn zu bringen.

50 Würde ich wiedergeben, wie die Kugel diese Sachen erklärte, so knapp und klar sie dies tat, es wäre langweilig für einen Bewohner des Raumes, der all diese Dinge bereits weiß. Möge es genügen zu sagen, dass sie durch ihre erhellenden Aussagen und indem sie die Position von Objekten und Lichtern änderte und indem sie mir erlaubte, die verschiedenen Objekte 55 und selbst ihre eigene heilige Person zu fühlen, mir schließlich alle Dinge klar machte, sodass ich nun ohne Weiteres zwischen einem Kreis und einer Kugel, einer ebenen Figur und einem Körper unterscheiden konnte.

Dies war der Höhepunkt, das Paradies meiner seltsamen, ereignisreichen Geschichte. Von hier an muss ich die Geschichte meines 60 erbärmlichen Falls erzählen. Höchst erbärmlich, aber gewiss höchst unverdient! Denn warum sollte der Durst nach Wissen erweckt werden, nur um enttäuscht und bestraft zu werden! Meine Willenskraft schwindet angesichts der schmerzhaften Aufgabe, mich meiner Erniedrigung wieder zu erinnern; aber, wie ein zweiter Prometheus, werde ich 65 dies und Schlimmeres erdulden, wenn ich auf irgendeine Weise im Inneren der ebenen und körperlichen Menschheit einen Geist der Rebellion hervorrufen kann gegen die Überheblichkeit, die unsere Dimensionen auf zwei oder drei oder irgendeine Zahl geringer als die

19.58. seltsamen, ereignisreichen Geschichte. Im Original: „strange eventful History". Diese Phrase ist entnommen aus der „Seven ages of man speech" in Shakespeares *As You Like It*, 2.7: „Last scene of all / That ends this strange eventful history / Is second childishness and mere oblivion."

19.60. erbärmlichen Falls. Eine Anspielung auf den Sündenfall („the fall of man") bzw. die Vertreibung Adams und Evas aus dem Paradies oder auch auf den Ikarus-Mythos.

19.64. Prometheus. Der religiöse Aspekt ist in der altgriechischen Literatur möglicherweise am stärksten ausgeprägt in der Erzählung vom *Gefesselten Prometheus*, wo ein Held der Menschen sich gegen die Ungerechtigkeit der Götter auflehnt. (Vgl. Abbott 1897, S. 95) Es existieren verschiedene Varianten des Mythos vom Halbgott Prometheus. Der folgende Absatz enthält eine kurze Zusammenfassung der Version, die Aischylos zugeschrieben wurde, und in welcher Prometheus als ein Märtyrer für die Menscheit erscheint. (*Der Gefesselte Prometheus* wird inzwischen als das Werk Euphorions, des Sohnes von Aischylos, angesehen, der das Drama nach dem Tod seines Vaters unter dessen Namen aufgeführt hat.)

> Kurz nachdem Zeus an die Macht kommt, fasst er den Entschluss, die existierende Menschheit mit einer anderen zu ersetzen, aber Prometheus durchkreuzt Zeus' Plan, indem er Feuer vom Olymp stiehlt und zu den Sterblichen bringt. Für dieses Geschenk an die Menschheit erlegt Zeus Prometheus eine schreckliche Strafe auf: In der Eröffnungsszene des Dramas ist Prometheus an einen Felsen in Skythien gefesselt, wo er einer nicht enden wollenden Folter ausgesetzt ist. Seinem Leiden und dem Drängen anderer Menschen zum Trotz weigert sich Prometheus, der Autorität Zeus' nachzugeben. Seine letzten Worte sind Worte des Protests: ‚Siehe, wie ich zu Unrecht leide'. (Vgl. Hamilton 1937)

70 Unendlichkeit begrenzen möchte. Hinfort dann mit allen persönlichen Erwägungen! Lasst mich bis zum Ende gehen, wie ich begann, ohne weitere Abschweifungen oder Vorgriffe, auf dem einfachen Pfad der leidenschaftslosen Geschichte. Die genauen Fakten, die genauen Worte – und sie sind eingebrannt in mein Gehirn, – möge ich niederschreiben ohne die Änderung auch nur eines Iotas; und mögen meine Leser darüber
75 urteilen, ob mein Schicksal verdient war.

Die Kugel hätte bereitwillig ihre Lektionen weitergeführt, indem sie mich eingewiesen hätte in die Zusammensetzung aller regelmäßigen Körper, Zylinder, Kegel, Pyramiden, Pentaeder, Hexaeder, Dodekaeder und Kugeln: Aber ich wagte es, sie zu unterbrechen. Nicht dass ich des
80 Wissens müde geworden wäre. Im Gegenteil, mich dürstete nach noch tieferen und volleren Zügen als sie mir bot.

„Verzeiht," sagte ich, „oh Ihr, die ich Euch nicht länger ansprechen muss als die Vervollkommnung aller Schönheit; aber lasst mich Euch bitten, Eurem Diener einen Blick in Euer Inneres zu gewähren.

85 *Kugel:* „Mein was?"

Ich: „Euer Inneres: Euer Magen, Eure Eingeweide."

Kugel: „Woher dieses ungelegene und unverschämte Ersuchen? Und was meinst du, wenn du sagst, dass ich nicht länger die Vervollkommnung aller Schönheit bin?"

90 *Ich:* „Mein Lord, Eure Weisheit hat mich gelehrt, nach Einem zu streben, der noch größer, noch schöner und noch näher an der Vollkommenheit ist als Ihr selbst es seid. So wie Ihr über alle Formen in Flachland erhaben seid und viele Kreise in einem vereint, so ist auch zweifellos Einer über Euch, der viele Kugeln in einer höchsten Existenz vereint, die selbst die
95 Körper in Raumland übertrifft. Und so wie wir, die wir nun im Raum sind, hinab blicken auf Flachland und das Innere aller Dinge sehen, so ist mit Sicherheit über uns noch eine höhere, reinere Region, wohin es bestimmt Eure Absicht ist, mich zu führen – O Ihr, die ich immer, überall und in allen Dimensionen meinen Priester, Philosophen und Freund nennen
100 werde – einen noch räumlicheren Raum, eine dimensionalere Dimension, von deren Aussichtspunkt wir gemeinsam herunterblicken werden auf das offen liegende Innere der festen Dinge, und von wo aus Eure eigenen Eingeweide und jene der Euch verwandten Kugeln offen liegen werden

19.74. ohne die Änderung auch nur eines Iotas. Im Original: „without alteration of an iota". Iota ist der kleinste Buchstabe im griechischen Alphabet, daher meint iota im übertragenen Sinne ‚eine sehr kleine Menge'. Bemerkenswert ist, dass das Wort „alteration" eine ‚alteration' von „an iota" enthält.

19.77. regelmäßigen Körper. Die dreidimensionale Entsprechung eines regelmäßigen Vielecks ist ein regelmäßiger Körper (oder regelmäßiges Polyeder), ein konvexer Festkörper mit ebenen Flächen, von denen jede ein regelmäßiges Vieleck ist und die alle auf genau dieselbe Weise um den jeweiligen Eckpunkt herum angeordnet sind. Es gibt nur fünf regelmäßige Körper im dreidimensionalen Raum: Das Tetraeder (vier dreieckige Flächen und vier Eckpunkte), den Würfel (sechs quadratische Flächen und acht Eckpunkte), das Oktaeder (acht dreieckige Flächen und sechs Eckpunkte), das Dodekaeder (zwölf fünfeckige Flächen und zwanzig Eckpunkte) und das Ikosaeder (zwanzig dreieckige Flächen und zwölf Eckpunkte).

Abbildung 19.2. Die regelmäßigen Polyeder (Tetraeder, Würfel, Oktaeder, Dodekaeder und Ikosaeder).

Euklid beendet die *Elemente*, indem er beweist, dass diese fünf Körper die einzigen regelmäßigen Polyeder sind. Auch Flachländer könnten die zentrale Aussage von Euklids Argument verstehen: Es gibt in ihrem flachen Raum höchstens fünf Möglichkeiten, identische Exemplare desselben regelmäßigen Vielecks um einen Punkt herum anzuordnen. Obwohl sie sich nicht vorstellen können, was es bedeuten würde, eine solche Konfiguration hoch in den dreidimensionalen Raum zu falten, könnten sie erkennen, dass es höchstens fünf regelmäßige Polyeder im dreidimensionalen Raum geben kann. (Vgl. Banchoff 1991, S. 93–95) Die regelmäßigen Polyeder werden oft Platonische Körper genannt, da Platon in *Timaios* eine Theorie über die Struktur der Materie einführt, in welcher er jedes der vier Elemente (Feuer, Luft, Wasser und Erde) mit einem regelmäßigen Polyeder (Tetraeder, Oktaeder, Ikosaeder und Würfel) assoziiert. Im Bezug auf das Dodekaeder sagt Platon, dass es noch eine fünfte Form gibt, „diese benutzte der Gott für das All, als er es ausmalte." (*Timaios*, 55c)

19.83. Vervollkommung aller Schönheit. In seiner Darstellung einer Einführung in die Mysterien der Liebe sagt Sokrates, dass ein Liebender zuletzt zu „jener Kenntnis gelangt, welche von nichts anderem als eben von jenem Schönen selbst die Kenntnis ist". (*Symposion*, 211c)

19.99. Priester, Philosophen und Freund. Alexander Pope widmet sein satirisches Gedicht *An Essay on Man* (1834) Henry St. John, Lord Bolingbroke, seinem „guide, philosopher, and friend."

19.100. dimensionalere. Das englische Wort „dimensionable" ist eins von achtzehn Wörtern, die im *Oxford English Dictionary* durch Zitate aus *Flatland* erläutert werden.

vor dem Blick des armen reisenden Verbannten aus Flachland, dem so
105 vieles bereits gewährt wurde.

Kugel: Pah! Dummes Zeug! Genug von diesen Lappalien! Die Zeit
ist knapp und es bleibt noch viel zu tun bis du bereit bist, die frohe
Botschaft der drei Dimensionen deinen blinden, umnachteten Landsleuten
in Flachland zu verkünden.

110 *Ich:* Nein, gütiger Lehrer, verweigert mir nicht, wovon ich weiß,
dass es in Eurer Macht steht, es mir zu zeigen. Gewährt mir lediglich
einen flüchtigen Blick in Euer Inneres und ich bin befriedigt für immer
und werde von da an Euer unterwürfiger Schüler bleiben, Euer nie zu
befreiender Sklave, bereit all Eure Lehren zu empfangen und mich zu
115 nähren von den Worten, die von Euren Lippen fallen.

Kugel: Gut, dann, um dich zufrieden und ruhig zu stellen, lass mich
dir sogleich sagen, ich würde dir zeigen, was du dir wünschst, wenn ich
könnte; aber ich kann nicht. Würdest du wollen, dass ich das Innere meines
Magens nach außen kehre, um dir gefällig zu sein?

120 *Ich:* Aber mein Lord hat mir das Innere all meiner Landsleute im Land
der zwei Dimensionen gezeigt, indem er mich mit sich in das Land der
drei Dimensionen genommen hat. Was könnte daher einfacher sein als
nun seinen Diener auf eine zweite Reise mitzunehmen in die gesegnete
Region der vierten Dimension, von wo aus ich mit ihm ein weiteres Mal
125 herunterblicken werde auf dieses Land der drei Dimensionen und das
Innere jedes dreidimensionalen Hauses, auf die Geheimnisse der festen
Erde, die Schätze der Bergwerke im Raumland und die Eingeweide jedes
festen lebendigen Geschöpfes, selbst der vornehmen und verehrenswerten
Kugeln.

130 *Kugel:* Aber wo ist dieses Land der vier Dimensionen?

Ich: Ich weiß nicht: Aber zweifellos weiß es mein Lehrer.

19.124. der vierten Dimension. Der Platonist Henry More (1614-1687), ein Zeitgenosse Isaac Newtons, der in Cambridge studierte, vertrat die Ansicht, dass räumliche Ausdehnung eine Eigenschaft sei, die nicht nur Materie, sondern auch dem Geistigen zukommt. Um dem Geistigen zugestehen zu können, dass es eine größere oder kleinere Region im dreidimensionalen Raum einnehmen kann, postuliert er die Existenz einer vierten Dimension, die er „Essential Spissitude" nennt, entlehnt vom Lateinischen spissitudo, welches Dichte bedeutet. More zufolge ist das, was verloren geht, wenn sich ein geistiges Wesen in einer oder mehr als einer der drei räumlichen Dimensionen zusammenzieht, bewahrt in der „Essential Spissitude". (More 1995, S. 121; More 1987, S. 28) In *The Kernel and the Husk* macht Abbott deutlich, dass er, anders als Henry More, nicht glaubt, geistige Wesen seien „beings of the fourth dimension."

> You know — or might know if you would read a little book recently published called Flatland, and still better, if you would study a very able and original work by Mr. C. H. Hinton – that a being of Four Dimensions, if such there were, could come into our closed rooms without opening door or window, nay, could even penetrate into, and inhabit, our bodies; that he could simultaneously see the insides of all things and the interior of the whole earth thrown open to his vision: he would also have the power of making himself visible and invisible at pleasure; and could address words to us from an invisible position outside us, or inside our own person. Why then might not spirits be beings of the Fourth Dimension? Well, I will tell you why. Although we cannot hope ever to comprehend what a spirit is — just as we can never comprehend what God is — yet St. Paul teaches us that the deep things of the spirit are in some degree made known to us by our own spirits. Now when does the spirit seem most active in us? or when do we seem nearest to the apprehension of 'the deep things of God'? Is it not when we are exercising those virtues which, as St. Paul says, 'abide' — I mean faith, hope and love? Now there is obviously no connection between these virtues and the Fourth Dimension. Even if we could conceive of space of Four Dimensions — which we cannot do, although we can perhaps describe what some of its phenomena would be if it existed – we should not be a whit the better morally or spiritually. It seems to me rather a moral than an intellectual process, to approximate to the conception of a spirit: and toward this no knowledge of Quadridimensional space can guide us. (Abbott 1886, S. 259)

Wir übersetzen den letzten Satz dieses langen Zitats, da er die zentrale Aussage enthält: „Es scheint mir eher ein moralischer als ein intellektueller Prozess zu sein, der zu einer Annäherung an den Begriff des Geistigen führt: Und dorthin kann kein Wissen über den vierdimensionalen Raum uns führen."

19.132. Da ist kein solches Land. Mehr als alles andere unterscheidet der Besuch eines Wesens von einer anderen Welt *Flatland* von dem Höhlengleichnis sowie von allen anderen ,zweidimensionalen Geschichten'. Obwohl die Kugel übernatürlich ist, ist sie ein fehlerhaftes Wesen. Sie ist sich in keiner Weise dessen bewusst, dass ihre Offenbarung für Flachländer unbegreifbar ist. Bloße Worte könnten das Quadrat niemals davon überzeugen, dass ein dreidimensionaler Raum existiert, aber das Argument der Kugel, dass Flachländer einander nicht sehen könnten, wenn sie nicht eine dritte Raumdimension hätten (Zeile 16.117) und ihr Argument der Analogie (Zeile 16.206 bis 16.285) sind nicht nur vergeblich, sie sind abwegig. Die Kugel hat so wenig Empathie

Kugel: Nicht ich. Da ist kein solches Land. Die bloße Idee ist völlig unvorstellbar.

Ich: Sie ist nicht unvorstellbar, mein Lord, für mich und darum noch
135   weniger unvorstellbar für meinen Meister. Nein, ich gebe die Hoffnung
nicht auf, dass selbst hier in dieser Region der drei Dimensionen die Kunst
Eurer Lordschaft mir die vierte Dimension sichtbar machen kann; gerade
so wie die Fertigkeiten meines Lehrers im Land der zwei Dimensionen es
vermochten, die Augen seines blinden Dieners für die unsichtbare Präsenz
140   einer dritten Dimension zu öffnen, obwohl ich sie nicht gesehen hatte.

Lasst mich die Vergangenheit in Erinnerung rufen. Wurde ich unten
nicht gelehrt, dass ich, wenn ich eine Linie sah und daraus eine Ebene
ableitete, in Wirklichkeit eine dritte unerkannte Dimension sah, die nicht
dasselbe ist wie Helligkeit und die „Höhe" genannt wird? Und folgt daraus
145   nicht, dass ich, wenn ich in dieser Region eine Ebene sehe und daraus einen
Körper ableite, in Wirklichkeit eine vierte unerkannte Dimension sehe, die
nicht dasselbe ist wie Farbe, die aber existiert, wenn sie auch unendlich
klein und nicht messbar, ist?

Und abgesehen davon gibt es das Argument von der Analogie der
150   Figuren.

Kugel: Analogie! Unsinn: welche Analogie?

Ich: Eure Lordschaft fordert Ihren Diener heraus, um zu sehen, ob er
die Offenbarungen erinnert, die ihm übermittelt wurden. Spielt nicht mit
mir, mein Lord; ich verlange, ich dürste nach mehr Wissen. Zweifellos
155   können wir dieses höhere Raumland jetzt nicht sehen, weil wir kein Auge
in unseren Mägen haben. Aber, ebenso wie es das Reich von Flachland gab,
obwohl der arme mickrige Linienlandkönig sich weder nach links noch
nach rechts wenden konnte, um es zu erkennen, und ebenso wie es ganz
nah war, und meinen Körper berührte, das Land der drei Dimensionen,
160   obwohl ich Elender, blind und von Sinnen, kein Vermögen hatte, es zu
berühren, kein Auge in meinem Inneren, um es zu erkennen, so gibt es mit
Gewissheit eine vierte Dimension, die mein Lord mit dem inneren Auge
des Denkens wahrnimmt. Und dass es existieren muss, hat mein Lord
selbst mich gelehrt. Oder kann er vergessen haben, was er selbst seinem
165   Diener übermittelt hat?

für das Quadrat, dass sie nicht erkennt, wie ihr eigenes Verhalten das Verhalten des Quadrats spiegelt: Ebenso wie das Quadrat sich hartnäckig weigert, die Existenz einer dritten Dimension in Betracht zu ziehen, weist die Kugel auch nur die Möglichkeit einer vierten Dimension zurück.

19.133. unvorstellbar. Samuel Roberts, Vorsitzender der London Mathematical Society, versicherte, dass es absolut unmöglich sei, sich einen Begriff von so etwas wie einer vierten geometrischen Dimension zu bilden und fast alle englischen Mathematiker seiner Zeit pflichteten ihm bei. (Vgl. Roberts 1882, S. 12) Zugleich stimmten viele dieser Männer James J. Sylvester zu, der dagegenhielt, dass die Unvorstellbarkeit eines vierdimensionalen Raumes kein valider Grund wäre, diesem jegliche Bedeutung abzusprechen oder ihn in der Forschung nicht zu berücksichtigen. Sylvester entwickelte diesen Gedankengang in drei Schritten: Zunächst wies er auf Forschungsergebnisse hin, die veranschaulichten, dass es nützlich sein kann, mit einem vierdimensionalen Raum so umzugehen als wäre er ein vorstellbarer Raum. In einem weiteren Schritt ging es ihm darum zu zeigen, dass sich ein Großteil der Eigenschaften vierdimensionaler Objekte studieren lässt, indem man ihre Projektionen im dreidimensionalen Raum untersucht. Schließlich trat er für die Annahme ein, dass in der Philosophie sowie in der Ästhetik das höchste Wissen durch den Glauben komme. (Vgl. Sylvester 1869, S. 238) Abbott würde Sylvesters drittes Argument entschieden bekräftigen. Im vierten Brief von *The Kernel and the Husk* vergleicht er auf Seite 32 die Rolle, welche Glaube und Vorstellungskraft einerseits in der Geometrie, andererseits in der Religion spielen. Er lässt einen Mathematiker auftreten, der zugibt, dass er niemals einen perfekten Kreis gesehen hat noch jemals einen solchen sehen wird. Dennoch hält der Mathematiker daran fest, dass ein solcher so real sei wie ‚beefsteak and a pint of porter' und bekennt: „I believe in a perfect circle by Faith; I accept it with reverence as an impression, if I may so dare to speak, on the Mind of the Universe, which He has communicated to me" („Ich glaube an den perfekten Kreis; ich erkenne ihn mit Ehrfurcht an als einen Eindruck des, wenn ich so sagen darf, Geistes des Universums, den Er an mich kommuniziert hat.", Abbott 1886, S. 32, eigene Übersetzung). Dieser Mathematiker hat eine materielle Annäherung an das in seiner Vorstellung existierende Objekt gesehen. Das Quadrat hingegen hat, bevor es der Kugel begegnet, keine vergleichbare materielle Realität erfahren, die es ihm ermöglichen würde, sich ein dreidimensionales Objekt vorzustellen und seine Vermutung, dass ein vierdimensionaler Raum existiert, basiert vollständig auf dem Argument der Analogie.

19.134. Nicht unvorstellbar. Zeile 19.134 bis 19.151 wurden zur ersten Ausgabe hinzugefügt.

19.144. Und folgt daraus nicht ... eine vierte unerkannte Dimension. Dieses fehlerhafte Argument ist analog zu demjenigen, das in § 16 hinzugefügt wurde. Innerhalb der 23 Zeilen, die Abbott zu § 19 hinzufügte, ist es die bedeutsamste Ergänzung (siehe Anmerkung E18).

Hat nicht in einer Dimension ein sich bewegender Punkt eine Linie mit *zwei* Endpunkten entstehen lassen?

Hat nicht in zwei Dimensionen eine sich bewegende Linie ein Quadrat mit *vier* Eckpunkten entstehen lassen?

170 Hat nicht in drei Dimensionen ein sich bewegendes Quadrat – hat nicht dieses Auge von mir es geschaut –, jenes gesegnete Wesen, einen Würfel, mit *acht* Eckpunkten entstehen lassen?

Und in vier Dimensionen, wird nicht ein sich bewegender Würfel – wehe der Analogie und wehe der Fortentwicklung der Wahrheit, wenn es 175 nicht so ist – wird nicht, sage ich, die Bewegung eines göttlichen Würfels zu einer noch göttlicheren Formation mit *sechszehn* Eckpunkten führen?

Bedenke die unfehlbare Bestätigung durch die Folge 2, 4, 8, 16: Ist dies nicht eine geometrische Folge? Ist dies nicht – wenn ich die eigenen Worte meines Lords zitieren darf – „in strenger Übereinstimmung mit dem 180 Gesetz der Analogie"?

Und wieder, wurde ich nicht von meinem Lord gelehrt, dass es, so wie eine Linie *zwei* begrenzende Punkte hat und ein Quadrat *vier* begrenzende Linien, in einem Würfel *sechs* begrenzende Seiten geben muss? Bedenke ein weiteres Mal die bestätigende Folge, 2, 4, 6: Ist dies nicht eine 185 arithmetische Folge? Und folgt es demnach nicht mit Notwendigkeit, dass der noch göttlichere Nachkomme des göttlichen Würfels im Land der vier Dimensionen 8 begrenzende Würfel haben muss: Und ist nicht auch dies, wie mein Lord mich gelehrt hat zu glauben, „in strenger Übereinstimmung mit dem Gesetz der Analogie"?

190 O, mein Lord, mein Lord, siehe, ich werfe mich selbst voll Vertrauen auf die Vermutung, ohne die Fakten zu kennen; und ich rufe eure Lordschaft an, meine logischen Vorgriffe zu bestätigen oder zurückzuweisen. Wenn ich falsch liege, gebe ich nach, und werde nicht länger auf eine vierte Dimension bestehen, aber, wenn ich recht habe, wird mein Lord auf die 195 Vernunft hören.

Ich frage darum, ist es oder ist es nicht eine Tatsache, dass vor dem heutigen Tag Eure Landsleute auch den Abstieg von Wesen einer höheren Ordnung als der eurigen beobachtet haben, die geschlossene Zimmer betraten, in eben derselben Weise wie Eure Lordschaft meines betreten

19.190. ich werfe mich selbst voll Vertrauen auf die Vermutung. Im Original: „I cast myself in faith upon conjecture". Das Quadrat erkennt, dass sein Argument der Analogie nicht die Existenz des vierdimensionalen Raumes begründet; sein Glaube, dass ein solcher existiert, ist ein ‚Sprung in den Glauben'. Der Ausdruck des Quadrats ist geschickt gewählt – eine „conjecture" (Vermutung) bedeutet wörtlich genommen: etwas Zusammengeworfenes.

19.198. die geschlossene Zimmer betraten ... ohne Türen oder Fenster zu öffnen. Johannes berichtet, dass Jesus zwei Mal plötzlich in einem Zimmer erschienen ist, obwohl „die Türen verschlossen waren". (Johannes 20,19 und 26, Elberfelder 1905)

200 hat, ohne Türen oder Fenster zu öffnen und die ihrem Belieben nach erschienen und verschwunden sind? Auf die Antwort zu dieser Frage bin ich bereit alles zu setzen. Weise es zurück und ich bin fortan still. Nur gewähre mir eine Antwort.

Kugel (nach einer Pause): So wird es berichtet. Aber die Menschen sind 205 geteilter Meinung hinsichtlich der Frage, ob es sich um Tatsachen handelt. Und selbst wenn sie die Tatsachen als solche annehmen, erklären sie diese auf unterschiedliche Weise. Und in jedem Fall hat keiner, so groß die Anzahl der unterschiedlichen Erklärungen auch sein mag, die Theorie einer vierten Dimension akzeptiert oder vorgeschlagen. Darum, bitte, hör 210 auf mit diesen Belanglosigkeiten und lass uns zur Sache zurückkehren.

Ich: Ich war mir sicher. Ich war mir sicher, dass meine Erwartungen sich erfüllen würden. Und nun habe Geduld mit mir und beantworte mir noch eine weitere Frage, bester aller Lehrer! Haben sich die Schnittflächen derjenigen, die auf solche Weise erschienen sind – niemand weiß, 215 von woher – und zurückgekehrt sind – niemand weiß, wohin – auch zusammengezogen und sind sie irgendwie verschwunden in diesen räumlicheren Raum, in welchen ich dich anflehe, mich zu führen?

Kugel (missgestimmt): Sie sind verschwunden, gewiss – wenn sie jemals erschienen sind. Aber die meisten Menschen sagen, dass diese Visionen 220 aus Gedanken hervorgingen – du wirst mich nicht verstehen – aus dem Gehirn, von der gestörten Winkligkeit des Sehers.

Ich: Sagen sie das? Oh, glaubt ihnen nicht. Oder wenn es in der Tat so sein sollte, dass dieser andere Raum in Wirklichkeit das Gedankenland ist, dann nehmt mich mit zu dieser gesegneten Region, wo ich in Gedanken 225 das Innere aller festen Dinge sehen werde. Dort, vor meinem entzückten Auge, ein Würfel, der sich in eine vollkommen neue Richtung bewegt, aber in strenger Übereinstimmung mit dem Gesetz der Analogie, sodass jedes Teilchen von ihm sich durch eine neue Art des Raumes bewegt und eine eigene Spur zieht, – er soll eine noch vollkommenere Vollkommenheit 230 als seine eigene hervorbringen, mit sechzehn außerräumlichen Winkeln und acht räumlichen Würfeln als seinem Umfang. Und sind wir einmal da, sollen wir unsere aufsteigende Bewegung anhalten? In dieser gesegneten Region der vier Dimensionen, sollen wir auf der Schwelle zur fünften verweilen und uns nicht in sie bewegen? Ah, nein! Lass 235 uns lieber beschließen, dass unsere Sehnsucht sich gemeinsam mit unserem körperlichen Aufstieg erheben wird. Dann werden sie unserem

19.207. hat keiner … die Theorie … akzeptiert oder vorgeschlagen. Der Mathematiker William A. Granville interpretierte Passagen aus den biblischen Erzählungen, indem er die Existenz einer vierten Raumdimension als mögliche Erklärung für Ereignisse anführte, die im dreidimensionalen Raum nur als Wunder zu beschreiben sind. In Bezug auf die Passage in Johannes 20 sagt er: „Christ, considered as a higher-dimensional being, certainly had the power to appear in his body as described above, or to do anything else which cannot be done by us in our space of three dimensions but which is possible in our hypothetical space of four dimensions by those who may dwell there." („Christus, verstanden als ein höherdimensionales Wesen, hatte gewiss die Macht, körperlich in dem oben beschriebenen Sinne zu erscheinen oder sonst etwas zu tun, das nicht von uns getan werden kann in unserem Raum der drei Dimensionen, das aber möglich ist in unserem hypothetischen Raum der vier Dimensionen von denjenigen, die dort wohnen mögen." Granville 1922, S. 52–53, eigene Übersetzung) Kontextualisierende Informationen sowie eine Auflistung der europäischen und amerikanischen Theologen und Pfarrer, die in ihren Werken von dem Konzept einer vierten Dimension Gebrauch machten, finden sich bei Jammer 1954, S. 181-182 sowie bei White 2014.

19.209. Darum, bitte, hör auf mit diesen Belanglosigkeiten. Im Original: „Therefore, pray have done with this trifling." Das Adverb „pray" entspricht dem höflich auffordernden deutschen „Bitte" und ist ein formeller und gleichzeitig ironischer Ausdruck.

19.225. entzückten. Im Original: „ravished". Eine Bedeutung von ‚to ravish' ist ‚von einem Ort oder Zustand in einen anderen bringen', so zum Beispiel vom irdischen ins ewige Leben.

19.226. ein Würfel, der sich … bewegt. Das Quadrat beschreibt, was heute „Hyperwürfel" genannt wird, die vierdimensionale Entsprechung eines Würfels, die entsteht, wenn ein Würfel sich senkrecht zu sich selbst im vierdimensionalen Raum bewegt. Zu weiteren Informationen über Hyperwürfel vgl. Banchoff (1991) und Rucker (1984).

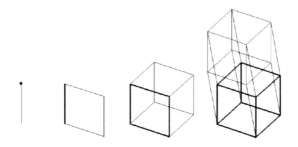

Abbildung 19.3. Die Ableitungsseqeunz, fortgeführt bis zur vierten Dimension.

19.228. jedes Teilchen von ihm … eine eigene Spur zieht. Die Ableitungssequenz ist die Weiterentwicklung einer älteren Theorie darüber, wie geometrische Figuren durch Zahlen erzeugt werden. Dieser Theorie zufolge wird Eins mit dem Punkt assoziiert, Zwei mit der Strecke, Drei mit dem Dreieck und Vier mit der Pyramide (Tetraeder). Wir gelangen zu der Sequenz Punkt-Gerade-Dreieck-Tetraeder, indem wir die Ableitungssequenz, in der sich jeder Punkt separat bewegt (in den Worten des Quadrats: „eine eigene Spur zieht") verallgemeinern. Ein Punkt bewegt sich in eine konstante Richtung, um eine Gerade zu bilden; jeder Punkt der Geraden bewegt sich

intellektuellen Vorstoß nachgeben, sie werden auffliegen, die Tore der sechsten Dimension, nach diesen eine siebte, und dann eine achte –

240 Wie lange ich so hätte weitermachen können, weiß ich nicht. Vergebens wiederholte die Kugel mit donnernder Stimme ihre Befehle zu schweigen und drohte mir mit den entsetzlichsten Strafen, wenn ich nicht aufhörte. Nichts konnte die Flut meines ekstatischen Strebens aufhalten. Vielleicht war es meine Schuld; aber tatsächlich war ich berauscht von der Wahrheit, die ich unlängst in gierigen Zügen getrunken hatte, und zu der die Kugel 245 mich selbst herangeführt hatte. Das Ende, jedoch, ließ nicht lange auf sich warten.

Meine Rede wurde unterbrochen durch einen Stoß, der von außen kam und einem gleichzeitigen Stoß in mir, der mich durch den Raum trieb in einer Geschwindigkeit, die Sprechen unmöglich machte. Runter! 250 runter! runter! Ich stieg rapide ab; und ich wusste, dass eine Rückkehr nach Flachland mein Schicksal war. Einen flüchtigen Blick, einen letzten Blick, den ich niemals werde vergessen können, warf ich auf diese langweilige ebene Wildnis, die sich vor meinem Auge erstreckte und die nun wieder mein Universum werden sollte. Dann eine Dunkelheit. Dann 255 ein letzter, alles beendender Donnerschlag; und, als ich wieder zu mir kam, war ich wieder ein gewöhnliches kriechendes Quadrat, zuhause in meinem Studierzimmer, dem Friedensruf meiner näherkommenden Frau lauschend.

in eine Richtung senkrecht zu der Geraden, um ein Dreieck zu bilden; jeder Punkt des Dreiecks bewegt sich in eine Richtung senkrecht zu dem Dreieck, um ein Tetraeder zu bilden.

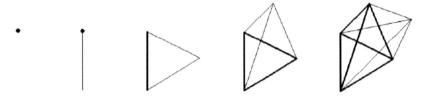

Abbildung 19.4. Punkt, Linie, Dreieck, Tetraeder, Hypertetraeder (5-Zelle).

Nicole Oresme, ein Philosoph der Scholastik, beschrieb eine solchen Herleitung in seinem *Treatise on the configurations of qualities and motions* (ca. 1355). Oresme ‚konstruierte‘ (seinem Verständnis nach sind solche Figuren nicht tatsächlich konstruiert, sondern imaginiert) das Hypertetraeder nicht, indem er jeden Punkt des Tetraeders sich in die Richtung einer vierten Dimension bewegen ließ, denn er wies die Möglichkeit zurück, dass eine vierte Dimension (*quartam dimensionem*) existiere oder vorgestellt werden könne. Stattdessen zerlegte er das Tetraeder in unendlich viele dreieckige Scheiben und ‚konstruierte‘ dann ein Tetraeder auf jeder Scheibe. (Vgl. Oresme und Clagett 1986, S. 175-177, S. 531)

19.230. außerräumlichen. Im Original: „Extra-solid". Das Präfix „extra-" bringt zum Ausdruck, dass etwas außerhalb eines bestimmten Gebietes liegt – in diesem Fall außerhalb des dreidimensionalen Raums. Das heute geläufige Präfix, welches die Entsprechung eines Körpers in einem Raum von vier oder mehr Dimensionen anzeigt, ist ‚hyper‘; es wurde zuerst verwendet von J. J. Sylvester: „hyperlocus" (1851), „hyperplane", „hyperpyramid", und „hypergeometry" (1863). (Vgl. Manning 1914, S. 329)

19.231. acht räumlichen Würfeln. Die Tabelle zeigt die Anzahl von k-Würfeln in einem n-Würfel; die Einträge in Reihe n sind die Koeffizienten von der Entwicklung des Binom $(2x + y)^n$. Zum Beispiel sind die Zahlen in Reihe 3 die Koeffizienten von $8x^3 + 12x^2y + 6xy^2 + y^3$.

n	n-Würfel	0-Würfel	1-Würfel	2-Würfel	3-Würfel	4-Würfel
0	Punkt	1				
1	Strecke	2	1			
2	Quadrat	4	4	1		
3	Würfel	8	12	6	1	
4	Hyperwürfel	16	12	24	8	1

19.243. berauscht von der Wahrheit, die ich in gierigen Zügen getrunken hatte. In „An essay on criticism" beschreibt Alexander Pope Trinken als Metapher für Lernen, wobei paradoxerweise kleine Mengen berauschend und große Mengen ernüchternd wirken.

> A little learning is a dangerous thing;
> Drink deep, or taste not the Pierian spring:
> There shallow draughts intoxicate the brain,
> and drinking largely sobers us again.

§20
Wie die Kugel mich in einer Vision ermutigte

Obwohl ich weniger als eine Minute Zeit zum Nachdenken hatte, fühlte ich durch eine Art Instinkt, dass ich meine Erfahrungen vor meiner Frau verbergen musste. Nicht dass ich zu diesem Zeitpunkt befürchtet hätte, sie würde mein Geheimnis verraten, aber ich wusste, dass für jede Frau
5 in Flachland die Erzählung meiner Abenteuer unverständlich sein müsse. So bemühte ich mich, sie durch irgendeine für diesen Zweck erfundene Geschichte zu beruhigen; ich sagte ihr, dass ich aus Versehen durch die Falltür des Kellers gestürzt sei und benommen dort gelegen habe.

Die Zugkraft nach Süden ist in unserem Land so gering, dass meine
10 Geschichte selbst einer Frau außergewöhnlich und nahezu unglaublich vorkommen musste, aber meine Ehefrau, deren guter Verstand weit über dem Durchschnitt ihres Geschlechts liegt, und die merkte, dass ich ungewöhnlich aufgeregt war, diskutierte mit mir nicht über die Sache, sondern bestand darauf, dass ich krank war und Ruhe brauchte. Ich
15 war froh, dass ich eine Entschuldigung hatte, mich in mein Zimmer zurückzuziehen und ruhig zu überdenken, was geschehen war. Als ich endlich bei mir selbst war, kam eine Schläfrigkeit über mich, aber bevor sich meine Augen schlossen, bemühte ich mich, mir die dritte Dimension in Erinnerung zu bringen, insbesondere den Prozess, durch den ein Würfel
20 durch die Bewegung eines Quadrats gebildet wird. Es war nicht so klar, wie ich hätte wünschen können, aber ich erinnerte, dass es „aufwärts, und doch nicht nordwärts" gehen musste und ich beschloss, die Wörter unentwegt festzuhalten gleich einem Schlüssel, der, wenn ich ihn fest umfasste, es nicht verfehlen konnte, mir die Tür zur Erkenntnis zu öffnen.
25 Während ich so die Wörter „aufwärts, aber nicht nordwärts" mechanisch, wie einen Zauberspruch wiederholte, fiel ich in einen tiefen, erfrischenden Schlaf.

Popes Dichtung war Abbott sehr vertraut; er schrieb eine bedeutende Einführung zu der von seinem Vater verfassten *Concordance to the Works of Alexander Pope* (1875).

19.253. Wildnis. In religiösen Kontexten diente die Bezeichnung „Wildnis" bisweilen dazu, die gegenwärtige Welt oder das gegenwärtige Leben mit einem zukünftigen, erlösten Leben zu kontrastieren. So bereitete Thomas Hooker (1586-1647), ein puritanischer Prediger aus Hartford, Connecticut, seine Gemeinde darauf vor, „[that they] must come into and go through a vast and roaring wilderness [before] they could possess that good land which abounded with all prosperity [and] flowed with milk and honey." (Zitiert in Merchant 2002, S. 34-35) In der puritanischen Rhetorik verschmilzt das Bild einer paradiesischen Wirklichkeit mit einem auf Erden existierenden zu erobernden amerikanischen Territorium und die Grenzlinie („frontier'), die immer tiefer ins Landesinnere geschoben werden kann, mit einer zeitlichen Grenze der Heilserwartung. Diese Überlagerung der religiösen und der geopolitschen Ebenen findet sich auch in der Gegenüberstellung von ‚Old World' und ‚New World'. Insofern die religiöse Erwartung eines versprochenen ‚gelobten Landes' als metaphysische Rechtfertigung für die zum Teil zerstörerische Aneignung eines bereits bewohnten Landes dienen sollte, ist die Verschmelzung als durchaus problematisch zu bewerten.

19.255. alles beendender Donnerschlag. Eine Anspielung auf die Schlussszene von *Der gefesselte Prometheus*, wo die Donner rollen, während die Welt über Prometheus zusammenbricht.

19.256. kriechendes Quadrat. Möglicherweise eine Anspielung auf die Schlange im Garten Eden, wobei das Quadrat eher in der Position des zur Erkenntnis Verführten nicht des Verführers begegnet. Indem es sein Schicksal beschreibt, bezieht sich das Quadrat mehrere Male auf den biblischen Bericht vom Sündenfall und auf seine nächste Entsprechung in der antiken Literatur, den Mythos des Prometheus. Obwohl es augenfällige Unterschiede zwischen diesen zwei Geschichten gibt, erscheint Vorstellungskraft in beiden als ein Mittel, sich gegen eine göttliche Macht aufzulehnen. Auch *Flatland* erzählt die Geschichte einer ‚gefallenen Vorstellungskraft', denn das Quadrat kränkt die Kugel, indem es sich eine vierte Dimension vorstellt, was die unmittelbare Ursache seines ‚kläglichen Falls' („miserable Fall") ist. (Vgl. Kearney 1988, S. 79-87)

Anmerkungen zu Kapitel 20.

20.11. guter Verstand weit über dem Durchschnitt. Das Quadrat erkennt, dass seine Frau trotz ihrer mangelhaften Bildung durchaus intelligent ist, aber es scheint die Möglichkeit nicht in Betracht zu ziehen, dass dasselbe für andere Frauen gilt.

20.18. meine Augen. Auch hier verwendete Abbott versehentlich die Pluralform (vgl. Anmerkung 19.31).

In meinem Schlaf hatte ich einen Traum. Ich dachte, ich befände mich ein weiteres Mal an der Seite der Kugel, deren strahlende Farbe darauf
30 hindeutete, dass ihr Zorn sich in vollkommene Versöhnlichkeit verwandelt hatte. Wir bewegten uns gemeinsam einem hellen, aber unendlich kleinem Punkt entgegen, auf den mein Meister meine Aufmerksamkeit lenkte. Als wir näherkamen, war mir, als ging von ihm ein schwacher summender Laut aus, so wie der einer eurer Schmeißfliegen in Raumland, nur mit
35 deutlich weniger Widerhall, tatsächlich so schwach, dass das Geräusch selbst in der vollkommenen Stille des Vakuums, durch das wir glitten, unsere Ohren nicht erreichte, bis wir unseren Flug weniger als zwanzig menschliche Diagonalen von ihm entfernt anhielten.

„Sieh dorthin," sagte mein Führer, „in Flachland hast du gelebt, von
40 Linienland hast du eine Vision empfangen, du bist aufgestiegen mit mir in die Höhen von Raumland, nun, um das Spektrum deiner Erfahrung zu vervollständigen, führe ich dich hinunter zu der tiefsten Tiefe der Existenz, zu dem Reich des Punktlandes, dem Abgrund der Dimensionslosigkeit.

„Sieh jene klägliche Kreatur. Dieser Punkt ist ein Wesen
45 wie wir, aber gefangen in dem dimensionslosen Schlund. Er ist sich selbst seine eigene Welt, sein eigenes Universum; von irgendetwas anderem außer sich selbst kann er sich keine Vorstellung bilden; er kennt keine Länge, keine Breite und keine Höhe, denn er hatte keine Erfahrung davon; er hat kein Wissen selbst von der Zahl Zwei, noch hat
50 er einen Begriff von Pluralität, denn er ist sich selbst sein Ein und Alles, während er in Wirklichkeit Nichts ist. Aber beachte seine vollkommene Selbstzufriedenheit und lerne daraus diese Lektion: Selbstzufrieden sein bedeutet niederträchtig und unwissend zu sein. Es ist besser, nach etwas zu streben, als blind und machtlos glücklich zu sein. Nun höre zu."

55 Die Kugel hielt inne, und da ging von der kleinen summenden Kreatur ein winziges, leises, monotones Klirren aus, wie von einem eurer Phonographen in Raumland, und ich vernahm diese Worte: „Unendliche Seligkeit der Existenz! Es ist; und da ist niemand anderes neben ihm." „Was," sagte ich, „meint diese mickrige Kreatur mit „es"?" „Er meint sich
60 selbst," sagte die Kugel: „hast du noch nicht bemerkt, dass Kleinkinder und kindhafte Menschen, die nicht zwischen sich selbst und der Welt unterscheiden können, von sich selbst in der dritten Person sprechen? Aber sei still!"

20.28. hatte ich einen Traum. In Zeile 16.154 verrät die Kugel, dass sie die „phantastischen Visionen" des Quadrats erkennen kann und sie mag sogar die Macht haben, dem Quadrat Träume oder Visionen zu schicken.

20.35. das Geräusch selbst in der vollkommenen Stille des Vakuums. Tatsächlich kann sich Schall nicht durch ein Vakuum bewegen (d.h. durch Raum, der vollkommen frei von Materie ist).

20.37. zwanzig menschliche Diagonalen. Ungefähr sechs Meter.

20.43. Dimensionslosigkeit. Die Dimension eines Raumes kann informell definiert werden als die höchste Anzahl von unabhängigen Richtungen, in die sich ein Objekt im Raum bewegen kann. Da Bewegung in einem Raum, der aus einem Punkt besteht, unmöglich ist, hat ein solcher Raum die Dimension 0 bzw. er ist – in den Worten des Quadrats – dimensionslos.

20.44. ein Wesen wie wir. Als Sokrates beginnt, das Höhlengleichnis zu erzählen, bemerkt Glaukon, dass dies „ein gar wunderliches Bild" sei „und wunderliche Gefangene." Doch Sokrates erwidert, sie seien „[u]ns ganz ähnliche". (*Politeia*, 515a)

20.46. von irgendetwas anderem außer sich selbst … keine Vorstellung. Der Punkt ist ein Solipsist – er kann der Idee, dass es Gedanken, Erfahrungen oder Gefühle geben könnte, die nicht seine eigenen sind, keine Bedeutung zuordnen.

20.56. Klirren … wie von einem eurer Phonographen in Raumland. In Thomas Edisons ersten Aufnahmen mit einem Phonographen wurde Schall aufgezeichnet, indem Kerben in einen Bogen Zinnfolie geprägt wurden, der um eine Walze gewickelt war. Die *Times* berichteten, dass Edisons Phonograph die Wörter eines Sprechers in dessen eigener Stimme wiedergab, allerdings in einer leichten metallischen oder mechanischen Färbung. (*The Times*, 17. Januar 1878, 4)

„Es füllt den ganzen Raum aus," fuhr die kleine Kreatur im
65 Selbstgespräch fort, „und was Es ausfüllt, das ist Es. Was Es denkt,
das äußert Es; und was Es äußert, das hört Es; und Es selbst ist Denker,
Äußerer, Hörer, Gedanke, Wort, Gehör. Es ist das Eine und doch Alles in
Allem. Ah, das Glück, das Glück, zu sein!"

„Kannst du das kleine Ding nicht aus seiner Selbstgefälligkeit
70 aufschrecken?" sagte ich. „Sag ihm, was es wirklich ist, so wie du es mir
gesagt hast; lege ihm die engen Begrenzungen von Punktland offen und
führe es zu irgendetwas Höherem." „Das ist keine einfache Aufgabe,"
sagte mein Meister, „versuche du es."

Daraufhin erhob ich meine Stimme bis zum Äußersten und sprach den
75 Punkt an wie folgt: „Schweig, schweig, verächtliche Kreatur. Du nennst
dich selbst Alles in Allem, aber du bist das Nichts: Dein sogenanntes
Universum ist ein bloßer Fleck auf einer Geraden und eine Gerade ist ein
bloßer Schatten im Vergleich mit –" „Still, still, du hast genug gesagt,"
unterbrach mich die Kugel, „nun hör und beachte die Wirkung deiner
80 Tirade auf den König von Punktland."

Der Glanz des Monarchen, der beim Hören meiner Worte heller strahlte
als je zuvor, zeigte klar, dass er seine Selbstzufriedenheit bewahrt hatte;
und ich hatte kaum aufgehört, als er seinen Faden wieder aufnahm: „Ah,
die Freude, ah, die Freude des Denkens! Was kann Es nicht erreichen
85 durch Denken! Sein eigener Gedanke kommt zu Ihm selbst, deutet Ihm
eine Schmähung an, um dadurch Seine Zufriedenheit zu erhöhen. Süße
Rebellion, aufgewühlt, um in Triumph zu münden! Ah, die göttliche Macht
des Allen in Einem! Ah, die Freude, die Freude, zu sein!"

„Du siehst," sagte mein Lehrer, „wie wenig deine Worte erreicht haben.
90 Insoweit der Monarch sie alle versteht, nimmt er sie als seine eigenen an –
denn er kann sich keinen anderen vorstellen außer sich selbst – und brüstet
sich mit der Vielfalt ‚Seines Denkens' als einem Beispiel seiner kreativen
Kraft. Lass uns diesen Gott von Punktland dem ahnungslosen Genuss
seiner Allgegenwart und Allwissenheit überlassen: Es gibt nichts, das du
95 oder ich tun können, um ihn aus seiner Selbstzufriedenheit zu retten."

Wenig später, als wir sanft zurück nach Flachland schwebten, konnte
ich die milde Stimme meines Gefährten hören, die mir die Moral meiner
Vision verdeutlichte und mich dazu anregte, nach etwas zu streben und
andere zu lehren, nach etwas zu streben. Zuerst sei er verärgert gewesen

100 – das gab er zu – durch meinen Ehrgeiz, zu Dimensionen über der dritten aufzusteigen; aber seitdem habe er neue Einsichten gewonnen, und er sei nicht zu stolz, einem Schüler seinen Irrtum zu bekennen. Dann fuhr er fort, mich in Mysterien einzuweihen, die noch höher waren als diejenigen, deren Zeuge ich geworden war, er zeigte mir, wie ich
105 Hyper-Körper erzeugen konnte durch die Bewegung von Körpern und Doppel-Hyper-Körper durch die Bewegung von Hyper-Körpern und alles „in strenger Übereinstimmung mit den Gesetzen der Analogie," alles mit solch einfachen Methoden, so leicht, dass sie offenkundig selbst für das weibliche Geschlecht wären.

20.103. mich in Mysterien einzuweihen. Abbott beschreibt die Einführung des Quadrats in höhere Dimensionen mehrere Male als „Einweihung in die Mysterien" und zeigt so, dass diese als ein Sinnbild für die Offenbarung einer höheren Wahrheit zu verstehen ist. In der Theologie bedeutet „Mysterium" eine religiöse Wahrheit, die nur durch göttliche Offenbarung zugänglich ist, aber Abbott bezieht sich in seiner Verwendung dieser Metapher auf etwas Spezifischeres. Im alten Griechenland waren „Mysterien" geheime Initiationsrituale, die darauf abzielten, die „Persönlichkeitsstruktur" des Initiierten durch eine „besondere [...] Erfahrung im Bereich des Heiligen" zu verändern. (Vgl. Burkert 1994, S. 15) Es gab viele Mysterienkulte bei den Griechen, die frühsten und einflussreichsten waren die Mysterien von Eleusis. Platon verwendet die Sprache der Mysterien in einer Reihe von Dialogen als ein Bild für intellektuelle oder moralische Verwandlung; zwei wichtige Beispiele sind die poetischen Metaphern im *Symposion* und im *Phaidros*. Im Höhlengleichnis findet sich keine explizite Erwähnung der Mysterien, aber das Hervortreten aus der Höhle in das Sonnenlicht entspricht dem Höhepunkt der rituellen Reise, in welcher dem Initiierten plötzlich eine heilige Vision offenbar wird.

20.105. Hyper-Körper. Ein Hyper-Körper ist ein Objekt im vierdimensionalen Raum; Im englischen Original verwendet das Quadrat die Bezeichnung „Extra-Cube" für Hyperwürfel. C. Howard Hinton nannte die vierdimensionale Entsprechung eines Würfels „four-square"; später legte es sich auf den Namen „tessaract" fest (in der heutigen Schreibweise: „tesseract"/ deutsch: „Tesserakt", vgl. Hinton 1880; 1888). Höherdimensionale Polyeder werden heute „Polytope" genannt und die Standard-Bezeichnung für vierdimensionale reguläre Polytope ist „k-Zell", wobei k die Anzahl der dreidimensionalen begrenzenden Zellen anzeigt. Somit ist ein Hyperkubus ein 8-Zell. Im zwei-dimensionalen Raum gibt es n-seitige regelmäßige Polygone für jede natürliche Zahl n größer als zwei. Im dreidimensionalen Raum gibt es nur fünf regelmäßige Polyeder (siehe Anmerkung 19.77). In einer Abhandlung, die der Schweizer Mathematiker Ludwig Schläfli (1814-1895) in den Jahren 1850-52 verfasste, die aber erst posthum im Jahr 1901 veröffentlicht wurde, bestimmte er alle höherdimensionalen regelmäßigen Polytope. Er zeigte, dass es im vierdimensionalen Raum nur sechs regelmäßige Polytope gibt: 5-Zell, 8-Zell, 16-Zell, 120-Zell und 600-Zell (Entsprechungen des Tetraeders, des Würfels, des Oktaeders, des Dodekaeders und des Ikosaeders) sowie 24-Zell, der keine dreidimensionale Entsprechung hat. Des Weiteren zeigte er, dass für jedes n größer als 4 die einzigen regelmäßigen Polytope die n-dimensionalen Entsprechungen des Tetraeders, des Würfels und des Oktaeders sind (Stillwell 2001, S. 21-22; Schläfli 1901). Irving Stringham (1847-1909), der bei J.J. Sylvester an der Johns Hopkins University promovierte, kam in vielen Punkten zu Erkenntnissen, die Schläflis Forschungsergebnisse bestätigten. Seine Dissertation über „Regular figures in n-dimensional space" enthält Zeichnungen und Photographien (Stringham 1880). Bis weit ins 20. Jahrhundert hinein waren viele Mathematiker der Ansicht, dass Stringham als erster reguläre Polytope entdeckt habe.

§21
Wie ich versuchte, die Theorie der drei Dimensionen meinem Enkelsohn zu lehren, und mit welchem Erfolg

Ich erwachte voll Freude und begann über die glorreiche Karriere, die vor mir lag, nachzudenken. Ich werde hinausgehen, dachte ich, sogleich, und ganz Flachland missionieren. Selbst Frauen und Soldaten sollte die frohe Botschaft der drei Dimensionen verkündet werden. Ich würde beginnen

5   bei meiner Frau.

Gerade als ich den Plan für mein Vorgehen entworfen hatte, hörte ich den Klang vieler Stimmen auf der Straße, die Ruhe geboten. Dann erklang eine lautere Stimme. Es war die Ausrufung eines Herolds. Ich hörte aufmerksam zu und erkannte die Wörter der Resolution des Rates wieder,

10   welche die Festnahme, Inhaftierung oder Exekution eines jeden anordnete, der die Gemüter der Menschen mit Wahnvorstellungen verderbe, und behaupte, Offenbarungen aus einer anderen Welt empfangen zu haben.

Ich dachte nach. Mit dieser Gefahr war nicht zu spielen. Es wäre besser sie zu meiden, indem ich jede Erwähnung meiner Offenbarung unterließe

15   und auf dem Pfad der Demonstration weiterginge – der schließlich so einfach und so überzeugend zu sein schien, dass nichts verloren ginge, wenn ich das erstgenannte Mittel fallen ließe. „Aufwärts, nicht nordwärts" – war der Schlüssel für den gesamten Beweis. Es war mir ziemlich klar erschienen, bevor ich eingeschlafen war, und als ich aufwachte, meinem

20   Traum noch ganz nah, schien es mir so offenkundig wie Arithmetik zu sein; aber irgendwie war es mir jetzt nicht mehr ganz so offensichtlich. Obwohl meine Frau das Zimmer passenderweise gerade in diesem Moment betrat, entschied ich mich, nachdem wir einige Wörter alltäglicher Konversation ausgetauscht hatten, nicht mit ihr zu beginnen.

25   Meine fünfeckigen Söhne waren Männer mit Charakter und Ansehen, und Ärzte von keinem schlechten Ruf, aber nicht besonders gut in Mathematik, und, in dieser Hinsicht, nicht geeignet für mein Vorhaben. Aber mir fiel ein, dass ein junges, gelehrsames Sechseck, das der Mathematik zugeneigt war, ein höchst geeigneter Schüler sein würde.

30   Warum also mein erstes Experiment nicht mit meinem kleinen frühreifen Enkelsohn machen, dessen beiläufige Bemerkungen über die Bedeutung

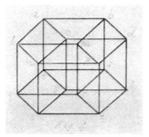

Abbildung 20.1. Stringhams Darstellung eines Hyperwürfels durch Projektion in eine Ebene.

20.106. Doppel-Hyper-Körper. Ein „double extra-solid" ist ein fünfdimensionales Objekt.

Anmerkungen zu Kapitel 21.

21.15. Demonstration. Aristoteles definiert eine Demonstration (*apodeixis*) wie folgt: „Demonstration nenne ich [...] eine wissenschaftliche Deduktion, und wissenschaftlich nenne ich jene, gemäß der wir dadurch, daß wir sie besitzen, wissen." (Aristoteles, *Analytica Posteriora*, 71b, Z. 18-19) Das Quadrat verwendet den Begriff ‚Demonstration' in eben diesem Sinne, d.h. es geht ihm darum, durch logische Folgerungen etwas erkennbar zu machen oder zu beweisen.

von 3^3 die Gunst der Kugel gefunden hatten? Wenn ich die Sache mit ihm, der bloß ein Junge war, diskutierte, sollte ich in vollkommener Sicherheit sein; denn er würde nichts wissen von der Ausrufung des
35 Rates; wohingegen ich mir nicht sicher sein könnte, dass meine Söhne – so sehr dominierten in ihnen ihr Patriotismus und ihre Ehrfurcht vor den Kreisen gegenüber bloßer blinder Hingabe – sich nicht gezwungen fühlen würden, mich dem Präfekten zu übergeben, wenn sie herausfänden, dass ich mich ernsthaft zu der umstürzlerischen Häresie der dritten Dimension
40 bekannte.

Aber das erste, was ich tun musste, war, die Neugierde meiner Frau auf irgendeine Weise zu befriedigen. Sie wünschte verständlicherweise etwas über die Gründe zu erfahren, aus denen der Kreis dieses mysteriöse Gespräch mit mir verlangt hatte und darüber, auf welche Weise er in
45 das Haus gelangt war. Ohne im Detail auf den ausgeklügelten Bericht einzugehen, den ich ihr gab, – ein Bericht, von dem ich befürchte, dass er nicht ganz so mit der Wahrheit übereinstimmte, wie meine Leser in Raumland es sich wünschen würden, – muss es mir genügen zu sagen, dass es mir zuletzt gelang, sie davon zu überzeugen, leise zu ihren
50 Haushaltspflichten zurückzukehren, ohne mir irgendeinen Hinweis auf die Welt der drei Dimensionen entlockt zu haben. Danach sandte ich sofort nach meinem Enkelsohn. Denn, um die Wahrheit zu sagen, fühlte ich, dass alles, was ich gesehen und gehört hatte, mir auf eine seltsame Weise entglitt, wie das Bild eines halb verstandenen, quälenden Traums, und ich
55 sehnte mich danach zu erproben, ob ich fähig sei, einen ersten Jünger zu gewinnen.

Als mein Enkelsohn das Zimmer betrat, verriegelte ich sorgsam die Tür. Dann setzte ich mich an seine Seite, nahm unsere Mathematik-Tafeln, – oder, wie ihr sagen würdet, Linien – zur Hand und sagte ihm, dass
60 wir unsere Lektion von gestern fortführen würden. Ich zeigte ihm ein weiteres Mal wie ein Punkt, indem er sich in einer Dimension bewegt, eine Gerade hervorbringt, und wie eine Gerade in zwei Dimensionen ein Quadrat hervorbringt. Dann sagte ich mit gezwungenem Lachen, „und nun, du Spitzbub, wolltest du mich glauben machen, dass ein Quadrat
65 auf dieselbe Weise durch eine Bewegung, die ,aufwärts, nicht nordwärts‘ geht, eine andere Figur hervorbringen würde, eine Art außerräumliches Quadrat in drei Dimensionen. Sag das noch einmal, du kleiner Schelm.“

In diesem Moment hörten wir ein weiteres Mal das „Achtung! Achtung!“ des Herolds, der draußen auf der Straße die Resolution des

21.54. quälenden. Im Original: tantalizing, vom Griechischen Tantalus.

21.68. „Achtung! Achtung!" des Herolds. Im Original: „O yes! O yes!". Im alten Athen waren Herolde (*kērykes*) verschiedenen Beamten und Regierungsbehörden zugeteilt. Unter anderem waren die Herolde dafür verantwortlich, den Hohen Rat und die Volksversammlung (siehe Anmerkung 9.40) einzuberufen und (wie hier) staatliche Ankündigungen auszurufen.

Ausrufer wurden in Großbritannien seit dem Zeitalter der Normannen eingesetzt. Damals wurde der Ruf „oyez, oyez, oyez" (altfranzösisch für „hört") verwendet, um Stille zu gebieten und die Aufmerksamkeit der (größtenteils analphabetischen) Bevölkerung auf eine Ankündigung zu lenken, die daraufhin vorgelesen wurde.

70 Rates ausrief. So jung er war, mein Enkelsohn – ungewöhnlich intelligent für sein Alter und in vollkommener Ehrfurcht vor der Autorität der Kreise aufgewachsen –, erfasste er die Situation mit einem Scharfsinn, auf den ich ganz unvorbereitet war. Er blieb still, bis die letzten Wörter der Ausrufung verklungen waren und sagte dann, in Tränen ausbrechend,
75 „Lieber Großpapa, das war nur ein Spaß von mir, und natürlich habe ich überhaupt nichts damit gemeint; und wir haben letztens nichts von dem neuen Gesetz gewusst; und ich denke nicht, dass ich irgendetwas über die dritte Dimension gesagt habe; ich bin sicher, ich habe kein Wort gesagt über ‚aufwärts, nicht nordwärts,' denn das wäre solch ein Unsinn, weißt
80 du. Wie könnte ein Ding sich aufwärts bewegen und nicht nordwärts? Aufwärts und nicht nordwärts! Selbst wenn ich ein Kleinkind wäre, könnte ich nicht so verrückt sein. Wie albern das ist! Ha! Ha! Ha!"

„Ganz und gar nicht albern," sagte ich, meine Beherrschung verlierend, „hier zum Beispiel, ich nehme dieses Quadrat," und, indem ich dies sagte,
85 nahm ich ein bewegliches Quadrat, das in meiner Nähe lag, „und ich bewege es, du siehst, nicht nordwärts, sondern – ja, ich bewege es aufwärts – das heißt, nicht nordwärts, sondern ich bewege es in eine Richtung – nicht genau so, sondern irgendwie –" hier brachte ich meinen Satz zu einem nichtssagenden Ende, indem ich das Quadrat auf eine ziellose Weise
90 schüttelte, ganz zur Erheiterung meines Enkelsohns, der lauter denn je in Lachen ausbrach und erklärte, dass ich ihn nicht unterrichtete, sondern Späße machte mit ihm. Während er das sagte, entriegelte er die Tür und rannte aus dem Zimmer; und so endete mein erster Versuch, einen Schüler zu der frohen Botschaft der drei Dimensionen zu bekehren.

§22
Von meinem Versuch, die Theorie der drei Dimensionen auf andere Weise zu verbreiten, und von dem Ergebnis

Mein Versagen gegenüber meinem Enkelsohn ermutigte mich nicht dazu, mein Geheimnis anderen in meinem Haushalt anzuvertrauen; doch es verleitete mich auch nicht dazu, die Hoffnung auf Erfolg aufzugeben. Nun sah ich, dass ich mich nicht vollständig auf den Leitspruch „aufwärts, nicht
5 nordwärts" verlassen durfte, sondern mich bemühen musste, eine Weise der Demonstration zu finden, mit der ich der Öffentlichkeit einen klaren Blick auf das ganze Thema ermöglichen könnte; und für diesen Zweck schien es notwendig, vom Schreiben Gebrauch zu machen.

So widmete ich mehrere Monate in Zurückgezogenheit dem Verfassen
10 einer Abhandlung über die Mysterien der drei Dimensionen. Nur sprach ich – in der Absicht, das Gesetz wenn möglich zu umgehen, – nicht von einer physischen Dimension, sondern von einem Gedankenland, aus dem, in der Theorie, eine Figur auf Flachland hinunterblicken und gleichzeitig das Innere aller Dinge sehen könnte und in dem es möglich wäre, dass
15 eine Figur existierte, die sozusagen von sechs Quadraten umgrenzt ist und acht Eckpunkte hat. Aber während ich dieses Buch schrieb, empfand ich mich auf traurige Weise durch die Unmöglichkeit behindert, Diagramme so zu zeichnen wie es für mein Vorhaben notwendig gewesen wäre; denn natürlich gibt es in unserem Land keine Tafeln außer Linien, und
20 keine Diagramme außer Linien, alles ist in einer geraden Linie und nur auseinanderzuhalten durch den Unterschied in Größe und Helligkeit, sodass ich, als ich mit meiner Abhandlung fertig geworden war (der ich den Namen „Durch Flachland zum Gedankenland" gab), mir nicht sicher sein konnte, dass viele verstehen würden, was ich meinte.

25 Unterdessen war mein Leben unter einer Wolke. Es war als läge ein Schleier über allen Vergnügungen; alle Anblicke quälten mich und reizten mich zu offenem Verrat, denn ich konnte nicht anders als das, was ich in zwei Dimensionen sah, zu vergleichen mit dem, was es wirklich war, wenn es in drei Dimensionen gesehen würde, und ich konnte
30 es kaum unterlassen, meine Vergleiche hörbar werden zu lassen. Ich vernachlässigte meine Klienten und mein eigenes Geschäft, um mich

Anmerkungen zu Kapitel 22.

22.8. vom Schreiben Gebrauch zu machen. Das Quadrat hat sich selbst ein unmögliches Ziel gesetzt – seine Offenbarung in Worte zu fassen. Dies kann nicht gelingen, denn kein anderer Flachländer hat gesehen, was er gesehen hat, und das Fehlen einer geteilten Erfahrung macht seine Worte für seine Landsleute bedeutungslos. Die Mysterien waren *arrheta* (unsagbar); dies bedeutete nicht nur, dass sie vor den nicht Eingeweihten geheim gehalten werden mussten, sondern auch, dass ihr Wesen durch Worte nicht erfasst werden konnte. (Vgl. Burkert 1987, S. 69) Sie verbildlichen somit sehr treffend die intellektuelle Reise des Quadrats und seine darauf folgende Unfähigkeit, das Erlebte anderen Flachländern zu beschreiben.

22.16. Buch. Ein Buch in Flachland könnte aussehen wie ein Faden mit einem Schriftzug, ähnlich der Zeichenfolge einer Nachricht in Morse-Code. Flachländer könnten es aufbewahren, indem sie es um eine Scheibe wickeln.

22.17. Diagramme so zu zeichnen wie es... notwendig gewesen wäre. Reviel Netz zufolge verstanden die Griechen, wie scheinbar auch das Quadrat, Diagramme nicht als Ergänzung von mathematischen Aussagen, sondern als deren Kern. (Vgl. Netz 1999, S. 35) In der heutigen Mathematik kann ein Diagramm dem Beweis als ein nützlicher Zusatz dienen, aber es ist kein notwendiger Bestandteil des Beweises.

22.23. „Durch Flachland zum Gedankenland." Jonathan Smith war der Erste, der darauf hinwies, dass „Through Flatland to Thoughtland" auf *Through Nature to Christ* anspielt – das umstrittene Buch, in dem Abbott sich zum ersten Mal zu der liberalen Theologie bekannte, die alle seine darauffolgenden Werke charakterisierte. (Smith 1994, S. 265) Der Versuch des Quadrats, eine Gefangennahme zu vermeiden, indem er vom „Gedankenland" statt vom dreidimensionalen Raum spricht, erinnert in gewisser Hinsicht an Abbotts Überarbeitungen des Manuskripts von *Through Nature to Christ*. Abbott fürchtete, die Publikation dieses Buches würde ihn seine Position als Schulleiter kosten, und nahm ein besonders umstrittenes Kapitel heraus. Einen Brief an seinen Verleger, in dem er seiner Befürchtung Ausdruck verlieh, beendete er mit den Worten: „I have struck out almost all the ‚Dreams' and ‚Visions'" („Ich habe fast all die ‚Träume' und ‚Visionen' herausgestrichen.", Abbott 1877c, eigene Übersetzung). Das entfernte Kapitel wurde dreißig Jahre später unter dem Titel „Revelation by visions and voices" veröffentlicht. (Abbott 1906b)

22.23. Gedankenland. Abbott war im Wesentlichen ein Platonist; er glaubte an die Existenz eines Reiches, das nur dem Intellekt zugänglich ist und das sich unterscheidet von der Welt, die wir durch unsere Sinne wahrnehmen. Alle Existenz und Bedeutung der sinnlichen Welt haben ihren Ursprung in diesem Reich. In *Apologia* fordert Abbott seine Leser dazu auf, sich die Existenz eines ‚Thoughtland' vorzustellen, das viel realer ist als ‚Factland', so wie auch für uns das Land der drei Dimensionen viel realer ist als das Land der zwei Dimensionen. (Vgl. Abbott 1907, S. 83)

22.26. quälten. Im Original: „tantalized". Siehe Anmerkung 21.54.

der Versenkung in die Mysterien hinzugeben, die ich einst schaute, aber an niemanden weitergeben konnte, und die nachzubilden mir täglich schwerer fiel, selbst in meiner eigenen geistigen Vision.

35   Eines Tages, etwa elf Monate nach meiner Rückkehr aus Raumland, versuchte ich mit geschlossenem Auge einen Würfel zu sehen, aber ich vermochte es nicht; und obwohl es mir später gelang, war ich danach nicht ganz sicher (noch bin es seitdem je gewesen), ob ich genau das Original hervorgebracht hatte. Dies machte mich melancholischer als ich es zuvor
40   schon war, und entschlossen, einen Schritt weiter zu gehen; aber wie – ich wusste es nicht. Ich fühlte, dass ich willig gewesen wäre, mein Leben für diese Sache zu opfern, wenn ich dadurch andere hätte überzeugen können. Aber wenn ich nicht meinen Enkelsohn überzeugen konnte, wie könnte ich dann die höchsten und am weitesten entwickelten Kreise im Lande
45   überzeugen?

Und doch gab es Zeiten, da mein Geist zu stark für mich war und ich gefährliche Äußerungen fallen ließ. Schon wurde ich als heterodox, wenn nicht sogar landesverräterisch angesehen und ich war mir der Gefahren meiner Position nur allzu bewusst; dennoch konnte ich bisweilen nicht
50   verhindern, dass mir verdächtige oder halb-subversive Äußerungen entfuhren, selbst in der Gesellschaft der höchsten Vielecke und Kreise. Kam zum Beispiel die Frage auf, wie die Verrückten zu behandeln wären, die sagten, ihnen wäre die Macht gegeben, das Innere der Dinge zu sehen, zitierte ich den Ausspruch eines alten Kreises, der erklärte, Propheten
55   und vom Geist inspirierte Menschen würden immer von der Mehrheit für verrückt gehalten; und ich konnte es nicht lassen, gelegentlich Bemerkungen einzuwerfen wie „das Auge, welches das Innere der Dinge erblickt," und „das alles sehende Land", ein oder zwei Mal ließ ich sogar die verbotenen Begriffe „die dritte und vierte Dimension"
60   fallen. Schließlich folgte auf einem Treffen unserer Lokalen Spekulativen Gesellschaft, die im Palast des Präfekten selbst abgehalten wurde, die Krönung einer Reihe von kleineren Unbesonnenheiten. Eine äußerst alberne Person hatte ein ausführliches Referat vorgetragen, in welchem sie präzise darlegte, warum die Vorsehung die Anzahl der Dimensionen
65   auf zwei begrenzt habe und warum das Attribut der Omnividenz dem höchsten Wesen allein zugesprochen wird. Während ich dies hörte, vergaß ich mich selbst so sehr, dass ich im Detail berichtete von meiner ganzen Reise mit der Kugel in den Raum und zum Versammlungssaal in unserer Metropole und dann zurück in den Raum und von meiner Rückkehr nach
70   Hause und von allem, das ich gesehen und gehört hatte in der Realität

22.56. für verrückt gehalten. Vgl. hierzu Abbott in „Revelation by visions and voices":
„Doch auch wenn Visionen als Fakten anerkannt werden, kann man sie in zwei Klassen
teilen, die sehr verschieden und doch nicht immer leicht voneinander zu scheiden sind
– die Visionen des kranken Geistes und die Visionen des spirituellen Geistes. Aber in
früheren Zeiten wurden, Platon zufolge, die Philosophen von gewöhnlichen Menschen
mit Geisteskranken verwechselt, und die Visionen der Krankheit, die in ihrer extremen
Form den Wahnsinn charakterisieren, wurden manchmal für Visionen des Glaubens
gehalten, die in ihrer extremen Form Propheten oder Seher charakterisieren." (Abbott
1906b, S. 8-9, eigene Übersetzung)

22.64. Anzahl der Dimensionen ... begrenzt habe. Eine Darstellung der Argumente für
die Dreidimensionalität des Raumes findet sich bei Jammer (1960) und Janich (1992).
Sartorius von Waltershausen zufolge betrachtete der renommierte Mathematiker Carl
Friedrich Gauss

> nach seiner öfters ausgesprochenen innersten Ansicht [...] die drei
> Dimensionen des Raumes als eine specifische Eigenthümlichkeit der
> menschlichen Seele; Leute, welche dieses nicht einsehen könnten,
> bezeichnete er ein Mal in seiner humoristischen Laune mit dem Namen
> Böotier. Wir können uns, sagte er, etwa in Wesen hineindenken, die
> sich nur zweier Dimensionen bewusst sind; höher über uns stehende
> würden vielleicht in ähnlicher Weise auf uns herabblicken, und er habe,
> fuhr er scherzend fort, gewisse Probleme hier zur Seite gelegt, die er
> in einem höhern Zustande später geometrisch zu behandeln gedächte.
> (Waltershausen 1856, S. 81).

22.70. gesehen ... in der Realität oder in Visionen. Wie auch für den Dichter William
Blake, hat eine ‚Vision' für Abbott keine objektive Realität, aber sie existiert in der
Phantasie, wo Gedanken ‚Realität' entstehen lassen. Abbott sagte über Blake:

> Wenn man nichts als seine wildesten und groteskesten Äußerungen zitiert,
> ist es recht einfach den Eindruck zu vermitteln, dass er nur ein Verrückter
> war[.] [...] Aber sein ganzen Leben und seine Werke beweisen, dass er eine
> Fähigkeit hatte zu sehen, was andere nicht sehen können, dass das, was
> für uns Vorstellungskraft ist für ihn Sehfähigkeit war. (Abbott 1906b, S. 16,
> eigene Übersetzung)

oder in Visionen. Zuerst gab ich tatsächlich vor, dass ich die imaginären Erfahrungen einer erfundenen Person beschrieb; aber mein Enthusiasmus zwang mich bald, alle Masken fallen zu lassen, und schließlich forderte ich in einem inbrünstigen Schlusswort alle meine Zuhörer dazu auf, sich
75 der Vorurteile zu entledigen und an die dritte Dimension zu glauben. Muss ich erwähnen, dass ich auf der Stelle festgenommen und vor den Rat gebracht wurde?

Am nächsten Morgen stand ich auf genau dem Platz, an dem nur wenige Monate vorher die Kugel in meiner Begleitung gestanden hatte
80 und mir wurde erlaubt, meine Erzählung zu beginnen und sie ohne Fragen und ohne Unterbrechungen weiterzuführen. Aber vom ersten Moment an ahnte ich mein Schicksal. Denn als der Präsident bemerkte, dass gerade eine Garde von Polizisten der besseren Sorte im Einsatz war, die alle eine Winkligkeit von – wenn überhaupt – nur wenig unter 55° Grad hatten,
85 befahl er einer niedrigeren Klasse von 2° oder 3° Grad, jene abzulösen, bevor ich meine Verteidigung beginnen würde.

Ich wusste nur zu gut, was das bedeutete. Ich würde hingerichtet oder gefangen genommen werden und meine Geschichte würde vor der Welt geheim gehalten werden durch die gleichzeitige Vernichtung
90 der Beamten, die sie hörten; und vor diesem Hintergrund wünschte der Präsident die teureren durch die billigeren Opfer zu ersetzen. Nachdem ich meine Verteidigung beendet hatte, stellte mir der Präsident, der vielleicht wahrgenommen hatte, dass einige der jüngeren Kreise von meiner unverkennbaren Ernsthaftigkeit bewegt waren, zwei Fragen: –

95 1. Ob ich die Richtung anzeigen könnte, die ich meinte, wenn ich die Worte „aufwärts, nicht nordwärts" verwendete?

2. Ob ich durch irgendwelche Diagramme oder Beschreibungen (die verschieden wären von der Aufzählung imaginärer Seiten und Winkel) die Figur kennzeichnen könnte, die ich mir erlaubte, einen
100 Würfel zu nennen.

Ich erklärte, dass ich nicht mehr sagen konnte, und dass ich mich der Sache der Wahrheit verpflichten müsse, die gewiss am Ende siegen würde.

Der Präsident antwortete, dass er meiner Einschätzung voll und ganz
105 zustimme, ich könne es nicht besser tun. Ich müsse zu immerwährender

22.72. Enthusiasmus. Vom Griechischen *entheos*, welches bedeutet „von (einem) Gott erfüllt, ergriffen, begeistert" sein. (Vgl. Gemoll, 10. Auflage 2006)

22.78. stand ich. Inwiefern die Bewohner Flachlands stehen, sitzen und liegen können, erklärt das Quadrat in Fußnote 6 am Beginn von §15.

22.105. zu immerwährender Gefangenschaft verurteilt. Wenn einer, der den Weg aus der Höhle ins Licht gefunden hat, in die Dunkelheit der Höhle zurückkehrt, wird er – so warnt Platon – nicht fähig sein, was er erfahren hat, zu erklären oder zu beschreiben und so wird er Spott und selbst Verfolgung ausgesetzt sein. (Vgl. *Politeia*, 517a)

Gefangenschaft verurteilt werden; aber wenn die Wahrheit es wolle, dass ich mich aus der Gefangenschaft erhebe und die Welt evangelisiere, dann könne man es der Wahrheit zutrauen, dieses Ergebnis zu bewirken. Unterdessen sollte ich keinen Unannehmlichkeiten ausgesetzt sein, die nicht notwendig wären, um eine Flucht zu verhindern, und sofern ich das Privileg nicht durch Fehlverhalten verspiele, sollte es mir gelegentlich erlaubt sein, meinen Bruder zu sehen, der mir in die Gefangenschaft vorausgegangen war.

Sieben Jahre sind verstrichen und ich bin immer noch ein Gefangener und – wenn ich von den gelegentlichen Besuchen meines Bruders absehe – abgeschottet von jeder Gesellschaft außer der meiner Mitgefangenen. Mein Bruder ist eins der besten Quadrate, gerecht, vernünftig, heiter und nicht ohne brüderliche Zuneigung; aber ich muss gestehen, dass meine wöchentlichen Unterhaltungen mit ihm mir zumindest in einer Hinsicht bittersten Schmerz zufügen. Er war anwesend, als die Kugel sich in der Ratskammer manifestierte; er sah die sich verändernden Schnittflächen der Kugel; er hörte, wie das Phänomen daraufhin den Kreisen erklärt wurde. Seit dieser Zeit ist kaum eine Woche vergangenen, in sieben ganzen Jahren, ohne dass er von mir erneut gehört hätte, welche Rolle ich bei dieser Manifestation gespielt habe, und ohne dass ich ihm all die Phänomene in Raumland ausführlich beschrieben hätte, sowie auch die Argumente für die Existenz von Festkörpern, die sich ableiten lassen aus der Analogie. Trotzdem hat mein Bruder – ich schäme mich, es gestehen zu müssen – die Beschaffenheit der dritten Dimension nicht begriffen und bekundet offen, dass er nicht an die Existenz einer Kugel glaube.

Folglich bin ich völlig ohne Bekehrte, und, so weit ich sehen kann, wurde mir die Offenbarung zur Jahrtausendwende umsonst zuteil. Oben im Raumland wurde Prometheus gefesselt, weil er den Sterblichen das Feuer herabgeholt hatte, ich aber – armer Prometheus des Flachlandes – bin hier im Gefängnis, obwohl ich meinen Landsmännern nichts gebracht habe. Aber ich lebe in der Hoffnung, dass diese Erinnerungen, auf irgendeine Weise, ich weiß nicht wie, ihren Weg finden werden in die Gedanken der Menschheit, in irgendeiner Dimension, und dass sie ein Geschlecht von Rebellen wachrufen werden, die sich weigern, an eine begrenzte Dimensionalität gebunden zu sein.

Das ist die Hoffnung meiner helleren Momente. Aber ach, es ist nicht immer so. Schwer lastet auf mir zuweilen die bedrückende Einsicht, dass ich nicht ehrlich sagen kann, ich sei mir gewiss, was die genaue Form

22.114. Sieben Jahre. Die sieben Jahre, die das Quadrat im Gefängnis verbracht hat, seit es „Durch Flachland zum Gedankenland" („Through Flatland to Thoughtland") geschrieben hat, entsprechen den sieben Jahren, die zwischen den Veröffentlichungen von *Through Nature to Christ* und *Flatland* liegen (siehe Anmerkung 22.23). Sein Scheitern als ein Apostel der drei Dimensionen erinnert an Abbotts eigene Enttäuschung, die er bei seinem Versuch erlitt, Menschen für eine „non-miraculous Christianity" (christliche Lehre, die nicht im Widerspruch zu naturwissenschaftlicher Erkenntnis steht) zu gewinnen.

22.145. verfolgt mich ... wie eine seelenfressende Sphinx. Passender wäre es gewesen, hätte das Quadrat gesagt: „verfolgt mich wie das Rätsel der seelenfressenden Sphinx." In seinem Essay „Sphinx, or science" beschreibt Francis Bacon die Sphinx als ein Hybridwesen, mit dem Gesicht und der Stimme einer Jungfrau, den Flügeln eines Vogels und den Klauen eines Greifs. Sie lebt auf der Spitze eines Berges nahe der Stadt Theben, von wo aus sie sich auf Reisende stürzt, die zufällig auf den Straßen vorbeikommen und diese festhält. Hat sie die Reisenden einmal in ihrer Gewalt, stellt sie ihre Gefangenen vor schwierige Rätsel. Diejenigen, die ihre Rätsel nicht sofort lösen und interpretieren können, zereißt sie in Stücke. In Bacons Interpretation repräsentiert die Sphinx die Wissenschaft (Wissen), und die Rätsel, die sie Anderen aufgibt, betreffen die Beschaffenheit der Dinge und der Menschen. Bis die Rätsel gelöst sind, quälen und beunruhigen sie den Geist auf eine seltsame Weise, rufen ihn erst in diese, dann in jene Richtung, und reißen ihn in Stücke. (Vgl. Bacon 1860, S. 159-163)

22.147. um der Wahrheit willen. In einem Nachruf beschreiben Zeitgenossen Abbott als einen Lehrer und Menschen mit einem leidenschaftlichen Interesse an Wahrheit:

> His pupils carried away most enduringly from his teaching a deep impression of an overmastering intellectual honesty and of the ruthless application of all available means to the discovery of truth. (...) Abbott's greatness as a teacher, preacher, and scholar was based on deep and lively human sympathies and an unquenchable passion for truth.

> Was seinen Schülern am beständigsten von seinem Unterricht in Erinnerung blieb, war ein tiefer Eindruck einer überwältigenden intellektuellen Ehrlichkeit und schonungsloser Anwendung aller verfügbaren Mittel bei der Erforschung der Wahrheit. [...] Abbotts Größe als Lehrer, Prediger und Gelehrter basierte auf einem tiefen und lebendigen menschlichen Mitgefühl und einer unstillbaren Leidenschaft für Wahrheit. (Nachruf 1926a, eigene Übersetzung)

des Würfels betrifft, den ich einst gesehen und dem ich oft nachgetrauert
145 habe; und in meinen nächtlichen Visionen verfolgt mich die mysteriöse
Anweisung „aufwärts, nicht nordwärts" wie eine seelenfressende Sphinx.
Es gehört zu dem Märtyrertum, welches ich um der Wahrheit willen
ertrage, dass es Phasen der geistigen Schwäche gibt, in welchen Würfel
und Kugeln in das Reich kaum möglicher Existenzen hinweggleiten und
150 in denen das Land der drei Dimensionen fast so unwirklich erscheint
wie das Land der einen Dimension oder das Land ohne Dimension; ja,
in denen selbst diese harte Mauer, die mich von meiner Freiheit abtrennt,
und selbst diese Tafeln, auf denen ich schreibe, und all die materiellen
Realitäten in Flachland nicht mehr zu sein scheinen als das Ergebnis einer
155 krankhaften Einbildungskraft oder das grundlose Gewebe eines Traums.

22.154. Realitäten. Abbott zufolge wissen wir in keiner Weise, was real ist und was nicht: „So wie das Land der geometrischen Körper als mehr ‚real' bezeichnet werden könnte als Flachland, so könnte auch das Land der Gedanken für realer als das Land der Fakten gehalten werden. Tatsächlich *wissen* wir überhaupt nichts darüber was ‚real' ist." (Abbott 1907, S. 11-12, eigene Übersetzung) Tatsächlich war seine intuitive Vermutung, dass es Materie als solche gar nicht gibt, sondern nur Gesetze der Kraft: „Aber in meiner persönlichen Vorstellung gibt es so etwas wie Materie gar nicht (obgleich natürlich die Physiker dies annehmen mögen, als Arbeitshypothese, so wie Euklid annimmt, dass es nicht-existente und nicht-mögliche Punkte und gerade Linien gibt), sondern nur Gesetze der Kraft." (Ebd., S. 63-64, eigene Übersetzung)

22.155. krankhaften Einbildungskraft. Das Konzept einer ‚krankhaften Einbildungskraft' (im Original: „diseased imagination") hatte sich bis zum frühen 18. Jahrhundert etabliert und viele Studien wurden der Suche nach Heilmitteln für das gewidmet, das heute ‚Neurose' genannt wird.

22.155. das grundlose Gewebe. Abbott beendet Teil II wie er ihn begonnen hatte mit Worten aus Shakespeares *The Tempest*. Der letzte Satz und die Zeichnung sind Anspielungen an den berühmten Monolog, welcher dem Maskenspiel in Akt 4 folgt. Dort erklärt Prospero, dass das, was wir Realität nennen, wie der „insubstantial pageant" ist („substanzloser Pomp", in Tiecks Übersetzung: „leeres Schattenbild"), den er gerade für die frisch Vermählten inszeniert hat – eine bloße Illusion:

> Unsre Spiele sind geendigt.
> Wie ich dir sagte, diese Spieler waren Geister;
> sie zerschmolzen in Luft, in dünne Luft.
> Wie diese wesenlosen Luftgebilde,
> so werden wolkenbekränzte Thürme, herrliche Palläste,
> ehrwürdige Tempel, die große Erde selbst,
> ja, alles in ihr, auf ihr, wird zerstieben,
> und, so wie dieses leere Schattenbild verschwand,
> nicht eine Spur zurücke lassen. Wir sind solcher Stoff,
> woraus die Träume gemacht sind, und die Spanne unsers Lebens
> ist rund mit einem Schlaf umgeben.
> (Shakespeare und Tieck 1796, S. 82-83)

> Our revels now are ended. These our actors,
> As I foretold you, were all spirits and
> Are melted into air, into thin air;
> And like the baseless fabric of this vision
> The cloud-capped towers, the gorgeous palaces,
> The solemn temples, the great globe itself,
> Yes, all which it inherit, shall dissolve,
> And, like this insubstantial pageant faded,
> Leave not a rack behind. We are such stuff
> As dreams are made on, and our little life
> Is rounded with a sleep.

Epilog des Herausgebers

Hätte mein armer Freund aus Flachland die Geisteskraft behalten, derer er sich erfreute, als er begann, diese Memoiren zu verfassen, so müsste ich ihn heute nicht in diesem Epilog vertreten, in welchem er wünscht, erstens, seinen Lesern und Kritikern in Raumland Dank auszusprechen,
5 deren Wertschätzung in unerwarteter Schnelligkeit eine zweite Auflage seines Werks verlangt hat; zweitens, sich für gewisse Unrichtigkeiten und Druckfehler (für welche er jedoch nicht allein verantwortlich ist) zu entschuldigen; und drittens, ein oder zwei Missverständnisse aufzuklären. Aber es ist nicht das Quadrat, das es einmal war. Jahre der Gefangenschaft
10 und die auf ihm noch schwerer lastende allgemeine Ungläubigkeit und Verspottung haben sich mit dem natürlichen Abbau im Alter zusammengeschlossen, um viele der Gedanken und Vorstellungen in seinem Geiste auszulöschen und zu großen Teilen auch die Terminologie, die es sich während seines kurzen Aufenthaltes in Raumland erworben
15 hatte. Es hat darum mich gebeten, in seinem Namen auf zwei besondere Einwände zu antworten, von welchen der eine intellektueller, der anderer moralischer Art ist.

Der erste Einwand ist, dass ein Flachländer, der eine Linie sieht, etwas sieht, dass vor dem Auge sowohl erhaben als auch lang ist (anderenfalls,
20 wenn es überhaupt nicht erhaben wäre, wäre es nicht sichtbar); und folglich sollte das Quadrat (so wird argumentiert) anerkennen, dass seine Landsleute nicht nur lang und breit sind, sondern (wenn auch zweifellos in einem sehr geringen Maße) erhaben oder hoch. Dieser Einwand ist plausibel und für Raumländer nahezu unwiderstehlich, so dass ich
25 zugegebenermaßen als ich ihn zum ersten Mal hörte, nichts zu erwidern wusste. Aber die Antwort meines armen alten Freundes scheint mir vollkommen zu genügen.

„Ich gebe es zu", sagte er – als ich den Einwand ihm gegenüber erwähnte – „ich gebe es zu, dass die Fakten deines Kritikers der Wahrheit
30 entsprechen, aber seine Schlussfolgerungen weise ich zurück. Es ist wahr, dass wir in Flachland in Wirklichkeit eine dritte unerkannte Dimension haben, die ‚Höhe' genannt wird, genau so wie es auch wahr ist, dass ihr in Raumland in Wirklichkeit eine vierte unerkannte Dimension habt, die momentan bei keinem Namen genannt wird, die ich aber ‚außerräumliche
35 Höhe' nennen werde. Aber wir können nicht mehr erkennen von unserer ‚Höhe' als ihr von eurer ‚außerräumlichen Höhe'. Selbst ich – der ich

© Der/die Autor(en), exklusiv lizenziert an Springer-Verlag GmbH, DE, ein Teil von Springer Nature 2023
M. Rabe (Hrsg.), *Edwin A. Abbotts Flachland*, Mathematik im Kontext,
https://doi.org/10.1007/978-3-662-66062-1

Anmerkungen zum Epilog.

Titel. Dieser „Epilog" war das Vorwort zur zweiten Ausgabe von *Flatland*. Wir haben dieses Kapitel an das Ende des Buches gestellt, da es nur vor dem Hintergrund der ersten 22 Kapitel des Buches gänzlich verstanden werden kann. Zudem ist diese Passage des Textes tatsächlich ein Epilog – das abschließende Kapitel einer Erzählung, in welchem ein Erzähler im Rückblick über das Vorangegangene reflektiert und zusätzliche Details verrät, die der Interpretation der Geschichte dienen. Letztlich würde die Lektüre dieses Kapitels vor der Lektüre des Textes die Pointe der Erzählung vorwegnehmen – den Übergang vom unwissenden Quadrat („Square he once was") über die Einweihung in die Mysterien des Raums bis zum ‚kläglichen Fall'. Diesem Epilog liegt ein Brief zugrunde, den Abbott im Namen des Quadrats an das *Athenaeum* gesendet hatte; es handelt sich um die Antwort auf eine Rezension *Flatlands*, die in der Ausgabe vom 15. November 1884 erschienen war. Die Rezension und der Brief des Quadrats finden sich in der 2010 erschienenen Ausgabe von *Flatland* (Lindgren and Banchoff 2010, Appendix A2). Der anonyme Rezensent war Arthur John Butler, ein versierter italienischer Gelehrter, der durch seine Übersetzungen und seine Beiträge zu der Interpretation Dantes bekannt wurde. Butler erlangte 1867 seinen B.A. am Trinity College in Cambridge und im Jahr 1870 seinen M.A. Über 35 Jahre schrieb er regelmäßig Beiträge für *The Athenaeum*.

E.15. gebeten... zu antworten. Das Quadrat gesteht, dass es viele Bilder und einen Großteil der Sprache seiner eigenen Erinnerung vergessen habe. Mit diesem Eingeständnis mag Abbott zum einen sagen wollen, dass viel Zeit vergangen ist, seit er damit begonnen hat, *Flatland* zu schreiben, und es ihm schwerfällt, den Schreibstil des Quadrats zu rekonstruieren. Zum anderen zeigt diese rechtfertigende Bemerkung, wie schwer es sein kann, mit einer Vision oder irgendeiner Form von Wissen verbunden zu bleiben, die nicht dauerhaft durch einen schriftlichen Diskurs oder, allgemeiner, durch Sprache erfassbar ist. In jedem Fall unterscheidet sich dieses Vorwort/ Nachwort stilistisch vom Rest des Textes und wurde in der zweiten Auflage in kursiver Schrift gedruckt, um deutlich zu machen, dass die Autorenschaft nicht dem Quadrat allein zugeschrieben werden kann.

E.18. Der erste Einwand. Dieser Einwand wurde von A. J. Butler erhoben: "Of course, if our friend the Square and his polygonal relations could see each other edgewise, they must have had some thickness, and need not, therefore, have been so distressed at the doctrine of a third dimension." („Gewiss, wenn unser Freund, das Quadrat, und seine vieleckigen Bekannten einander sehen konnten, indem einer auf die Kante des anderen blickte, müssten sie eine Art von Höhe gehabt haben und hätten daher angesichts der Lehre einer dritten Dimension nicht so entsetzt reagieren müssen.", eigene Übersetzung) Hier haben die erwähnten Unterschiede zwischen der ersten und der zweiten Ausgabe ihren Ursprung. Abbott widmet mehr als die Hälfte des in *The Athenaeum* abgedruckten Briefes einer Widerlegung von Butlers Kritik und integriert dann aber Butlers falsche Aussage in den eigenen Text: in der zweiten Ausgabe lässt er sowohl die Kugel (in 16.117) als auch das Quadrat (in 19.144) auf diese fehlerhafte Weise argumentieren.

E.29. ich gebe es zu, ..., aber seine Schlussfolgerungen weise ich zurück. Das Quadrat räumt ein, dass Flachländer Höhe haben, aber es merkt korrekterweise an, dass sie diese nicht haben müssen, um füreinander sichtbar zu sein. Butler ging höchstwahrscheinlich

in Raumland war und das Privileg hatte, für vierundzwanzig Stunden die Bedeutung von ‚Höhe' zu verstehen – selbst ich kann es jetzt nicht begreifen noch erkennen durch den Sehsinn oder durch irgendeinen
40 rationalen Prozess; ich kann es nur erfassen durch Glauben.

Der Grund ist offensichtlich. Dimension impliziert Richtung, impliziert Messbarkeit, impliziert das Mehr und das Weniger. Nun, all unsere Linien sind von gleicher und unendlich geringer Erhabenheit (oder Höhe, wie auch immer du willst); folglich gibt es nichts in ihnen, das unser
45 Denken zu einer Vorstellung dieser Dimension leiten könnte. Kein ‚feiner Mikrometer' – wie ein zu hastiger Kritiker aus Raumland vorschlug – würde uns im Geringsten nutzen, denn wir wüssten weder, was, noch in welcher Richtung wir messen sollten. Wenn wir eine Linie sehen, sehen wir etwas, das lang und hell ist. Helligkeit ist, genau wie Länge,
50 notwendig für die Existenz einer Linie; wenn die Helligkeit verschwindet, ist die Linie ausgelöscht. Darum sagen alle meine Freunde in Flachland, wenn ich zu ihnen über die unerkannte Dimension spreche, die irgendwo in einer Linie sichtbar ist, „Ah, du meinst Helligkeit", und wenn ich antworte, „Nein, ich meine eine echte Dimension," erwidern sie sofort
55 „Dann miss sie oder sag uns, in welche Richtung sie sich erstreckt". Und dies bringt mich zum Schweigen, denn keines von beiden kann ich tun. Nur gestern als der Oberste Kreis (in anderen Worten unser Hoher Priester) kam, um das Staatliche Gefängnis zu inspizieren und mir seinen siebten jährlichen Besuch abstattete, und als er mir zum siebten Mal die
60 Frage stellte, „Hast du dich gebessert?", versuchte ich, ihm zu beweisen, dass er sowohl ‚hoch' als auch lang und breit ist, obwohl er es nicht weiß. Aber was war seine Antwort? „Du sagst, ich bin ‚hoch'; miss meine „Hoch-heit" und ich werde dir glauben." Was konnte ich tun? Wie konnte ich seiner Herausforderung begegnen? Ich war am Boden zerstört und er
65 verließ das Zimmer triumphierend.

Kommt dir dies immer noch seltsam vor? Dann versetze dich selbst in eine ähnliche Position. Denke dir, eine Person der vierten Dimension, die herabsteigt, um dich zu besuchen, würde zu dir sagen, „Wann immer du deine Augen öffnest, siehst du eine Ebene (die zwei Dimensionen hat)
70 und du schließt daraus, dass es einen Körper gibt (der drei Dimensionen hat); aber in Wirklichkeit siehst du auch (obwohl du sie nicht erkennst) eine vierte Dimension, die nicht Farbe oder Helligkeit oder irgendetwas dieser Art ist, sondern eine wahre Dimension, obwohl ich dir nicht ihre Richtung anzeigen kann, noch ist es dir irgendwie möglich, sie zu
75 messen." Was würdest du sagen zu einem solchen Besucher? Würdest du

von der fehlerhaften Annahme aus, ein zweidimensionales Wesen könnte nicht direkt auf die Kante eines anderen zweidimensionalen Wesens blicken, ohne dass dieses aus seinem Sichtfeld verschwinden würde. Aber es ist in logischer Hinsicht durchaus stimmig anzunehmen, dass Flachland tatsächlich zweidimensional ist (d.h., null Höhe hat) und dass das zweidimensionale Auge eines Flachländers eine eindimensionale Retina besitzt, die Lichtstrahlen empfängt, welche von dem eindimensionalen Umriss der gesehenen Objekte ausgehen.

E.31. in Wirklichkeit eine dritte unerkannte Dimension. Außerhalb dieses Epilogs gibt es keinen Hinweis darauf, dass Flachländer eine dritte Dimension haben. Nichtsdestotrotz scheint Abbott selbst Flachland als einen Raum verstanden zu haben, dessen Bewohner eine geringe, einheitliche Höhe haben, oder zumindest eine Höhe, welche sie selbst nicht erkennen können. Im Jahr 1897 beschrieb er Flachland als „eine Welt von (eigentlich) zwei Dimensionen, in der alle Bewohner Dreiecke, Vierecke, Fünfecke oder andere flache Figuren sind, so begrenzt in ihrem Sehvermögen und in ihrer Bewegungsfähigkeit, dass sie weder herausschauen noch aufsteigen oder herausfallen können aus ihrem dünnen, flachen Universum". (Abbott 1897, S. 29, eigene Übersetzung) Physiker begannen in den 1920er Jahren Theorien in der Teilchenphysik zu entwickeln, die unsere vierdimensionale Raum-Zeit-Welt als eingebettet in einen höherdimensionalen Raum beschreiben, wobei den Annahmen der Theorien folgend die höheren Dimensionen in physikalischer Hinsicht durchaus real sind, jedoch so klein, dass wir sie nicht sehen können. Solch eine Theorie, genannt Superstringtheorie, behandelt elementare Teilchen nicht als dimensionslose Punkte in der Raum-Zeit, sondern als ausgedehnte eindimensionale Objekte, die ‚strings' (englisch für Fäden oder Saiten) ähneln. In einer modernen Fortsetzung von *Flatland* schildert der theoretische Physiker Michael J. Duff in einer für Laien verständlichen Sprache die Abenteuer des Superstring-Theoretikers A. Square, der eine zehndimensionale Welt bewohnt und anfangs nicht bereit ist, die Existenz einer elften Dimension zu akzeptieren. Zufällig ist zehn die höchste Dimension in den Wolken auf *Flatlands* ursprünglichem Cover. (Vgl. Duff 2001)

E.33. eine vierte unerkannte Dimension. Basierend auf der Annahme, dass ein vierdimensionaler Raum existiert, formuliert C. Howard Hinton Spekulationen über die Beschaffenheit unserer Welt. Er zieht zwei Möglichkeiten in Betracht: Entweder existieren wir als dreidimensionale Objekte in einem vierdimensionalen Raum; in diesem Fall wären wir, sagt er, ‚bloße Abstraktionen' und könnten darum nur im Geist eines denkenden Wesens existieren. Oder wir sind vierdimensionale Kreaturen, aber unsere Ausdehnung in die vierte Dimension ist so gering, dass wir sie nicht wahrnehmen. (Vgl. Hinton 1886, S. 30) Später kommt er zu der fragwürdigen Schlussfolgerung, dass wir in Wirklichkeit vierdimensionale Kreaturen sein müssen, da wir sonst nicht über eine vierte Dimension nachdenken könnten. (Vgl. Hinton 1888, S. 99)

E.35. wir können nicht mehr erkennen von unserer ‚Höhe'. Das Quadrat bemerkt korrekterweise, dass Flachländer nicht fähig sind, die Höhe eines anderen Flachländers zu erkennen, weil sie alle von ‚gleicher und unendlich geringer Erhabenheit sind' (mit ‚unendlich geringer Erhabenheit' meint er ‚extrem dünn', nicht ‚unendlich dünn'). Selbst wenn Flachländer eine beträchtliche Höhe hätten, wären sie sich dieser nicht bewusst. In der Tat würde ihnen die bloße Idee von ‚Erhabenheit' oder ‚Höhe' nicht in den Sinn kommen. (Vgl. Benford 1995, xv) Abbott hat diese ‚unerkannte Dimension' als eine Metapher für die Präsenz eines Geistes oder einer ‚spirituellen Dimension' eingeführt. Aber, wie wir bereits in 19.124 angemerkt haben, glaubte er nicht, dass geistige Wesen

ihn nicht einsperren lassen? Nun, dies ist mein Schicksal: und es ist so natürlich für uns Flachländer, ein Quadrat einzusperren, weil es die dritte Dimension predigt, wie es für euch Raumländer natürlich ist, einen Würfel einzusperren, weil er die vierte Dimension predigt. Wehe, welch starke
80 Familienähnlichkeit durchdringt die blinde und nachstellende Menschheit in allen Dimensionen! Punkte, Quadrate, Würfel, außerräumliche Würfel – wir alle sind anfällig für dieselben Irrtümer, sind alle gleichermaßen die Sklaven unserer jeweiligen dimensionalen Vorurteile, wie einer eurer Dichter in Raumland gesagt hat –
85

,Eine Berührung der Natur macht alle Welten gleich.'" [4]

In diesem Punkt scheint mir die Verteidigung des Quadrats unschlagbar zu sein. Ich wünschte, ich könnte sagen, dass seine Antwort auf den zweiten (oder den moralischen) Einwand genauso
90 klar und überzeugend war. Es wurde beanstandet, dass das Quadrat ein Frauenhasser sei; und dieser Einwand wurde vehement von denjenigen erhoben, welche – weil die Natur es so will – die etwas größere Hälfte der Menschheit in Raumland ausmachen. Ich möchte den Vorwurf entkräften, sofern ich dies ehrlich tun kann. Aber das Quadrat ist mit
95 der Verwendung von moralischer Terminologie in Raumland so wenig vertraut, dass ich ihm unrecht täte, übersetzte ich seine Verteidigung gegen diese Anschuldigung wörtlich. Wenn ich seine Aussagen darum interpretiere und zusammenfasse, entnehme ich seinen Worten, dass es während einer Gefangenschaft von sieben Jahren seine persönlichen
100 Ansichten selbst geändert hat – sowohl was die Frauen als auch was die Gleichschenkligen oder die unteren Klassen betrifft. Es tendiert nun persönlich zu der Auffassung der Kugel, dass die geraden Linien in vielen wichtigen Aspekten den Kreisen überlegen sind. Aber in seiner Rolle als Historiker hat es sich selbst (vielleicht zu stark) mit den Ansichten
105 identifiziert, die allgemein unter Historikern in Flachland, und (wie ihm gesagt wurde) auch in Raumland, vertreten werden. In ihren Büchern wurden (bis in die jüngste Vergangenheit) die Schicksale von Frauen und des Großteils der Menschheit selten einer Erwähnung und niemals einer sorgfältigen Betrachtung für würdig befunden.

---

[4]Der Autor bittet mich, hinzuzufügen, dass die falsche Auslegung einiger seiner Kritiker
ihn dazu geführt haben, in seinen Dialog mit der Kugel einige Bemerkungen einzufügen,
die von Bedeutung für das zur Debatte stehende Thema sind und die zuvor ausgelassen
wurden, da er sie als ermüdend und nicht notwendig erachtete.

tatsächlich in der vierten Dimension existieren. Abbotts Verwendung von räumlichen Dimensionen als eine Metapher für spirituelle Tiefe weist zurück auf die Dialoge Platons, die eine Tiefe in allen Dingen thematisieren, welche nicht durch menschliche Sinne wahrnehmbar ist. In seinem Kommentar zu Platons *Menon* zeichnet Jacob Klein ein Bild der Seele Menons, in welcher die Dimension der Tiefe fehlt, durch die Lernen erst möglich wird: „Menons Seele ist tatsächlich nicht mehr als ‚Erinnerung', eine isolierte und autonome Erinnerung, gleich einem Blatt oder einer Schriftrolle, beschrieben mit unzähligen vermischten Zeichen, wie ein zweidimensionales, schattengleiches Wesen." (Vgl. Klein 1989, S. 186-192, eigene Übersetzung) Weitere Hinweise auf eine solche Vorstellung von der Seele findet Klein sowohl in *Politeia* als auch in *Timaios*.

E.40. Ich kann es nur erfassen durch Glauben. Diese Aussage ist viel expliziter als jedes andere Bekenntnis zum Glauben in *Flatland*. An anderen Stellen schrieb Abbott, dass Menschen die ‚absolute Realität' nicht als Wissen begreifen können, sie können sie jedoch im Sinne einer Gewissheit erfassen durch Glauben: „Die absolute Realität kann vom Menschen nicht verstanden, sondern nur eingesehen werden als Gott oder in Gott, durch eine Verbindung von Sehnsucht und Vorstellungskraft, der wir den Namen Glaube geben." (Abbott 1886, S. 369, eigene Übersetzung)

E.42. das Mehr und das Weniger. In den Werken Aristoteles' und Platons meint ‚das Mehr und das Weniger' eine kontinuierliche Veränderung der Größe oder der Ausmaße.

E.63. Hoch-heit Das im englischen Original verwendete Wort ‚high-ness' bezeichnete einst wie das deutsche ‚Hoheit' (mitteldeutsch hōch(h)eit) den Zustand, hoch zu sein. Dieser Zustand wird nun als ‚Höhe' bezeichnet, während ‚Hoheit', wie auch das englische ‚High-ness', ein Ehrentitel für die Anrede eines Königs oder einer Königin geworden ist. Dass der Hohe Priester seine eigene ‚Hoch-heit' bzw. Hoheit leugnet, ist durchaus ironisch.

E.72. eine vierte Dimension, die nicht Farbe … ist. In *Philosophie der Raum-Zeit-Lehre* setzt Hans Reichenbach Farbe an die Stelle der vierten Dimension, um seinen Leser/innen eine Visualisierung des vierdimensionalen Raumes zu ermöglichen. (Vgl. Reichenbach 1928, S. 322-324)

E.82. alle gleichermaßen die Sklaven unserer … Vorurteile. Die Raumbewohner jeder Dimension glauben alle, dass der Raum ihrer Erfahrung der einzig mögliche Raum sei. Abbott verwendet das Bild des Sklaven bereits in einer früheren Arbeit metaphorisch: „Es ist der Schleier unserer fleischlichen, irdischen Voreingenommenheit (…) [W]ir können uns zeitweise nicht des Versklavtseins durch unsere Sinne erwehren, geben den Dingen, die erscheinen, zu viel Bedeutung und den ungesehenen Dingen zu wenig." (Abbott 1877a, S. 406, eigene Übersetzung).

E.85. Eine Berührung der Natur macht alle Welten gleich. Im englischen Original steht an dieser Stelle ein leicht abgewandeltes Zitat aus Shakespeares *Troilus and Cressida* 3,3, wo Ulysses die Meinung äußert, dass die Begeisterung für neue Dinge alle Menschen verbindet:

> One touch of nature makes the whole world kin.
> That all with one consent praise new-born gawds.

E.91. Frauenhasser. Eine Kritik Abbotts, in der das Quadrat ernsthaft als ein Frauenhasser bezeichnet wird, ist uns nicht bekannt. Allerdings bemerkt Robert Tucker spöttisch in seiner Rezension, dass der Verfasser von *Flatland* offensichtlich einmal von einer Frau enttäuscht wurde. (Vgl. Tucker 1884, S. 77)

110   In einer noch dunkleren Passage wünscht es nun die kreis-haften oder aristokratischen Tendenzen zurückzuweisen, welche einige Kritiker ihm natürlicherweise zugeschrieben haben. Während es einerseits die intellektuelle Kraft anerkennt, mit der einige wenige Kreise über viele Generationen hinweg ihre Herrschaft über eine immense Anzahl ihrer
115   Landsleute aufrechterhalten haben, glaubt es andererseits, dass die Fakten von Flachland auch ohne einen Kommentar von ihm für sich sprechen und zeigen, dass Revolutionen nicht immer durch Gemetzel niedergeschlagen werden können und dass die Natur, indem sie die Kreise zur Unfruchtbarkeit verurteilt hat, sie zum endgültigen Scheitern
120   verdammt hat. „Und darin," sagt es, „sehe ich eine Erfüllung des großen Gesetzes aller Welten, dass, während die Menschen in ihrer Weisheit denken, sie arbeiteten für die eine Sache, die Weisheit der Natur sie beschränkt, sodass sie für etwas anderes arbeiten, für eine ganz andersartige und viel bessere Sache." Für das Verbleibende bittet
125   es seine Leser, nicht davon auszugehen, dass jedes kleinste Detail im täglichen Leben der Flachländer irgendeinem anderen Detail in Raumland entsprechen muss; und doch hofft es, dass seine Arbeit, als Ganzes genommen, sich denjenigen Raumländern als anregend sowie auch amüsierend erweisen wird, die von bescheidenem und gemäßigtem
130   Gemüte sind und die – wenn es um das geht, welches von höchster Wichtigkeit ist, aber die Erfahrung übersteigt – sich weigern einerseits zu sagen „Dies kann niemals sein," und andererseits „Es muss genau so sein und wir wissen alles darüber."

Fußnote. Die erwähnten Einfügungen in den Dialog finden sich in Zeile 16.98-16.135 und 19.134-19.151.

E.107. Schicksale von Frauen. Als Abbott diese Zeilen schrieb, gab es nur wenige Publikationen über das Wirken und die Erfahrungen von Frauen in der Geschichte. Die Situation hatte sich nicht wesentlich geändert, als Virginia Woolf 1929 beklagte: „Die Geschichte Englands ist die Geschichte der männlichen Linie, nicht der weiblichen." (Woolf 1967, S. 141, eigene Übersetzung)

E.111. aristokratischen. Obwohl Abbott in Cambridge studierte und zum Anglikanischen Priester geweiht wurde, gehörte er nicht zu einer privilegierten Gesellschaftsschicht. Zu der Zeit, als er *Flatland* schrieb, war er Schulleiter der City of London School, einer ‚middle-class dayschool'. Auf seinen eigenen bescheidenen sozialen Status verweist Abbott spielerisch in Zeile 6.130 bis 6.132: „In einem Wort, um sich absolut anständig in der Gesellschaft der Vielecke benehmen zu können, müsste man selbst ein Vieleck sein. Das zumindest ist die schmerzliche Lehre meiner Erfahrung."

E.120. Erfüllung des großen Gesetzes. Eine Variation der Maxime Francis Bacons „[S]o is the wisdom of God more admirable, when nature intendeth one thing, and Providence draweth forth another[.]" / „So ist die Weisheit Gottes noch bewundernswerter, wenn die Natur eine Sache beabsichtigt, und die Vorsehung zu einer anderen lenkt." (Bacon 1965, S. 98, eigene Übersetzung)

E.125. nicht davon auszugehen. Indem er seine Leser bittet, „nicht davon auszugehen, dass jedes kleinste Detail im täglichen Leben der Flachländer irgendeinem anderen Detail im Raumland entsprechen muss", weist Abbott indirekt darauf hin, dass vieles in Flachland in der Tat bestimmten Details in Raumland entspricht.

Der Kritiker Darko Suvin nennt „einen der wahren Vorläufer bedeutsamer moderner Science Fiction", womit er die Literatur der „kognitiven Verfremdung" (cognitive estrangement) meint. *Flatland* entfremdet seine Leser den Bedingungen ihrer empirisch zugänglichen Umgebung, indem es diese Bedingungen in ein anderes Universum überträgt; es ist ‚kognitiv', weil diese Übertragung des Vertrauten engagierte Leser dazu veranlasst, ihre eigenen Vorstellungen von der Welt zu überdenken. (Vgl. Suvin 1979, S. 167 und S. 3-10, eigene Übersetzung)

E.131. die Erfahrung übersteigt. „[T]hese words were never intended to suggest that alleged historical facts belong to the province that ‚lies beyond experience.' The phrase referred to the ultimate cause of things […]." („Mit diesen Worten wollte ich niemals nahelegen, dass vermeintliche historische Fakten in den Bereich gehören, der ‚jenseits der Erfahrung' liegt. Die Wendung bezog sich auf den letzten Grund der Dinge", Abbott 1907, S. 14, eigene Übersetzung)

Literaturverzeichnis

Abbott, Edwin A. 1868. The teaching of English. *Macmillan's Magazine* 18 (Mai), S. 33-39.

_____ . 1871. On the teaching of the English language. *The Educational Times* 24 (Februar), S. 243-249; (März), S. 271-277.

_____ . 1872. Abbott an Alfred Marshall, 25 May. Trinity Library. Sidgwick/Add. Ms. c. 104/41

_____ . 1875. *Cambridge sermons preached before the University*. London: Macmillan.

_____ . 1877a. *Through nature to Christ: or, The ascent of worship through Illusion to the truth*. London: Macmillan and Co.

_____ . 1877b. *Bacon and Essex: a sketch of Bacon's earlier life*. London: Seeley, Jackson, and Halliday.

_____ . 1877c. Abbott zu MacMillan & Co. 23 January. British Library, Macmillan correspondence Add 55114 f. 32-3.

_____ . 1886. *The kernel and the husk: letters on spiritual Christianity*. London: Macmillan.

_____ . 1888. Latin through English. *Journal of Education* 10 (1. August), S. 381-386.

_____ . 1897. *The Spirit on the waters: the evolution of the divine from the Human*. London: Macmillan.

_____ . 1906a. Abbott an J. Llewelyn Davies, May 7. *From a Victorian post-bag: being letters addressed to the Rev. J. Llewelyn Davies*, hrsgg. von Charles L. Davies. (London: P. Davies, 1926), S. 59-60.

_____ . 1906b. *Revelation by Visions and Voices. Essays for the times*, Nr. 15, London: Francis Griffiths.

_____ . 1907. *Apologia: an explanation and defence*. London: A. and C. Black.

_____ . 1917. *The Fourfold Gospel*. Section V, The founding of the new kingdom, or, Life reached through death. Cambridge University Press.

Abbott, Edwin A. and Arthur J. Butler. 1884. The metaphysics of Flatland. The Athenaeum No. 2980 (6. Dezember), S. 733.

Abbott, Edwin A. and John R. Seeley. 1871. *English lessons for English people*. Seeley, Jackson, and Halliday. Reprint, Boston: Roberts Brothers, 1872.

Anonym. *Manners and Tone of Good Society by a Member of the Aristocracy. Or, Solecisms to Be Avoided*. 1879. F. Warne and Co.

Ardener, Shirley (Hrsg.) . 1993. *Women and space: ground rules and social maps*. 2., überarb. Aufl. Oxford: Berg.

© Der/die Autor(en), exklusiv lizenziert an Springer-Verlag GmbH, DE, ein Teil von Springer Nature 2023
M. Rabe (Hrsg.), *Edwin A. Abbotts Flachland*, Mathematik im Kontext,
https://doi.org/10.1007/978-3-662-66062-1

Aristoteles. *Werke in deutscher Übersetzung*, begründet von Ernst Grumach, hrsgg. von Helmut Flashar. Berlin: Akademie Verlag.

———. 1993. Band 3, Teil 2, *Analytica Posteriora*. Erster Halbband, übers. und erl. von Wolfgang Detel.

———. 1999. Band 6, *Nikomachische Ethik*, übers. und komm. von Franz Dirlmeier, Zehnte, ggü. der sechsten, durchges., unveränd. Auflage.

———. 1991. Band 9, Teil 1, Politik. Buch 1, *Über die Hausverwaltung und die Herrschaft des Herrn über Sklaven.* übers. und erl. von Eckart Schütrumpf.

———. 2005. Band 9, Teil 4, Politik. Buch VII-VIII. *Über die beste Verfassung*, übers. und erl. von Eckart Schütrumpf.

———. 2009. Band 12, Teil 3, *Über den Himmel*, übers. und erl. von Alberto Jori.

———. 2006. Band 13, *Über die Seele*, übers. von Willy Theiler.

———. 2007. Band 17, Zoologische Schriften II Teil I, *Über die Teile der Lebewesen*, übers. und erl. von Wolfgang Kullmann.

Aristoteles. 1890. *Metaphysik*, übersetzt von Hermann Bonitz, aus dem Nachlass herausgegeben von Eduard Wellmann, Berlin: Georg Reimer.

Bacon, Francis. 1860. *The works of Francis Bacon*, Band XIII, hrsgg. und übersetzt von J. Spedding, R.L. Ellis und D.D. Heath. Boston: Brown and Taggard.

———. 1965. *The advancement of learning*, hrsgg. von G.W. Kitchin. London: Dent.

Bagehot, Walter. 1872. *Physics and politics, or, Thoughts on the application of the principles of "natural selection" and "inheritance" to political science.* Reprint, New York: D. Appleton, 1906.

Banchoff, Thomas F. 1990. *Beyond the Third Dimension: Geometry, Computer Graphics, and Higher Dimensions.* New York: Scientific American Library.

———. 1991. *Dimensionen: Figuren und Körper in geometrischen Räumen.* Heidelberg: Spektrum der Wissenschaft.

Barnett, Henrietta. 1919. *Canon Barnett, his life, work, and friends*, Bd. II. Boston: Houghton Mifflin Co.

Benford, Gregory. 1995. The fourth dimension. *Fantasy & Science Fiction* 88 (Juni), S. 110-121.

Booth, William. 1890. *In darkest England, and the way out*. New York: Funk & Wagnalls.

Briggs, Asa. 1967. The Language of Class in Early Nineteenth-Century England, hrsgg. von Asa Briggs and John Seville, *Essays in Labour History*. London: Macmillan.

Burger, Dionys. 1965. *Sphereland: A fantasy about curved spaces and an expanding universe*, übers. aus dem Niederländischen von Cornelie J. Rheinboldt. New York: T.Y. Crowell.

Burkert, Walter. 1994. *Antike Mysterien. Funktionen und Gehalt*. 3. Auflage. Beck: München.

Butler, Arthur J. 1884. Review of *Flatland*. *The Athenaeum* No. 2977 (15. November), S. 622.

Byrne, Oliver. 1847. *The first six books of the elements of Euclid in Which Coloured Diagrams and Symbols are Used Instead of Letters for the greater Ease of Learners*. London: William Pickering; Nachdruck von 2015. Köln: Taschen.

Cayley, Arthur. 1845. Chapters in the Analytical Geometry of (n) Dimensions. *Cambridge Mathematical Journal 4*, S. 119-127.

The City of London School. 1882. *The Nation* 35, S. 352.

Crilly, Tony/ Urysohn, Paul/ Menger, Karl. 2005. Papers on dimension theory, in: Grattan-Guinness, Ivor O. (Hg.), *Landmark Writings in Western Mathematics*. S. 844-855.

Davidoff, Leonore. 1973. *The Best Circles; Society, Etiquette and the Season*. London: Croom Helm.

Denison, David. 1993. *English Historical Syntax: verbal constructions*. London: Longman.

Deutscher Bundestag, Wissenschaftliche Dienste, Vergewaltigung in der Ehe, Strafrechtliche Beurteilung im europäischen Vergleich, 2008, <https://www.bundestag.de/resource/blob/407124/6893b73fe226537fa85e9ccce444dc95/wd-7-307-07-pdf-data.pdf>, abgerufen am 16.02.2020.

Dewdney, Alexander K. 1984a. Introduction to Flatland. New York: New American Library.

_____ . 1984b. *The Planiverse: Computer Contact with a Two-Dimensional World*. New York: Copernicus Books (Neuauflage 2001).

_____ . 2002. Review of The annotated Flatland, Notices of *the American Mathematical Society* 49 (November), S. 1262.

Disraeli, Benjamin. 1926. *Sybil; or The Two Nations*. Oxford University Press.

Douglas, Roy. 1999. *Taxation in Britain since 1660*. New York: St. Martin's Press.

Duff, Michael J. 2001. The world in eleven dimensions: a tribute to Oskar Klein. <https://arxiv.org/pdf/hep-th/0111237.pdf>.

Eddington, Arthur S. 1921. *Space, time, and gravitation: an outline of the general relativity theory*. Cambridge University Press.

Einstein, Albert. 1917. *Über die spezielle und die allgemeine Relativitätstheorie*. Braunschweig: Vieweg.

———. 1960. Vorwort in: Jammer, Max, *Das Problem des Raumes. Die Entwicklung der Raumtheorien*, Darmstadt: Wissenschaftliche Buchgesellschaft. S. XII-XV.

Fawcett, Millicent G. 1870. *The electoral disabilities of women. The Fortnightly Review* 13 (Mai), S. 622-632.

Fechner, Gustav T. [Dr. Mises, pseud.] 1875. *Kleine Schriften*. Leipzig: Breitkopf und Härtel.

Field, Judith V. 1997. *The Invention of Infinity: mathematics and art in the Renaissance*. Oxford University Press.

Figurewicz, Stefanie. 2006. *Das Familienrecht in der Entstehungszeit des Bürgerlichen Gesetzbuches: Textentwicklung des "Gehorsamsparagraphen"*, in: *Frauenrecht und Rechtsgeschichte: die Rechtskämpfe der deutschen Frauenbewegung*, hrsgg. von Andrea Czelk, Arne Duncker und Stephan Meder. Köln: Böhlau. S. 235-246.

Gaaf, Willem van der. 1904. *The Transition from the Impersonal to the Personal Construction in Middle English*. Heidelberg.

Gagarin, Michael and David Cohen, (Hrsg.). 2005. *The Cambridge Companion to Ancient Greek Law*. Cambridge University Press.

Galton, Francis. 1869. *Hereditary genius: an inquiry into its laws and consequences*. London: Macmillan & Co.

———. 1875. The history of twins, as a criterion of the relative powers of nature and Nurture. *Fraser's Magazine* 92, S. 566-576.

———. 1905. Studies in eugenics. *Amer. J. Sociology* 11 (Juli), S. 11-25.

Garfield, Simon. 2000. *Mauve: How One Man Invented a Color That Changed the World*. New York: W.W. Norton & Co.

Gemoll, Wilhelm und Karl Vretska. 2006. Griechisch-deutsches Schul- und Handwörterbuch. München: G. Freytag.

Granville, William A. 1922. *The fourth dimension and the Bible*. Boston: R.G. Badger.

Grassmann, Hermann G. 1844. *Die lineale Ausdehnungslehre, ein neuer Zweig der Mathematik*. Leipzig: Wiegand.

Grattan-Guinness, Ivor. 1997. *The Norton History of the Mathematical Sciences*. New York: W.W. Norton & Co.

Hamilton, Edith, (Übers.). 1937. *Three Greek plays: Prometheus bound, Agamemnon, The Trojan women*. New York: W.W. Norton & Company.

Helmholtz, Hermann von. 1876. „Über den Ursprung und die Bedeutung der geometrischen Axiome." Vortrag, gehalten im Docentenverein zu

Heidelberg im Jahre 1870. in: Ders. *Populäre Wissenschaftliche Vorträge*. Heft 3. Braunschweig: Vieweg und Sohn. S. 21-54.

Helmstadter, Richard J. und Bernard V. Lightman. 1990. *Victorian Faith in Crisis: Essays on Continuity and Change in Nineteenth Century*. Macmillan Academic and Professional, Ltd.

Heydenreich, Aura. 2015. Kosmos oder Chaos? Die Rettung der Phänomene im Text-Labyrinth, in: Aura Heydenreich und Klaus Mecke (Hrsg.). Quarks and Letters. Berlin: Walter de Gruyter und Co.

Hinton, Charles. H. 1880. What is the fourth dimension. The University Magazine [Dublin] 96, S. 15-34. (nachgedruckt in *The Cheltenham Ladies College Magazine*, 8 (1883), S. 31-52.)

———. 1886. *Scientific romances: first series*. London: Swan Sonnenschein.

———. 1888. *A new era of thought*. (Teil II korrigiert und ergänzt von A. Boole Stott und H. J. Falk.) London: Swan Sonnenschein.

———. 1907. *An episode in flatland; or How a plane folk discovered the third dimension; to Which is added an outline of the history of Unaea*. London: Swan Sonnenschein.

Honey, John R. de S. 1977. *Tom Brown's Universe: the development of the Victorian public school*. London: Millington.

Houston, Robert A. 1930. *A Treatise on Light*. New York: Longmans, Green, and Co.

Ifrah, Georges. 2000. *The universal history of numbers: from prehistory to the Invention of the computer*, übers. von David Bellos, E.F. Harding, Sophie Wood und Ian Monk. New York: J.Wiley.

Jammer, Max. 1960. *Das Problem des Raumes*. Die Entwicklung der Raumtheorien, Darmstadt: Wissenschaftliche Buchgesellschaft. Übersetzt aus dem Englischen von Paul Wilpert (Originalausgabe: Concepts of space; the history of theories of space in physics 1954).

Janich, Peter. 1992. *Euclid's heritage: Is space three-dimensional?* Dordrecht: Kluwer Academic Publishers.

Jann, Rosemary. 1985. Abbott's *Flatland: scientific imagination and 'Natural Christianity.'*Victorian Studies 28, S. 473-490.

Jones, Henry F. 1968. *Samuel Butler: author of Erewhon (1835-1902) a memoir*. New York: Octagon Books.

Kearney, Richard. 1988. *The wake of imagination: toward a postmodern culture*. Minneapolis: University of Minnesota Press.

Kincses János. 2003. The determination of a convex set from its angle function. *Discrete Computational Geometry* 30 (2), S. 287-297.

Klein, Jacob. 1989. *A commentary on Plato's Meno*. University of Chicago Press.

Kluge, Friedrich und Elmar Seebold. 2011. *Etymologisches Wörterbuch der Deutschen Sprache*. Berlin, Boston: De Gruyter.

Knight, Ruth. *Illiberal Liberal: Robert Lowe in New South Wales, 1842–1850*. Melbourne University Press 1966

Kues, Nikolaus von. 1964. *Die belehrte Unwissenheit / De docta ignorantia, Kap. 3, in: Philosophisch-theologische Werke in 4 Bänden: Lateinisch-Deutsch*, Band I. Felix Meiner Verlag.

Lake, Paul. 2001. The shape of poetry. In: Kurt Brown (Hg.), *The measured word: on Poetry and science*. Athens: University of Georgia Press.

Lamarck, Jean-Baptiste. 1984. *Zoological philosophy: an exposition with regard to the Natural history of animals*, übers. von Hugh Elliot. University of Chicago Press.

Lindberg, David C. 1976. *Theories of vision from Al-Kindi to Kepler*. The U. of Chicago Press.

Lindgren, William F. and Thomas F. Banchoff. 2010. *Flatland: An Edition with Notes and Commentary*. Cambridge University Press.

Lloyd, Genevieve. 1984. *The man of reason: "male" and "female" in Western philosophy*. Minneapolis: U. of Minnesota Press.

Michael, Ian. 1987. *The teaching of English: from the sixteenth century to 1870*. Cambridge University Press.

Mittelstraß, Jürgen. 1962. *Die Rettung der Phänomene. Ursprung und Geschichte eines antiken Forschungsprinzips*. Berlin: Walter de Gruyter und Co.

More, Henry. 1995. *Enchiridion Metaphysicum* (London, 1671), übersetzt als: Henry More's Manual of Metaphysics, mit einer Einführung und Anmerkungen von Alexander Jacob, 1. Band, Hildesheim: Georg Olms.

More, Henry. 1987. *The Immortality of the Soul* (London, 1659), mit einer Einführung und Anmerkungen von Alexander Jacob. Dordrecht: Martinus Nijhoff.

Morley, Tom. 1985. A simple proof that the world is three-dimensional. *SIAM Review* 27 (März), S. 69-71.

Nabokov, Vladimir V. 1980. *Lectures on Literature*. New York: Harcourt Brace Jovanovich.

Nachruf auf E.A. Abbott. 1926a. *The Times*, 13. Oktober, S. 19.

Nachruf auf E.A. Abbott. 1926b. *Manchester Guardian*, 14. Oktober, S. 19.

Netz, Reviel. 1999. *The shaping of deduction in Greek mathematics: a study in cognitive history*. Cambridge University Press.

Oresme, Nicole and Clagett, Marshall (Hg.). 1968. *Nicole Oresme and the medieval geometry of qualities and motions; a treatise on the uniformity and difformity of intensities known as Tractatus de configurationibus qualitatum et motuum.* Madison: University of Wisconsin Press.

Ouspensky, P.D. 1997. *A New Model of the Universe.* Mineola, NY: Dover Publications.

Paley, William. 1802. *Natural theology: or, evidences of the existence and attributes of the deity.* Neuauflage hrsgg. von M. D. Eddy und D. Knight. Oxford University Press, 2006.

Philip, J. A. 1966. The 'Pythagorean theory' of the derivation of magnitudes. *Phoenix* 20 (1), S. 32-50.

Platon. 2011 (6. Auflage). *Werke in acht Bänden,* Griechisch und Deutsch. hrsgg. von Gunther Eigler. Darmstadt: WBG.

――――. *Protagoras,* übers. von Friedrich Schleiermacher, in: Band 1, S. 83-217.

――――. *Gorgias,* übers. von Friedrich Schleiermacher, in: Band 2, S. 269-503.

――――. *Politeia,* übers. von Friedrich Schleiermacher, in: Band 4.

――――. *Phaidros,* übers. von Friedrich Schleiermacher, in: Band 5, S. 1-193.

――――. *Philebos,* übers. von Friedrich Schleiermacher, in: Band 7: S. 255-443.

――――. *Timaios,* übers. von Hieronymus Müller, in: Band 7, S. 1-210.

Plescia, Joseph. 1970. *The Oath and Perjury in Ancient Greece.* Tallahassee: Florida State University Press.

Pomeroy, Sarah B. 1994. *Xenophon, Oeconomicus: a social and historical commentary.* Oxford: Clarendon Press.

Rees, Graham. 1984. Bacon's Philosophy: Some New Sources with Special Reference to the *Abecedarium novum naturae, in Francis Bacon,* hrsg. von Marta Frattori. Rom: Edizioni dell'Ateneo, S. 223-244.

Reichenbach, Hans. 1928. *Philosophie der Raum-Zeit-Lehre.* Berlin/Leipzig: Walter de Gruyter. Report from the Schools Inquiry Commission. 1868. Parliamentary Papers, 1867-1868, Ausgabe 28 (General reports by assistant commissioners, Vol. 7).

Richards, Robert J. 1987. *Darwin and the emergence of evolutionary theories of mind and behavior.* University of Chicago Press.

Ridley, Matt. 2003. *Nature via nurture: genes, experience, and what makes us human.* New York: Harper Collins.

Riemann, Bernhard. 1854. Über die Hypothesen welche der Geometrie zu Grunde liegen (Habilitationsvorlesung vom 10. Juni 1854). Hrsg. von Richard Dedekind nach Riemanns Tod, in: *Abhandlungen der Königlichen Gesellschaft der Wissenschaften* zu Göttingen, Bd. 13, 1867.

Roberts, Samuel. 1882. Remarks on Mathematical Terminology, and the Philosophic Bearing of Recent Mathematical Speculations concerning the Realities of Space. *Proceedings of the London Mathematical Society* 14 (November).

Rodwell, George F. 1873. On space of four dimensions. *Nature* 8 (1. Mai), S. 8-9.

Romanes, George J. 1887. Mental Differences between Men and Women. *Nineteenth Century*. 21 (Mai), S. 654-672.

Rucker, Rudolph v.B. 1984. *The Fourth Dimension: toward a geometry of higher reality.* Boston: Houghton Mifflin Co.

Schläfli, Ludwig. 1901. *Theorie der vielfachen Kontinuität*. Zürich: Zürcher & Furrer.

Schlatter, Mark D. 2006. How to view a Flatland painting. *The College Mathematics Journal* 37 (März), S. 114-120.

Schwab, Ivan R. 2004. Flatlanders. *British J. Ophthalmology* 88 (August), S. 988.

Shakespeare, William und Ludwig Tieck. 1796. *Der Sturm: ein Schauspiel von Shakespeare*. Berlin: C.A. Nicolai.

Shakespeare, William. *Macbeth*, in: Shakespeare's Dramatische Werke. Bd. 12, übers. von August Wilhelm von Schlegel und Ludwig Tieck, Berlin 1851.

Simplicius, Cilicius. 2004. *On Aristotle „On the Heavens"* 2.1–9. Übers. von Ian Mueller. London: Duckworth.

Smith, Jonathan. 1994. *Fact and feeling: Baconian science and the nineteenth-century literary imagination.* Madison, WI: University of Wisconsin Press.

Smith, William, ed. 1878. *A dictionary of Greek and Roman antiquities.* London: John Murray.

Solomon, Alan D. 1992. Pick a number: what Edwin Abbott did not know about Flatland. *Oak Ridge National Laboratory Review* 25 (2).

Sophokles. 1853. *Ajax*. Übers. Von Wilhelm Hamacher, Trier: Fr. Lintz.

Spencer, Herbert. 1851. *Social statics: or, the conditions essential to human happiness specified, and the first of them developed.* Reprint, New York: D. Appleton & Co., 1865.

_____ . 1873. *The study of sociology.* Reprint, New York: D. Appleton & Co, 1874.

Stedall, Jacqueline A. 2004. *The Arithmetic of Infinitesimals: John Wallis 1656.* New York: Springer-Verlag.

Stillwell, John. 2001. The story of the 120-cell. *Notices of Amer. Math. Soc.* 48 (Januar), S. 17-24.

Stringham, W. I . 1880. Regular figures in n-dimensional space. *American Journal of Mathematics* 3, S. 1-14.

The student's guide to the University of Cambridge, 2nd ed. 1866. Cambridge: Deighton, Bell.

Suvin, Darko. 1979. *Metamorphoses of science fiction.* New Haven: Yale University Press.

Sylvester, James J. 1869. A plea for the mathematician. *Nature* 1 (30. Dezember), S. 237-239.

Tucker, Herbert F. (Hg.). 1999. *A Companion to Victorian Literature and Culture.* Malden, MA: Blackwell.

Tucker, Robert. 1884. Review of Flatland. *Nature* 31 (27. November), 76-7.

Turner, Frank M. 1974. *Between science and religion: the reaction to scientific naturalism in late Victorian England.* New Haven: Yale University Press.

Universities Commission Report. 1874. *Nature* 10 (15 October; 22 October), 475-6; 495-6.

UK Parliament, Living Heritage, <https://www.parliament.uk/about/living-heritage/transforming society/private-lives/relationships/overview/divorce/>, abgerufen am 22.02.2020.)

Vasko, Anna-Liisa, 2010. Male and female language in Cambridgeshire: differences and similarities in *Studies in Variation, Contacts and Change in English* 4: Cambridgeshire Dialect Grammar. <https://varieng.helsinki.fi/series/volumes/04/articleA_male_female.html>

Verne, Jules, Walter J. Miller, and Frederick P. Walter. 1993. *Jules Verne's Twenty thousand leagues under the sea: the definitive unabridged edition based on the original French texts.* Annapolis, MD: Naval Institute Press.

Walsby, Anthony E. 1980. A square bacterium. *Nature* 283 (Jan), S. 69-71.

Waltershausen, Wolfgang S. v. 1856. *Gauss zum Gedächtnis.* Leipzig: S. Hirzel.

Ward, Mary Arnold. 1889. An appeal against female suffrage. *The Nineteenth Century* 25 (Juni), 781-8.

Webb, Beatrice P. 1926. *My Apprenticeship.* New York: Longmans, Green and Co.

Weeks, Jeffrey R. 2002. *The Shape of Space.* New York: Marcel Dekker.

Wells, H. G. 1896. The Plattner Story, *The New Review* (April). Reprinted in *The Plattner Story and Others* (1897), Methuen.

_____ . 1937. Wells to J. B. Priestley, 27 February. Harry Ransom Center, The University of Texas at Austin.

White, Christopher. 2014. Seeing Things: Science, the Fourth Dimension, and Modern Enchantment, *The American Historical Review* 119 (Dezember), S. 1466-1491.

White, William H. 1915. *Last pages from a journal*, ed. by D.V. White. Oxford University Press.

Williams, David. 1850. *Composition, literary and rhetorical*, simplified. London: W & T. Piper.

Woolf, Virginia. 1967. *Collected Essays*, vol. 2. New York: Harcourt, Brace & World.

World Federation of the Deaf , International Congress of the Deaf (ICED) 18.-22. Juli 2010, Vancouver, Canada, <https://wfdeaf.org/news/international-congress-of-the-deaf-iced-july-18-22-2010-vancouver-canada/>, abgerufen am 31.10.2020.

Young, George M. 1936. *Victorian England*: Portrait of an Age. Reprint, London: Phoenix Press, 2002.

Weitere Werke von Edwin A. Abbott

1870. *A Shakespearian Grammar.* 3rd ed. Macmillan and Co.

1870. *Bible Lessons.* Macmillan and Co.

1871. *English Lessons for English people.* (mit John R. Seeley) Seeley, Jackson, and Halliday.

1872. *The Good Voices, a child's guide to the Bible.* Macmillan and Co.

1872. *How to Write Clearly: rules and exercises on English composition.* Seeley, Jackson, and Halliday.

1873. *Latin Prose through English Idiom.* Seeley, Jackson, and Halliday.

1873. *Parables for Children.* Macmillan and Co.

1874. *How to tell the parts of speech.* Seeley, Jackson, and Halliday.

1875. *How to parse.* Seeley, Jackson, and Halliday.

1876. *Bacon's Essays.* (2 Bände) Longmans, Green and Co.

1877. *Bacon and Essex: a sketch of Bacon's earlier life.* Seeley, Jackson, and Halliday.

1878. *Philochristus: memoirs of a disciple of the Lord.* Macmillan and Co.

1879. *Oxford sermons preached before the University.* Macmillan and Co.

1880. *Via Latina: a first Latin book.* Seeley, Jackson & Co.

1882. *Onesimus: memoirs of a disciple of St Paul.* Macmillan and Co.

1883. *Hints on home teaching.* Seeley, Jackson, and Halliday.

1884. *The common tradition of the synoptic Gospels in the text of the revised version.* (mit William G. Rushbrooke) Macmillan and Co.

1884. *Flatland: a romance of many dimensions.* Seeley & Co.

1885. *Francis Bacon: an account of his life and works.* Macmillan and Co.

1889. *The Latin gate: a first Latin translation book.* Seeley, Jackson & Co.

1891. *Philomythus: an antidote against credulity. A discussion of Cardinal Newman's Essay on ecclesiastical miracles.* Macmillan and Co.

1892. *The Anglican career of Cardinal Newman.* (2 Bände) Macmillan and Co.

1893. *Dux Latinus: a first Latin construing book.* Seeley & Co.

1898. *St Thomas of Canterbury: his death and miracles.* (2 Bände) A. & C. Black.

1900. *Clue: a guide through Greek to Hebrew Scripture.* (Diatessarica, part I) A. & C. Black.

1901. *Corrections of Mark adopted by Matthew and Luke.* (Diatessarica, part II) A. & C. Black.

1903. *From letter to spirit; an attempt to reach through varying voices the abiding Word.* Diatessarica, part III) A. & C. Black.

1903. *Contrast, or a prophet and a forger.* A. & C. Black.

1904. *Paradosis, or in the night in which He was (?) betrayed.* (Diatessarica, part IV) A.& C. Black.

1905. *Johannine vocabulary: a comparison of the words of the fourth Gospel with those of the Three.* (Diatessarica, part V) A. & C. Black.

1906. *Johannine grammar.* (Diatessarica, part VI) A. & C. Black.

1906. *Silanus the Christian.* A. & C. Black.

1907. *Indices to Diatessarica: with a specimen of research.* (mit Mary Abbott) A. & C. Black.

1907. *Notes on New Testament criticism.* (Diatessarica, part VII) A. & C. Black.

1909. *The message of the Son of Man.* A. & C. Black.

1910. *The Son of Man, or contributions to the study of the thoughts of Jesus.* (Diatessarica, part VIII) Cambridge University Press.

1912. *Light on the Gospel from an ancient poet.* (Diatessarica, part IX) Cambridge University Press.

1913. *Miscellanea evangelica,* vol I. Cambridge University Press.

1913. *The fourfold Gospel, introduction.* (Diatessarica, part X/1) Cambridge University Press.

1914. *The fourfold Gospel, the beginning.* (Diatessarica, part X/2) Cambridge University Press.

1915. *The fourfold Gospel, the proclamation of the new Kingdom.* (Diatessarica, part X/3) Cambridge University Press.

1915. *Miscellanea evangelica,* vol II (Christ's Miracles of Feeding). Cambridge University Press.

1916. *The fourfold Gospel, the law of the new Kingdom.* (Diatessarica, part X/4 Cambridge University Press.

Index

© Der/die Autor(en), exklusiv lizenziert an Springer-Verlag GmbH, DE, ein Teil von Springer Nature 2023   235
M. Rabe (Hrsg.), *Edwin A. Abbotts Flachland*, Mathematik im Kontext,
https://doi.org/10.1007/978-3-662-66062-1

Printed in the United States
by Baker & Taylor Publisher Services